Gesundes und erfolgreiches Arbeiten im Büro

Von Univ.-Prof. Dr.-Ing. Dr.-Ing. E. h. Dieter Spath,
Dr.-Ing. Wilhelm Bauer und Dr.-Ing. Martin Braun

Bibliografische Information der Deutschen Nationalbibliothek

Die Deutsche Nationalbibliothek verzeichnet diese Publikation
in der Deutschen Nationalbibliografie;
detaillierte bibliografische Daten sind im Internet über
http://dnb.d-nb.de abrufbar.

Weitere Informationen zu diesem Titel finden Sie im Internet unter
ESV.info/978 3 503 13015 3

Gedrucktes Werk: ISBN 978 3 503 13015 3
eBook: ISBN 978 3 503 13016 0

Alle Rechte vorbehalten
© Erich Schmidt Verlag GmbH & Co. KG, Berlin 2011
www.ESV.info

Dieses Papier erfüllt die Frankfurter Forderungen
der Deutschen Nationalbibliothek und der Gesellschaft für das Buch
bezüglich der Alterungsbeständigkeit und entspricht sowohl den
strengen Bestimmungen der US Norm Ansi/Niso Z 39.48-1992
als auch der ISO Norm 9706.

Gesetzt aus der 10/12 Swift

Satz: Medienprofis GmbH, Leipzig
Druck und Bindung: Druckerei Hubert & Co., Göttingen

Vorwort

»Meine Absicht geht dahin ..., vor allem auf eine Hebung der gesundheitlichen und geistigen Kräfte des Volkes hinzuwirken!«
Robert Bosch (1861–1942)

Vor über 70 Jahren bereits erkannte Robert Bosch die Bedeutung der Gesundheit für einen nachhaltigen Unternehmenserfolg. Was seinerzeit als Einzelfall galt, hat sich mittlerweile zur betrieblichen Regel entwickelt. Eine ganze Reihe von Unternehmen stellt sich der anspruchsvollen Aufgabe, der Gesundheit im betrieblichen Kontext einen angemessenen Stellenwert einzuräumen. Gesundheit wird hierbei immer häufiger als ein Treiber für eine betriebliche Wandlungs- und Innovationsfähigkeit betrachtet.
Die aktuelle Gesundheitsdiskussion verleiht dem traditionellen Arbeitsschutz neue Impulse. Angesichts erhöhter psychosozialer Beanspruchungen und einer zunehmenden Chronifizierung von Muskel-Skelett-Erkrankungen steht die Bedeutung des Arbeitsschutzes auch bei der Büroarbeit außer Frage. Einseitige Körperhaltungen, Bewegungsmangel sowie unangemessene Arbeitsbedingungen werden als wesentliche Gesundheitsrisiken im Bürobereich erkannt. Arbeitsbedingte Gesundheitsstörungen beeinträchtigen nicht nur die individuelle Leistungsfähigkeit und verursachen mithin kostspielige Leistungsausfälle, sondern erschweren auch eine unabdingbare Wandlungsfähigkeit in den Unternehmen.
Der erfolgreiche Übergang von der industriellen Produktionweise zur Wissensökonomie hängt auch mit den Bedingungen von Gesundheit zusammen. Die Ausführungen im vorliegenden Buch zielen darauf, die Einsicht in die Nutzenpotenziale einer menschengerechten Gestaltung der Wissensarbeit weiter zu fördern, um Unternehmen und Einzelpersonen zu einer gesunden und nachhaltig produktiven Arbeitsweise zu motivieren.
Dieses Buch beruht auf aktuellen arbeitswissenschaftlichen Erkenntnissen sowie auf umfangreichen praktischen Erfahrungen bei der Gestaltung von Büro- und Wissensarbeit am Fraunhofer-Institut für Arbeitswirtschaft und Organisation IAO. Zu nennen sind vor allem die einschlägigen Forschungsarbeiten zur »Zukunft der Arbeit«, zur geistigen Arbeit und zum Gesundheitsmanagement.
Im Folgenden werden ausgewählte Forschungsergebnisse und praktische Hinweise zur Gestaltung einer gesunden und erfolgreichen Büroarbeit vorgestellt. Dies betrifft in *Kapitel 1* den Umbruch von der

industriellen Arbeitsweise zur Wissensökonomie. Die Ausführungen fokussieren auf die Bedeutung des kreativen und motivierten Menschen für ein erfolgreiches Wirtschaften in den Unternehmen, und die mit der Wissensökonomie verbundenen Veränderungen in der Arbeitsgesellschaft.

Arbeitswissenschftliche Grundlagen finden sich in *Kapitel 2*. Hier werden der Arbeitsbegriff diskutiert und Modelle für Kreativität und Gesundheit erörtert.

Kapitel 3 stellt Bürokonzepte im Überblick vor und spannt somit einen Bogen über die vielfältigen Dimensionen einer zeitgemäßen Bürogestaltung.

Vertiefende Ausführungen zu Arbeitsorganisation, Führung, Raum- und Arbeitsplatzgestaltung, Arbeitsmitteleinsatz etc. finden sich in den *Kapiteln 4* bis *8*.

In *Kapitel 9* werden methodische Ansätze für eine systematische Verankerung der Gesundheitsthematik im Unternehmen aufgezeigt; sie umfassen zudem eine Nutzenbetrachtung und eine Würdigung der betrieblichen Rechtsordnung.

Rechtliche Rahmenbedingungen des Gesundheitsschutzes werden abschließend in *Kapitel 10* umrissen.

Wir danken Herrn Walter Franzke vom Erich Schmidt Verlag für die Initiierung und die vertrauensvolle Begleitung dieses Buchprojektes. Unser Dank gebührt zudem Frau Manuela Dendler, Fraunhofer IAO, die die Korrektur des Manuskripts und die Bearbeitung der Grafiken unterstützte.

Wir wünschen den Lesern eine inspirierende Lektüre und viel Erfolg bei der Umsetzung einschlägiger Maßnahmen im eigenen beruflichen Verantwortungsbereich.

Stuttgart, im Januar 2011
Prof. Dieter Spath, Dr. Wilhelm Bauer und Dr. Martin Braun

Zur Beachtung für unsere Leser: Einen Teil der Schwarz/weiß-Abbildungen haben wir in einem Block farbig gedruckt. Dieser befindet sich nach Seite 96 und läßt einige Details des Bildmaterials besser hervortreten.

Inhalt

1	**Arbeitsgesellschaft im Umbruch**	**11**
1.1	Frühe Konzepte der industriellen Arbeit	11
1.2	Produktivitätssteigerung durch Arbeitsteilung	12
1.3	Grenzen der rationalen Arbeitsgestaltung	13
1.4	Leitkonzept der Wissensgesellschaft	14
1.5	Blick für das Ganze	15
1.6	Betriebliche Erfolgsstrategien	16
1.7	Rahmenbedingungen des Wirtschaftens	17
1.8	Der Mensch im Mittelpunkt	19
2	**Arbeitswissenschaftliche Grundlagen**	**21**
2.1	Gegenstand und Definition	21
2.2	Arbeitsbegriff und -formen	21
2.3	Wissensbasierte Arbeit im Büro	23
2.3.1	Büroarbeit	23
2.3.2	Wissensarbeit	25
2.3.3	Geistige Arbeit	28
2.3.4	Kreativitätsprozess	29
2.3.5	Förderung der kreativen Ressourcen	34
2.3.6	Ausgleichende Polarität im Kreativitätsprozess	35
2.3.7	Kreativität und Entspannung	36
2.3.8	Energieumsatz des Gehirns	37
2.4	Arbeit und Gesundheit	38
2.4.1	Gesundheitliche Situation	38
2.4.2	Salutogenetisches Gesundheitsverständnis	40
2.4.3	Arbeitsbedingte Gesundheitsstörungen im Büro	46
2.4.4	Ursachen ausgewählter Gesundheitsstörungen	48
2.4.5	Gesundheitliches Ursachen-Wirkungs-Gefüge	51
2.4.6	Zusammenhänge von Gesundheit und Kreativität	57
2.4.7	Typische Ressourcen und Belastungen bei Büroarbeit	59
2.4.8	Auswirkungen der Arbeitsbedingungen auf Gesundheit und Arbeitsleistung	64
3	**Bürokonzepte**	**71**
3.1	Flexibilisierung der Büroarbeit	71
3.2	Arbeitsformen im Büro	73
3.2.1	Einzelarbeit	73
3.2.2	Projektbezogene Teamarbeit	73
3.2.3	Kommunikationsarbeit im Callcenter	74

3.3	Typologie der Bürokonzepte............................	76
3.3.1	Zellenbüro	78
3.3.2	Kombi-Büro..	80
3.3.3	Gruppenbüro	82
3.3.4	Großraumbüro	84
3.3.5	Non-territoriale Bürokonzepte.........................	86
3.3.6	Besprechungsräume und -zonen.....................	87
3.3.7	Supportflächen	89
3.4	Begegnungsqualität im Büro	92
3.4.1	Einfluss auf Wohlbefinden und Produktivität	92
3.4.2	Wohlfühlqualität im Büro	93
3.5	Dimensionen der Arbeits- und Bürogestaltung	96
4	**Arbeitsorganisation**	**99**
4.1	Strukturen im »gesunden Unternehmen«...............	99
4.1.1	Ausgleich von Fähigkeiten und Bedürfnissen...........	99
4.1.2	Ausgleichende Wertschöpfungsstrukturen.............	101
4.1.3	Selbstorganisation als Leistungsprinzip	101
4.2	Arbeitsaufgabe..	102
4.3	Gestaltung der Arbeitszeit	104
4.3.1	Rhythmisches Zeitverständnis.........................	104
4.3.2	Arbeitszeit und -dauer	105
4.3.3	Verfügbarkeits- versus Ergebnisorientierung	105
4.3.4	Flexibilisierung der Arbeitszeit.........................	106
4.3.5	Arbeitspausen	108
4.3.6	Chronobiologische Arbeitzeitgestaltung..................	110
4.3.7	Zeitsensibilität...	114
5	**Führung und Personalentwicklung**	**117**
5.1	Bedeutung und Verständnis von Führung...............	117
5.2	Führungskompetenzen	118
5.3	Führungsprinzipien..	119
5.3.1	Förderung der Entwicklungsfähigkeit..................	119
5.3.2	Ausgleich von Einzelinteressen........................	120
5.3.3	Förderung von Eigeninitiative.........................	121
5.4	Führungsstile...	122
5.5	Sozialkompetenz als Führungsqualifikation	123
5.6	Führen im Veränderungsprozess.......................	124
5.7	Einbeziehung der Personalentwicklung	125

6	**Raum- und Arbeitsplatzgestaltung**	**127**
6.1	Möblierung des Büroarbeitsplatzes	128
6.1.1	Dynamisches Sitzen und Sitz-Steh-Dynamik	128
6.1.2	Arbeitstisch	130
6.1.3	Bürostuhl	132
6.1.4	Fußstützen	134
6.1.5	Schränke und Regale	135
6.1.6	Bürocontainer	135
6.1.7	»Information Worker's Workplace«	136
6.2	Raumflächen am Arbeitsplatz	137
6.2.1	Maßliche Anforderungen an Raumflächen	137
6.2.2	Ermittlung des Flächenbedarfs	139
6.2.3	Räumliche Anordnung der Arbeitsplätze	140
6.3	Arbeitsumgebung: Beleuchtung, Klima und Akustik	140
6.3.1	Beleuchtung	141
6.3.2	Klima	146
6.3.3	Akustik	148
7	**Einsatz von Arbeitsmitteln**	**151**
7.1	Hardware	151
7.1.1	Bildschirmgeräte	152
7.1.2	Bildschirmbrille	153
7.1.3	Tastatur	155
7.1.4	Tragbare Rechner	156
7.1.5	Eingabegerät Maus	157
7.1.6	Vorlagenhalter	158
7.2	Software	159
7.2.1	Software-Ergonomie	159
7.2.2	Benutzungsoberfläche und Dialoggestaltung	159
7.2.3	Gestaltungsleitlinien	160
7.2.4	Nutzenwirkungen	161
8	**Weitere gesundheitliche Maßnahmen**	**163**
8.1	Bewegungsförderung	163
8.2	Ernährung	163
8.3	Meidung von Genussgiften	164
8.3.1	Alkohol	164
8.3.2	Nikotin	165
8.4	Förderung der geistigen Fitness	166

9	**Betrieblicher Verankerung mit System** **169**
9.1	Bedeutung der Gesundheit für die Wissensarbeit 169
9.2	Gesundheit als Organisationskonzept 170
9.3	Betriebliche Gesundheitsförderung 172
9.4	Gesundheitsmanagement 173
9.4.1	Grundsätze 173
9.4.2	Gesundheitstage 175
9.4.3	Betriebliches Steuerungsgremium 175
9.4.4	Situationsanalyse 175
9.4.5	Gefährdungsbeurteilung 176
9.4.6	Gesundheitsbericht 177
9.4.7	Persönliche Kommunikation 178
9.4.8	Mitarbeiterbefragung 178
9.4.9	Gesundheitszirkel 179
9.5	Nutzensituation 179
9.6	Sicherheit und Gesundheit als Rechtsgut 181
9.6.1	Entwicklung der Rechtsgrundlagen 181
9.6.2	Rechtsordnung im betrieblichen Handeln 182
9.6.3	Ausgleichendes Verhältnis von Macht und Vertrauen ... 184
9.6.4	Ausgleichende Rechtsverhältnisse 184
10	**Rechtliche Rahmenbedingungen** **187**
10.1	Arbeitsschutzrecht 187
10.1.1	Arbeitsschutzgesetz 187
10.1.2	Arbeitsstättenverordnung 190
10.1.3	Bildschirmarbeitsverordnung 191
10.1.4	Ergänzungsbedarf der EG-Bildschirmrichtlinie 192
10.2	Untergesetzliches und technisches Regelwerk 192
10.2.1	Berufsgenossenschaften 193
10.2.2	Berufsgenossenschaftliches Regelwerk 193
10.2.3	Technische Spezifikationen und Normen 195
10.2.4	Gütesiegel 195
11	**Zusammenfassung** **199**
12	**Literatur** **201**
13	**Index** **211**

1 Arbeitsgesellschaft im Umbruch

Die Gestaltung von Arbeit setzt eine Kenntnis ihrer grundlegenden Konzepte und Rahmenbedingungen im Wandel der Zeit voraus. Die nachfolgenden Ausführungen schlagen einen Bogen von der frühen Industrialisierung bis hin zur zeitgemäßen Wissensökonomie.

1.1 Frühe Konzepte der industriellen Arbeit

Das früheste Unternehmenskonzept war die *Manufaktur*. Sie war ein gemeinschaftlicher Verband, der Menschen und Ressourcen anziehen sollte, um gemeinsam angestrebte Ziele zu verwirklichen, die über die Fähigkeiten von Einzelpersonen[1] hinausgingen.

Um große Mengen gleichartiger Güter möglichst effizient zu fertigen, wurden die Arbeitsabläufe und Sozialstrukturen der Manufakturen während der Industrialisierung zugunsten von Routinetätigkeiten aufgegeben. Die Erfolge der *industriellen Organisation* beruhten auf einer systematischen Vereinheitlichung der Produktionsprozesse. Die vornehmliche Aufgabe der damaligen *Fabrikmanager* bestand darin, Vielfalt und Unbeständigkeit in standardisierte Prozesse zu fassen, die sich mit zunehmender Effizienz wiederholten (Hock 2001).

Erste konzeptionelle Grundlagen zur systematischen Effizienzsteigerung der menschlichen Arbeit fanden sich in Taylors (1911) »wissenschaftlicher Betriebsführung«. Taylor wollte die Zeit minimieren, die ein Arbeiter benötigt, um eine Handlung auszuführen. Dazu entwickelte er die Methode der Zeitstudien, bei der der Zeitaufwand der geschicktesten Arbeiter gemessen wurde. Die Ergebnisse bildeten eine allgemeine Leistungsnorm. Taylors Bewegungsstudien wurden unter der Prämisse weiterentwickelt, dass die Maximierung der Produktivität eines Arbeiters durch die Eliminierung von nutzlosen Bewegungen und die Effizienzsteigerung der aufgabenbezogenen Bewegungen zu erreichen sei (Gilbreth/Gilbreth 1917). Der Taylorismus trug wesentlich zur volkswirtschaftlichen Produktivitätssteigerung und zum breiten gesellschaftlichen Wohlstand bei.

---

[1] Personenbezeichnungen beziehen sich grundsätzlich auf Frauen und Männer. Im Sinne einer besseren Lesbarkeit wird jeweils nur die kürzere Form verwendet.

1.2 Produktivitätssteigerung durch Arbeitsteilung

Das wirtschaftliche Handeln eines Unternehmens kommt in den betrieblichen Wertschöpfungsprozessen zum Ausdruck; diese Prozesse beruhen auf dem Ausgleich von Leistungs- bzw. Warenangeboten und Kundenbedürfnissen. Betriebliche Leistungen sind demnach auf Ziele hin zu bündeln, die sich an der Bedarfslage der Kunden orientieren. Diese bedarfsorientierte Koordination von individuellen Leistungen bzw. Fähigkeiten wird durch eine *Arbeitsteilung* bewerkstelligt, wie sie der Taylorismus erstmals konsequent verwirklichte.

In seiner Urform zielte der Taylorismus auf eine Effizienzsteigerung der industriellen Arbeitsweise unter den Bedingungen einer angebotsorientierten Güterfertigung. Durch eine systematische Anweisung und Kontrolle tendierte er jedoch dazu, den arbeitenden Menschen auf einen Funktionsträger zu reduzieren, der Sinn und Zweck der zu verrichtenden Arbeit – d. h. die Mission des Unternehmens – nur noch begrenzt durchschaute. Zur Vorhersage und Kontrolle von menschlichen Verhaltensweisen wurde auf die Erkenntnisse des *Behaviorismus* zurückgegriffen. Der wissenschaftliche Ansatz des Behaviorismus charakterisierte die sozialtechnische Perspektive des Taylorismus. Er zielte auf eine soziale Kontrolle des arbeitenden Menschen durch Konditionierung (Watson 1913).

In der Mitte des 20. Jahrhunderts zeichnete sich der Übergang von der Industriegesellschaft zur *Wissensökonomie*[2] ab. Seitdem nimmt der Anteil der geistigen Arbeit an der Wertschöpfung beständig zu. Zunächst wiesen die Bewegungsstudien Gilbreths und der Behaviorismus den Weg, die Formen geistiger Arbeit zu operationalisieren. Nachdem die Kognitionspsychologie den Behaviorismus ablöste, wurden geistige und psychische Leistungsfunktionen wie Wahrnehmung, Aufmerksamkeit, Textverständnis, Gedächtnis, Emotion und Problemlösungsfähigkeit untersucht. Im Streben nach optimaler Produktivität menschlicher Arbeit beschäftigte sich die Arbeitswissenschaft nicht nur mit der Rationalisierung von Arbeitsbedingungen, sondern auch mit der Gesundheit und Sicherheit des arbeitenden Menschen. Daraus ergab sich die Forderung nach einer leistungserhaltenden Regeneration. Die Arbeitsforschung suchte fortan nach Methoden, um sowohl den Energiegewinn des arbeitenden Menschen (z. B. durch angemessene Ernährung, zweckmäßige Ruhezeiten) als auch den Energieverbrauch während der Arbeit zu optimieren. Für die Frage, was die Effizienz geistiger Arbeit steigert, war der Kampf gegen die Ermü-

---

[2] Zur Terminologie siehe Kapitel 2.3.

dung zentral (Rohmert 1983). Den frühen Forschungsbemühungen war jedoch nur ein begrenzter praktischer Erfolg beschieden, da ihnen ein unzureichendes Menschenbild zugrunde lag. Mittlerweile verleihen neurologische Erkenntnisse der arbeitswissenschaftlichen Diskussion neue Impulse (vgl. Singer 2006; Spitzer 2007).

1.3 Grenzen der rationalen Arbeitsgestaltung

Während der 200-jährigen Industrieepoche wurde die Arbeitsgestaltung durch eine Weltsicht geprägt, die vornehmlich auf objektiven, physisch-materiellen Werten beruht. Werte wie Uniformität, Regelmäßigkeit und Kontrolle, die zur Perfektionierung der Bewegungsabläufe des arbeitenden Menschen führen sollten, und die sich in der industriellen Produktion als zweckmäßig erweisen, genügen den Anforderungen der Wissensarbeit jedoch nur bedingt.

Wissensarbeit zielt darauf, wirtschaftliche Potenziale durch technisch-organisatorische Innovationen in kooperativen Wertschöpfungsnetzen zu schaffen. Ihre Ergebnisse manifestieren sich grundsätzlich in der Zukunft und lassen sich mithin erst zeitlich verzögert bewerten. Daher vermögen selbst detaillierte Arbeitsanweisungen und präzise Kontrollen den Erfolg der Wissensarbeit nicht zu garantieren. Die Komplexität von Wissensarbeit erfordert vielmehr ein Verständnis für Sinn, Risiko und Veränderung.

Hier offenbaren sich die Grenzen rationalisierter Arbeitsformen, die der geistigen Dimension der menschlichen Arbeit nur eine unzureichende Aufmerksamkeit schenken. Einseitige Arbeitsbedingungen, die dem arbeitenden Menschen keinen hinreichenden Sinn für die Notwendigkeit seines Tätigseins vermitteln, schmälern dessen Motivationspotenzial und können gesundheitliche Störungen begünstigen.

Eine zentrale Herausforderung für die Gestaltung der Wissensarbeit besteht folglich darin, die im Zuge der Industrialisierung begünstigten Einseitigkeiten von Arbeit zu erkennen und diese einer ausgleichenden Entwicklung zuzuführen. Bereits vor einem halben Jahrhundert prognostizierte Drucker (1959), dass sich die Unternehmenskonzepte in der »nächsten Gesellschaft« – wie er die Wissensgesellschaft bezeichnete – grundlegend von ihren industriellen Vorläufern unterscheiden werden.

1.4 Leitkonzept der Wissensgesellschaft

Auch wenn in Zukunft ein erheblicher Tätigkeitsanteil wie ehedem auf dem Einsatz körperlicher Arbeitskraft beruhen wird, ist der Übergang von der Industrie- zur Wissensgesellschaft unübersehbar. Dabei sind es weniger die quantitativen Kriterien, die die Wissengesellschaft kennzeichnen, als vielmehr die Art und Weise, wie die Arbeit verrichtet wird: Arbeit in der Wissensgesellschaft beruht verstärkt auf den geistig-kreativen Potenzialen der arbeitenden Menschen in kooperativen Netzwerken. Die Wissensökonomie verkörpert den zeitgemäßen Typus der arbeitsteiligen Wertschöpfung in Beziehungsnetzwerken.

Das Erfolgsprinzip der volkswirtschaftlichen Arbeitsteilung impliziert eine Abkehr von der Selbstversorgung, wie sie etwa das vorindustrielle, bäuerliche Leben prägte. Arbeitsteilung bedeutet stets »Arbeit für andere«. Das Konzept der Arbeitsteilung ist umso wirtschaftlicher, je besser sie wechselseitig die Bedürfnisse, Fähigkeiten und Initiativen der beteiligten Wirtschaftspartner einbezieht. Mit dem Fortschreiten arbeitsteiliger Wirtschaftskonzepte erlangen somit soziale Aspekte der zwischenmenschlichen Kommunikation (*lat.: communicare, in Verbindung stehen*) eine erhöhte Bedeutung in den Unternehmensstrategien (vgl. Allen 1984).

In der arbeitsteiligen Wirtschaft lässt sich eine betriebliche Wertschöpfung entweder durch eigene Leistungen oder durch Koordination von verfügbaren Marktangeboten bewerkstelligen. Welche Bedingungen ausschlaggebend sind, um Aufgaben im Unternehmen eigenständig zu lösen oder diese dem Markt zu übergeben, hängt u. a. von den *Transaktionskosten* ab. Diese sind mit der Verfügbarkeit des Internet erheblich gesunken. Mithin ändert sich die betriebliche Wertschöpfung zugunsten arbeitsteiliger, zuweilen global verteilter Wertschöpfungsgemeinschaften (Klotz 2009). Je intensiver ein Unternehmen mit seinem wirtschaftlichen Umfeld vernetzt ist, umso günstiger wirkt sich dies auf sein Innovationsgeschehen und sein Wachstum aus, wie eine europaweite Untersuchung zum Innovationsmanagement belegt (vgl. Abbildung 1.1).

Die Anwendung von »Social Software« ermöglicht etwa nahezu unbegrenzte Kooperationsbeziehungen im Internet. Die Möglichkeit, persönliche Ideale auf Basis zwischenmenschlicher Wertschätzung im virtuellen Raum zu verwirklichen, ermutigt zahlreiche Wissensarbeiter, anspruchsvolle Arbeitsleistungen in gemeinschaftliche Projekte einzubringen. Die hierbei entstehende Arbeitskultur überwindet die Grenzen der tayloristischen Arbeitsteilung industrieller

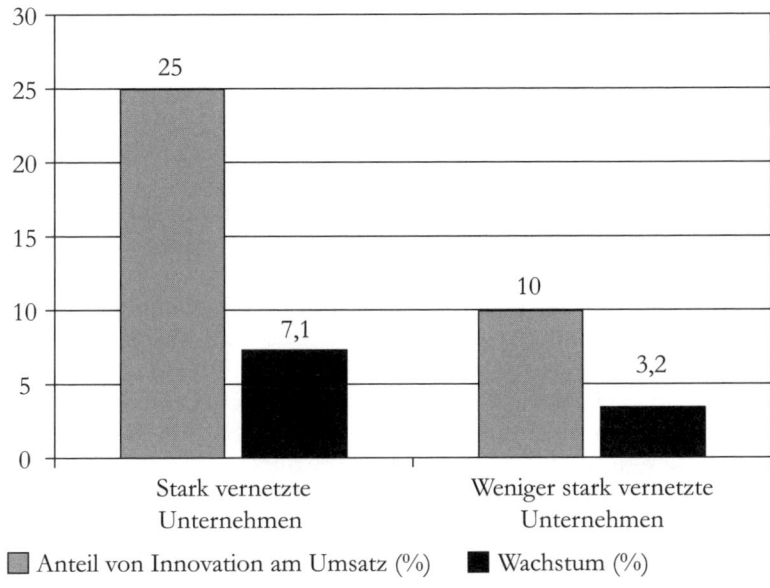

Abbildung 1.1 Einfluss des Vernetzunggrades in ausgewählten Unternehmen auf den Anteil innovativer Produkte am jährlichen Umsatz und ihr Wachstum (Engel et al. 2008)

Prägung, indem sie die geistige und soziale Dimension menschlichen Handelns angemessen berücksichtigt. Mithin entwickelt sich die Arbeitsteilung zur Wissensteilung.

1.5 Blick für das Ganze

Sofern nur der Einzelne in der Lage ist, zweckmäßig über die Art und den Inhalt seiner Arbeitstätigkeit zu entscheiden, liegen auch zentrale »Stellschrauben« für die Effektivität und Effizienz seines Handelns in seiner Person. Die Gestaltung produktiver und gesunder Arbeitsweisen ist somit eng mit der Einstellung des Individuums zu seiner Arbeit und dessen Motivation verknüpft.

In einem arbeitsteiligen Wirtschaftssystem arbeitet niemand für sich selbst, sondern stets zum Nutzen für andere. Jede Arbeit geht aus menschlichen Tätigkeiten hervor und ist somit ein Ausdruck von individuellen Fähigkeiten und Werten. Fähigkeiten werden erst sinnvoll, wenn sie im Arbeitsergebnis den Bedarf eines anderen befriedigen; somit vermögen menschliche Fähigkeiten ausschließlich vom

Bedarf her zur Arbeit zu motivieren. So tragen etwa viele Tätigkeiten im familiären Bereich, die sich an mitmenschlichen Bedürfnissen orientieren, ihren Sinn und ihre Motivation in sich selbst. Für ein produktives Arbeiten in der arbeitsteiligen Wirtschaft ist es somit unumgänglich, dass jeder Einzelne in seiner Tätigkeit den Blick für das Ganze bewahrt (vgl. Werner 2004).

Hingegen schwindet der motivationsförderliche Sinn einer Tätigkeit, wenn der arbeitende Mensch die Nachfrage seines eigenen Arbeitsergebnisses nicht mehr unmittelbar erlebt.

Eine derart weitsichtige Eigenständigkeit des arbeitenden Menschen stellt hohe Anforderungen hinsichtlich Selbst- und Fremdwahrnehmung, Problem- und Leistungsbewusstsein, Kommunikations- und Entscheidungsfähigkeit, sowie Verantwortungsbereitschaft. Diese menschlichen Fähigkeiten sind eng an die Bedingungen von Gesundheit gekoppelt. Je gesünder eine Person ist, umso freier kann sie ihr Leistungsvermögen mobilisieren und zur Bewältigung anstehender Aufgaben einsetzen. Demnach ist Gesundheit kein Selbstzweck. Sie ist vielmehr ein begünstigender Faktor für die Entfaltung der kreativen und produktiven Potenziale des arbeitenden Menschen unter den Bedingungen der Wissensökonomie.

1.6 Betriebliche Erfolgsstrategien

Der Erfolg eines Unternehmens begründet sich durch sein spezifisches Verhältnis zum Marktumfeld, das durch Unternehmensziele, Kompetenzen und Leistungen geprägt ist. Es werden *kapazitätszielorientierte*, *gewinnzielorientierte* und *innovationszielorientierte* Unternehmensstrategien unterschieden (vgl. Tabelle 1.1):

- Innovative Unternehmen schaffen kreative Lösungen für neu auftretende Kundenbedürfnisse. Durch Innovationen grenzt sich das Unternehmen vom Wettbewerb ab und profiliert sich im Markt.
- Ein vornehmlich auf Gewinn zielendes Unternehmen orientiert sich an Leistungen, die gut im Markt eingeführt sind, die einen gewissen Grad an Originalität haben, und für die es erst wenige Mitbewerber gibt.
- Eine Kapazitätszielorientierung strebt auf eine Auslastung der bestehenden Kapazitäten zur rationellen Erstellung standardisierter Leistungen, um fixe Kosten zu decken und Beschäftigungsmöglichkeiten zu sichern (Hemming 2003).

Im Verhältnis zu ...	Kapazitätsziele	Gewinnziele	Innovationsziele
Mitbewerbern	Verdrängung	Substitution	Alleinstellung
Leistungen und Produkte	Standardisierte Massenprodukte	Adaptierbare Baukastensysteme	Originäre Problemlösungen
Preis	Preis steht im Vordergrund	Preis-Leistungs-Verhältnis	Beratung überwiegt Preis
Grundhaltung	Standardisierte Systeme	Flexibilität von Mitarbeitern und Systemen	Kreativität der Mitarbeiter, Entwicklungspotenzial
Arbeitsform	Angelernte Arbeit	Facharbeit	Wissensarbeit

Tabelle 1.1 Einfluss der betrieblichen Zielorientierung auf die Außen- und Innenorientierung eines Unternehmens (nach Hemming 2003)

Wissensarbeit ist eine unabdingbare Voraussetzung, um betriebliche Innovationsziele zu erreichen und bestehende Gewinnziele zu sichern. Sie ist auch zukünftig für das betriebliche Innovationsgeschehen höchst bedeutsam, um anstehende sozio-ökonomische Herausforderungen erfolgreich zu bewältigen.

Wissen lässt sich nicht zweckmäßig »auf Vorrat« produzieren. Eine Wertsteigerung entsteht erst aus der unmittelbaren Anwendung von Wissen auf die Arbeit (Drucker 2000). In der bedarfsorientierten Wissensökonomie bemisst sich die Produktivität einer Organisation somit am Vermögen, mit der sie geeignete Ressourcen verfügbar machen kann, um die Bedürfnisse des Kundenmarktes zu befriedigen. Mithin ist der fähige und gesunde Mensch der bedeutsamste Produktivitätsfaktor in einer von Wissen und Kommunikation bestimmten Arbeitsgesellschaft (Nefiodow 1999).

1.7 Rahmenbedingungen des Wirtschaftens

Neben den vorab skizzierten Entwicklungslinien beeinflussen weitere Rahmenbedingungen die Gestaltung der Wissensarbeit.

Offensichtliche Aspekte der *globalisierten Wertschöpfungsstrukturen* sind eine zunehmende Auflösung von Normalarbeitsverhältnissen, steigende Anforderungen an die zeitliche und örtliche Flexibilität sowie erhöhte Leistungsanforderungen an die Arbeitspersonen (Braun 2008). Dies betrifft auch die alltägliche Nutzung von Informationstechnologien.

Weitreichende Veränderungen der Arbeitsstrukturen und der Tätigkeitsausführungen resultieren ferner aus der *sozio-demografischen Entwicklung*. Sinkende Geburtenraten und eine kontinuierlich steigende Lebensdauer führen mittel- bis langfristig zu einer erheblichen Veränderung der Altersstrukturen in den entwickelten Industrienationen. Prognosen gehen von einem Bevölkerungsrückgang in Deutschland aus, der mit einer Abnahme der Anzahl der Erwerbsfähigen einhergeht. Bedeutsamer als der Rückgang der absoluten Zahl der Erwerbsfähigen ist allerdings die Veränderung ihrer Alterszusammensetzung, da die Zahl an Nachwuchskräften langsam aber kontinuierlich abnimmt und die Gruppe der älteren Erwerbsfähigen bis zum Jahr 2020 ständig wächst. Vor diesem Hintergrund sind Engpässe bei der Rekrutierung des betrieblichen Nachwuchses und ein erhöhtes Durchschnittsalter der Belegschaften zu erwarten. Angesichts dieser Prognosen kommen die Verantwortlichen in den Unternehmen nicht umhin, sich den Fragen von Gesundheit und Arbeitsfähigkeit vornehmlich älterer Erwerbstätiger zu stellen (Kern/Braun 2006).

Das Alter der Beschäftigten als solches ist jedoch kein Kriterium, das sich einer Tätigkeitsausübung entgegenstellt. Zum Problem wird das Altern im Berufsleben meist dann, wenn Beschäftigte jahrelang einseitig belastende Tätigkeiten ausführen. Hierbei sind Gesundheitsschäden nicht auszuschließen, so dass die individuellen Leistungsvoraussetzungen den Tätigkeitsanforderungen immer weniger genügen. Unabdingbar für die Gestaltung der Büroarbeit erweist sich ferner die *ökologische Nachhaltigkeit*. So tragen Maßnahmen zum effizienten Energieeinsatz und zur Nutzung umweltfreundlicher Baumaterialien nicht nur zur Ressourcen- und Kosteneinsparung bei, sondern schaffen gleichermaßen günstige Voraussetzungen für ein gesundes und produktives Arbeiten (vgl. Spath et al. 2010).

Auf die vielfältigen Entwicklungen in der Arbeitsgesellschaft reagierte der Gesetzgeber mit einer weitreichenden *Deregulierung* der Arbeitsschutzvorschriften, die den Harmonisierungsbestrebungen innerhalb der Europäischen Union genügen. Nationaler Ausgangspunkt dieses Prozesses ist das Arbeitsschutzgesetz (1996), das dem Unternehmer erweiterte Gestaltungsmöglichkeiten für eine menschengerechte und sichere Arbeit zugesteht, im Gegenzug aber dessen erhöhte Eigenverantwortung einfordert.

1.8 Der Mensch im Mittelpunkt

»Sei du selbst die Veränderung, die du dir wünschst für diese Welt« postulierte Mahatma Gandhi (1869–1948). In seinem Sinne kann eine Innovationsfähigkeit der Unternehmen und eine Wandlungsfähigkeit der Arbeitsgesellschaft nur in dem Maße gelingen, wie der Einzelne zu seiner persönlichen Entwicklung bereit und fähig ist. Wer über den »Schlüssel« zu dieser Entwicklung verfügt, erschließt die maßgeblichen Wertschöpfungsressourcen in der Wissensökonomie. Die Anforderungen der Wissensarbeit verlangen dabei, den Menschen als *individuelle*, d. h. unteilbare Ganzheit von körperlichen, geistigen und psychischen Faktoren zu betrachten.

Individualität ist die Quelle verantwortungsvollen Handelns und betrieblichen Erfolgs (Sprenger 2000). Nur der individuelle Mensch ist in der Lage, Zusammenhänge und Veränderungen zu erkennen, begründete Urteile zu fällen und absichtsvoll zu handeln. Fortschritt findet dort statt, wo das Individuelle als gemeinschaftsbildende Kraft wirkt und gemeinsame Ziele in Übereinstimmung mit persönlichen Überzeugungen verwirklicht werden. Zahlreiche Unternehmensgründungen – die sprichwörtlichen »Garagenfirmen«, von denen sich einige gar als Weltmarktführer etablierten – belegen diesen Sachverhalt eindrücklich.

Im Kontext der Individualisierung wandelt sich auch das Gesundheitsverständnis. In der Gesundheitsdiskussion nimmt die Sichtweise einer eigenverantwortlichen, ausgeglichenen Lebensführung einen immer größeren Raum ein – nicht zuletzt aufgrund der Studien zur Salutogenese von Antonovsky (1997) und zur Selbstregulation von Grossarth-Maticek (2000). Gesundheit in diesem umfassenden Verständnis ist Voraussetzung und Ergebnis einer reflektierten und entwicklungsorientierten Auseinandersetzung mit den Bedingungen und Herausforderungen von Arbeit.

So bezieht sich die *Ausgleichsfähigkeit* als ein konstituierendes Merkmal von Gesundheit etwa nicht nur auf die An- und Entspannungsprozesse auf körperlicher Ebene. Ein gesunder Ausgleich schließt gleichfalls die gegenläufigen Tendenzen von Arbeitsteilung *und* Kooperation, von Individualisierung *und* Gemeinschaftsorientierung etc. ein. Erst aus dieser umfassenden Perspektive erwächst die Bedeutung der Gesundheitsdiskussion für einen nachhaltigen Unternehmenserfolg.

2 Arbeitswissenschaftliche Grundlagen

2.1 Gegenstand und Definition

Grundlage einer menschengerechten Gestaltung der Büroarbeit sind einschlägige arbeitswissenschaftliche Erkenntnisse. Die Arbeitswissenschaft ist den Inhalten nach die Wissenschaft von
- der menschlichen Arbeit, speziell unter den Gesichtspunkten der Zusammenarbeit von Menschen und des Zusammenwirkens von Mensch und Arbeitsmitteln bzw. Arbeitsgegenständen,
- den Voraussetzungen und Bedingungen, unter denen die Arbeit sich vollzieht, den Wirkungen und Folgen, die sie auf Menschen, ihr Verhalten und damit auch auf ihre Leistungsfähigkeit hat,
- den Faktoren, durch die die Arbeit, ihre Bedingungen und Wirkungen menschengerecht beeinflusst werden können (Hackstein 1977).

Nach der von Luczak et al. (1987) erarbeiteten Kerndefinition stellt die Arbeitswissenschaft die Systematik der Analyse, Ordnung und Gestaltung der technischen, organisatorischen und sozialen Bedingungen von Arbeitsprozessen dar. Ziel ist es, dass die arbeitenden Menschen in produktiven und effizienten Arbeitsprozessen
- schädigungslose, ausführbare, erträgliche und beeinträchtigungsfreie Arbeitsbedingungen vorfinden
- Standards sozialer Angemessenheit nach Arbeitsinhalt, Arbeitsaufgabe, Arbeitsumgebung sowie Entlohung und Kooperation erfüllt sehen sowie
- Handlungsfreiräume entfalten, Fähigkeiten erwerben und in Kooperation mit anderen ihre Persönlichkeit erhalten und entwickeln können.

Bezüglich des arbeitenden Menschen betrachtet die Arbeitswissenschaft u. a. die Qualifikationen des Menschen, seine Beanspruchung, die gesundheitliche Wirkung von Arbeit, die Einstellung zur Arbeit und die Wirkung der Arbeit auf die Persönlichkeit. Im Hinblick auf das Arbeitsergebnis untersucht sie den Beitrag des Menschen zur Leistung, zur Güte und zur Zuverlässigkeit des Arbeitssystems.

2.2 Arbeitsbegriff und -formen

Im arbeitswissenschaftlichen Sinne ist Arbeit ein zweckgebundenes und zielgerichtetes Tätigsein des Menschen, das direkt oder indirekt seiner materiellen und ideellen Existenzerhaltung dient. Damit ist

Arbeit neben Sport und Spiel eine besondere Form des Tätigseins. Neben bezahlter Erwerbsarbeit finden sich Formen unbezahlter Arbeit, die dem unmittelbaren Konsum dienen oder auf einem Solidarprinzip beruhen.

Zum Tätigsein tritt der Mensch mit anderen Menschen, mit (technischen) Hilfsmitteln und mit der materiellen oder ideellen Umwelt in Interaktion. Die Tätigkeit ist planvoll, zielgerichtet sowie willentlich gesteuert und erfolgt unter bestimmten gesellschaftlichen und wirtschaftlichen Bedingungen. Durch Arbeit erfährt nicht nur die Umwelt der Arbeitsperson eine Veränderung, sondern auch die Person selbst (Hacker 1986).

Nach Luczak (1998) lassen sich zwei Aspekte von Arbeit unterscheiden: Zum einen Arbeit im subjektbezogenen Sinn als *persönlichkeitsentfaltende Anstrengung* und zum anderen als objektorientiertes Arbeiten mit dem Ziel der *Produktion von Gütern und Dienstleistungen*. Arbeit als Möglichkeit zur Persönlichkeitsentfaltung versucht, persönlichkeitsorientierte Ziele derart in die Arbeitsstrukturen einzubringen, dass Arbeitsbedingungen und persönliche Ziele komplementär gestaltet werden können. Ein derartiger Einsatz menschlicher Leistungsressourcen kann gleichzeitig zu verbesserten Arbeitsleistungen führen. Eine Persönlichkeitsentwicklung durch Arbeit gelingt nur, wenn sich die Arbeitsbedingungen individuell gestalten lassen (Ulich 2001).

Um die vielfältigen Ausprägungen menschlicher Arbeit zu überschauen, wird diese nach vorwiegenden Aufgaben- oder Leistungsar-

Arbeitsform	Körperliche Arbeit				Geistige Arbeit
Art der Arbeit	Mechanisch	Motorisch	Reaktiv	Kombinativ	Kreativ
Was verlangt die Arbeit vom Menschen?	Kräfte abgeben	Bewegungen ausführen	Reagieren und Handeln	Informationen kombinieren	Informationen erzeugen
Welche Organe oder Funktionen werden beansprucht?	Muskeln, Sehnen, Skelett, Atmung, Kreislauf	Sinnesorgane, Muskeln, Sehnen, Kreislauf	Sinnesorgane, Reaktions- und Merkfähigkeit, Muskeln	Denk- und Merkfähigkeit, Muskeln	Denk- und Merkfähigkeit, Schlussfolgerungsfähigkeit

Tabelle 2.1 Arbeitsformen als Kombination von körperlicher und geistiger Arbeit (nach Rohmert 1983)

Um die vielfältigen Ausprägungen menschlicher Arbeit zu überschauen, wird diese nach vorwiegenden Aufgaben- oder Leistungsarten geordnet. Die geläufigste Ordnung erfolgt in *körperliche* und *geistige Arbeitsformen*. Ziel ist es, das Überwiegen einer der beiden Aspekte zu beschreiben. In realen Arbeitstätigkeiten existieren weder ausschließlich geistige Tätigkeiten noch körperliche Arbeit ohne ein Mindestmaß an geistigen Anforderungen.

Die Arbeitswissenschaft folgt diesen Überlegungen und bezeichnet die idealtypischen Extremformen menschlicher Arbeit als geistige (bzw. informatorische) und körperliche (bzw. energetische Arbeit). Daraus ergeben sich schließlich fünf Arten von Arbeit, die Mischformen dieser Grundformen darstellen (vgl. Tabelle 2.1).

Frühe Formen geistiger Arbeit fanden sich beim Klerus und in der Wissenschaft. Während die handwerkliche Arbeitsweise die verschiedenen Ausprägungen körperlicher und geistiger Arbeit noch weitgehend integrierte, verselbständigte sich die geistige Arbeit spätestens mit der Entstehung der industriellen Arbeitsteilung. Sie grenzte sich fortan von körperlichen Arbeitsformen ab. Dadurch entstanden neue Berufsgruppen mit vorwiegend geistiger Tätigkeit – wie Ingenieure, Rechtsanwälte, Berater oder Verwalter.

2.3 Wissensbasierte Arbeit im Büro

Die Begriffe »Wissensarbeit«, »geistige Arbeit« und »Büroarbeit« werden im allgemeinen Sprachgebrauch häufig gleichgesetzt. Die *Arbeitswissenschaft* grenzt die »geistigen Arbeit« begrifflich von der körperlichen Arbeit ab. Der allgemein gefasste Begriff der »Büroarbeit« bezieht sich auf den Ort der Arbeitsverrichtung, wohingegen der Terminus der »Wissensarbeit« im betriebswirtschaftlichen Kontext geprägt wurde.

2.3.1 Büroarbeit

Tätigkeiten im Büro betreffen vor allem die Organisation des Zugriffs- und die Weiterleitung von Informationen. Dies umfasst u. a.
- das Konzipieren und Formulieren von Informationsinhalten,
- das Speichern und Wiederauffinden von Informationen,
- die Umwandlung von Informationen,
- die Koordination und Kontrolle von Abläufen.

Büroarbeit lässt sich in vier Grundfunktionen strukturieren (vgl. Tabelle 2.2).

Grundfunktion	Tätigkeitsmerkmale
Führungs- und Entscheidungstätigkeiten	Leitung und Motivation von Mitarbeitern; Repräsentation und Kommunikation; Problemlösung und Entscheidung bei Unsicherheit und Risiko
Wissensbasierte Fachtätigkeiten	Ausführung von Tätigkeiten, bei denen Fachwissen in besonderem Maße erforderlich ist; weitgehende Selbstorganisation tendenziell unstrukturierter Arbeit; Entwicklung von Eigeninitiative; Aufgabenorientierung
Sachbearbeitungstätigkeiten	Ausführung von Tätigkeiten, für die weniger Fachwissen erforderlich ist – und die in stärkerem Maße strukturiert und wiederkehrend sind; diese fallen vorgangs- und ereignisorientiert an
Unterstützungstätigkeiten	Unterstützung der anderen Gruppen bzgl. Informationsverarbeitung, Übertragung, Speicherung

Tabelle 2.2 Grundfunktionen von Büroarbeit (nach Szyperski 1980)

Aufgabentyp	Merkmale der Aufgabenerfüllung		
	Problemstellung	Informationsbedarf	Kooperationspartner
Nicht formalisierbare Büroarbeit	Hohe Komplexität, niedrige Planbarkeit	Unbestimmt	Wechselnd, nicht festgelegt
Teilweise formalisierbare Büroarbeit	Mittlere Komplexität, mittlere Planbarkeit	Problemabhängig, (un-) bestimmt	Wechselnd, festgelegt
Vollständig formalisierbare Büroarbeit	Niedrige Komplexität, hohe Planbarkeit	Bestimmt	Gleichbleibend, festgelegt

Tabelle 2.3 Charakteristik der Büroarbeit (Staehle 1999)

Aufgrund dieser Aufgaben- und Funktionspalette gliedert Staehle (1999) die Büroarbeit nach den Kategorien »nicht formalisierbar«, »teilweise formalisierbar« und »vollständig formalisierbar« (vgl. Tabelle 2.3). Der Formalisierungsgrad gibt an, ob und inwiefern eine Tätigkeit algorithmisierbar und mithin automatisierbar ist.

Ein wesentliches Kennzeichen von Büroarbeit ist die hohe Durchdringung des Büros mit Informationstechnik. Etwa 70 Prozent der Büroarbeiter nutzen für ihre Tätigkeit einen Rechner, womit dieser das zentrale Arbeitsmittel im Büro darstellt (Kern/Bauer 2008).

Profil der Büroarbeiter
In einer repräsentativen BIBB-/BAuA-Erhebung (2007) unter insgesamt 20.000 Arbeitspersonen arbeiteten knapp 9.700 Befragte im Büro. Dies entspricht einem Anteil von nahezu der Hälfte der Gesamtstichprobe. Grundlage für die Einstufung ist die internationale Standardklassifikation der Berufe (ISCO 88). Zusätzlich wurde ermittelt, ob die befragten Personen häufiger die Tätigkeiten »Organisieren, Planen und Vorbereiten von Arbeitsprozessen« oder »Informationen sammeln, Recherchieren und Dokumentieren« und »Arbeiten mit dem Computer« angaben. Als weiteres Merkmal der Büroarbeit wurde das Kriterium »arbeiten im Sitzen« verwendet (Windel 2008). Eine statistische Auswertung der Stichprobe zeigt, dass 54 Prozent der Büroarbeiter männlich und 46 Prozent weiblich sind. Ein Anteil von etwa 40 Prozent der Stichprobe ist über 45 Jahre alt. Ein Vergleich mit der Gesamtstichprobe verdeutlicht, dass die Frauen in den Büroberufen anteilig leicht überrepräsentiert sind. Gleichzeitig ist der Anteil der älteren Büroarbeiter deutlich höher als in der Gesamtstichprobe. Vier von fünf Büroarbeitern sind in einem unbefristeten Arbeitsverhältnis tätig. Sie befinden sich damit überdurchschnittlich oft in einer gesicherten Arbeitssituation. Mit etwa 20 Prozent sind Teilzeitbeschäftigte seltener unter den Büroarbeitern zu finden als in der Gesamtstichprobe. Dafür ist der Anteil der Selbständigen mit knapp 13 Prozent deutlich höher als in der Gesamtstichprobe.
Heim- oder Telearbeit wird von jedem dritten Büroarbeiter, wenn auch nur gelegentlich ausgeübt. Hier ist der Anteil deutlich höher als in der Gesamtstichprobe (ca. 25 Prozent). Nur in seltenen Fällen (ca. 14 Prozent) ist die Durchführung der Telearbeit vertraglich geregelt.

2.3.2 *Wissensarbeit*

Im angelsächsischen Sprachraum beschäftigte man sich unter dem Begriff des »Knowledge Work« bereits seit den 1950er Jahren mit der Bedeutung geistiger Arbeit für die Wertschöpfung. Neben den grundlegenden Werken von Machlup (1962) und Bell (1973) zur Veränderung der Arbeitsgesellschaft wandte sich Drucker (1959) diesem Thema zu und prägte den Begriff der »Knowledge Work« bzw. des »Knowledge Workers« im *betriebswirtschaftlichen* Kontext.
In Deutschland etablierte sich der Begriff der »Wissensarbeit« spätestens in den 1990er Jahren, als sich die Transformation von der Industrie- zur Wissensgesellschaft unverkennbar abzeichnete. So bezeichnet Willke (1998) die Wissensarbeit »als das neue Leitmodell für

Arbeit als einen Inhalt und eine Organisationsform« und nennt vier Merkmale von Wissensarbeit:
- Kontinuierliche Revidierung des relevanten Wissens,
- Wissen wird als kontinuierlich verbesserungsfähig angesehen,
- Wissen ist prinzipiell nicht Wahrheit, sondern Ressource,
- Wissen ist untrennbar mit Nichtwissen gekoppelt.

Insbesondere die kontinuierliche Revidierung bzw. Entwicklung von Wissen bedeutet nach Willke (1998) einen entscheidenden Unterschied zu traditionellen Formen der Informationsarbeit. Cleveland (1989) benennt weitere Merkmale der Ressource Wissen:
- Wissen ist an einen menschlichen Träger gebunden und kann nur bedingt von dieser Person abgelöst werden, etwa durch intensive Kommunikation.
- Die Immaterialität bzw. Stofflosigkeit von Wissen erschwert die Kontrolle, die Messbarkeit und die Steuerung von Wissensarbeit mit quantitativen Maßstäben (z. B. Menge, Masse).
- Wissen an sich ist nicht wertschöpfend, sondern wird erst durch die Anwendung produktiv. Es entwickelt seinen Wert erst nach der Kommunikation beim Empfänger. Damit hängt seine Nutzenwirkung von der Kommunikation und vom Wissensstand des Empfängers ab.
- Wissen vermehrt sich in dem Maße, in dem man es nutzt, zumal Wissen bei der Anwendung nicht verbraucht wird. Durch neu gewonnene Anwendungserfahrungen vermehrt sich das Wissen.
- Wissen und Information sind zwar an den Menschen, nicht aber an einen spezifischen Arbeitsort gebunden, wie ihn die Fabrik als Kennzeichen der Industrialisierung markiert. Mobile Informationstechnik ermöglicht dem Menschen, Wissensarbeit an jedem zweckmäßigen Ort zu verrichten (vgl. Bauer 2007).

Wissensarbeiter forschen, entwickeln, erfinden, lehren, beraten, verkaufen, werben, coachen, therapieren, programmieren, planen, prüfen, recherchieren, analysieren, interpretieren, konstruieren, konzipieren, unterhalten, gestalten, organisieren, moderieren, informieren, kommunizieren etc. Es liegt im Wesen der Wissensarbeit, dass sie sich nicht erschöpfend definieren lässt. So war denn auch für Drucker (2000) der Wissensarbeiter jemand, »der über seine Arbeit mehr weiß als jeder andere in der Organisation«. Drucker (2000) betont, dass kontinuierliches Lernen und die ständige Innovationsbereitschaft wichtige Voraussetzungen für erfolgreiche Wissensarbeit sind.

Mithin unterscheidet sich Wissensarbeit wesentlich von Formen der industriellen Arbeit:
- Wissensarbeit lässt sich in ihrem Verlauf nicht exakt vorherbestimmen, da die Ergebnisse durch den Arbeitsverlauf beeinflusst werden. Eine Planung eignet sich daher nur in intentionaler Form. Eine Abweichung zwischen Planung und tatsächlicher Wirksamkeit kann nicht als Mangel interpretiert werden. Daher eignen sich die Instrumente des quantitativen Messens und Bewertens nur bedingt, um die Qualität von Wissensarbeit zu beeinflussen.
- Wissensarbeit ist mit Lernprozessen durchmischt, d.h. Wissen ist eine Ressource, die ständig entwickelt wird. Das Ergebnis steht zu Beginn eines Vorhabens nicht fest, Arbeitsablauf und Zielerreichungsgrad sind nicht präzise vorhersehbar. Wissensarbeit hat oft einen experimentellen Charakter und gleicht einem Suchprozess.
- Wissensarbeit ist nicht kommandierbar. Wenn sich das Wissen auf viele Köpfe verteilt, gibt es keinen »allwissenden Vorgesetzten«. Kreativität und Innovationskraft lassen sich nicht über hierarchische Systeme, allenfalls über Zielvereinbarungen mobilisieren. Hierarchien können gar schaden, wenn opportunistische Verhaltensmuster eine vertrauensvolle, diskursive Zusammenarbeit erschweren (vgl. Klotz 2009).
- Wissensarbeit ist schwerlich messbar. Nicht die zeitliche Präsenz am Arbeitsplatz entscheidet über den Erfolg, sondern das bedarfsgerechte Arbeitsergebnis. Erfolgreiche Wissensarbeit erfordert erhebliche Vorleistungen im Sinne einer lebensbegleitenden Beschäftigung mit einem Sachverhalt. Nutzenwirkungen der Wissensarbeit offenbaren sich erst in der Zukunft.
- Wissensarbeit vollzieht sich unmittelbar an oder mit dem Menschen in seiner körperlichen, psychischen und sozialen Dimension, seinen Lebensinteressen und seinem Entwicklungsbedürfnis. Seine Interessen und Befindlichkeiten prägen die Leistungserbringung und deren Wirkungen. Somit kann Wissensarbeit nicht zweckmäßig »auf Vorrat« erbracht werden.
- Wissensarbeit erfordert ein menschliches Maß: Der Arbeitserfolg wird stark von psychischen Dimensionen beeinflusst, von menschlichen Befindlichkeiten, Interessen und Motiven. Im Zustand angstvoller Niedergeschlagenheit ist niemand kreativ. Ein gesundes menschliches Maß zu wahren, erweist sich daher als erfolgskritisch; Vertrauen und Verbindlichkeit sind unabdingbare Grundlagen der Wissensarbeit.

- Das Erfordernis, Wissensarbeit am Individuum auszurichten, verlangt eine Organisation, die eine Individualität im gemeinschaftlichen Kontext ermöglicht und fördert.

Offenkundig erfordert die Gestaltung von Wissensarbeit andere Werte und Verfahren, als sie die industrielle Organisation verkörpert.

2.3.3   Geistige Arbeit

Unter dem Begriff der »geistigen Arbeit« wird die arbeitswissenschaftliche Perspektive der wissensbasierten Arbeit beleuchtet. Die geistige Arbeit bezeichnet eine idealtypische Extremform menschlicher Aktivität, bei der vorwiegend die geistig-psychischen Fähigkeiten des Menschen in Anspruch genommen werden. Dennoch vollzieht sich geistige Arbeit immer im Zusammenhang mit körperlicher Arbeit. Voraussetzung jeglicher geistiger Arbeit sind individuelle geistige Bedürfnisse, wie z.B. das Streben nach Sinn oder Erkenntnis. Somit geht geistige Arbeit immer mit einem absichtsvollen Entwicklungsprozess einher.

Zu den Leistungsfunktionen geistiger Arbeit werden u.a. Wahrnehmung, Aufmerksamkeit, Textverständnis, Erinnern und Gedächtnis, Emotion, Entscheiden und Urteilsbildung, Kommunikation sowie Problemlösung gezählt.

Geistige Arbeit lässt sich in die Phasen der Informationsaufnahme, der Informationsverarbeitung und der Informationsabgabe strukturieren (vgl. Abbildung 2.1). Der jeweils dominierenden Informationsphase entsprechend werden folgende Arbeitsformen unterschieden (Schlick et al. 2010):

- Bei *sensorischer Arbeit* werden insbesondere die Sinnesorgane (d.h. visuell, auditiv, taktil) beansprucht.
- Bei *diskriminatorischer Arbeit* steht das Erkennen und Beurteilen im Vordergrund (z.B. Entscheiden).
- Weitere Formen sind die *kombinatorische Arbeit* (z.B. Fantasieren, Erzeugen neuer Informationen) und *signalisatorisch-motorische Arbeit* (z.B. Informationsausgabe).

Neurowissenschaftliche Erkenntnisse verweisen darauf, dass geistige Arbeit in ihren vielfältigen Ausprägungen ein integrativer Lern- und Kreativitätsprozess ist. Eine einseitig rationale Tätigkeit ist hingegen nicht möglich (Damasio 2000). Grossarth-Maticek (2000) postuliert aus medizinischer Sicht gar, dass einseitig verstandesorientierte Denk- und Handlungsweisen der kreativen und gesundheitlichen Di-

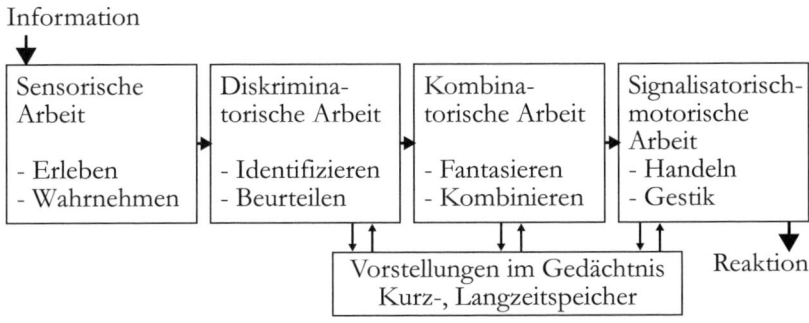

Abbildung 2.1 Phasen der Informationsverarbeitung (nach Luzcak 1998)

mension des Menschen nicht angemessen sind. Demnach vollzieht sich geistige Arbeit stets in einem vielschichtigen Kreativitätsprozess, der Elemente des Denkens und Erlebens integriert.

2.3.4 Kreativitätsprozess

Bereits Aristoteles (384–322 v. Chr.) beschrieb die Prozesshaftigkeit der geistigen Arbeit in ihrem Kern. Seine Auffassung, dass Körper (d.h. Erleben) und Geist (d.h. Denken) untrennbar miteinander verbunden sind (vgl. Zemb 1961), wird durch aktuelle neurologische Erkenntnisse gestützt. Im Kreativitätsprozess, wie ihn Abbildung 2.2 schematisch aufzeigt, stellen Erleben und Denken einander bedingende Polaritäten dar.

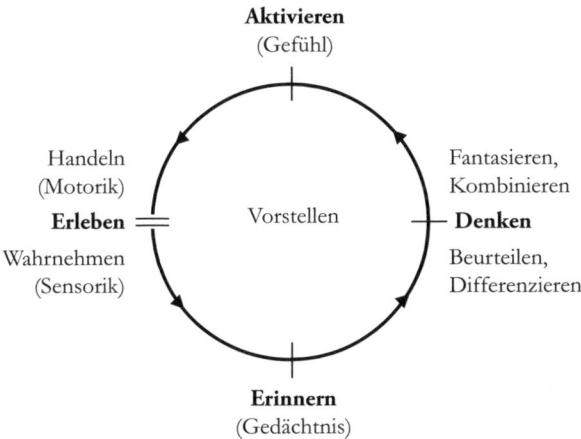

Abbildung 2.2 Struktur und Phasen des Kreativitätsprozesses

Kreative Prozesse zeichnen sich einerseits durch Neuartigkeit oder Originalität aus, andererseits leisten sie einen sinnvollen Bezug zur Lösung technischer, organisatorischer oder kultureller Probleme. Jedem Menschen wohnt ein kreatives Potenzial inne, das gefördert werden kann. Kreativität ist das individuelle Vermögen, den schöpferischen Prozess zu lenken und zu kräftigen (Jahrmarkt 1991). Ob der Einzelne sein kreatives Potenzial ergreift oder sich mit einem Leben im Gewohnten begnügt, obliegt seiner eigenen Entscheidung. Kreativität entsteht durch das Zusammenwirken von Gegensätzen u.a. im Erleben und Denken. Im Ausgleich der Polaritäten kann der Mensch zu einem bewussten Verständnis der Welt und seiner Selbst gelangen. Das kreative Potenzial erschöpft sich, wenn das polare Prinzip zugunsten einer Einseitigkeit aufgegeben wird.

Die einzelnen Phasen des in Abbildung 2.2 skizzierten Kreativitätsprozesses, die nachfolgend idealtypisch aufgezeigt werden, ergänzen sich wechselseitig (vgl. Handlungsregulationstheorie nach Miller et al. 1960; Hacker 1986). Bei dieser schematischen Beschreibung ist zu berücksichtigen, dass sich reale Kreativitätsprozesse zumeist wenig strukturiert vollziehen. Durch die Darstellung des Kreativitätsprozesses soll weniger das Verständnis für seine Einzelschritte vertieft, als vielmehr deren Ordung im Zusammenwirken der Leistungsvoraussetzungen aufgezeigt werden.

Wahrnehmen

Wahrnehmung bezeichnet im Allgemeinen den Vorgang der Sinneswahrnehmung von Informationen bzw. Reizen aus der Außenwelt (d.h. Exterozeption); hiervon wird der Begriff der Interozeption als Oberbegriff der Wahrnehmung von körpereigenen Reizen unterschieden. Durch Wahrnehmung werden sensorische Informationen gesammelt, die teilweise ins Bewusstsein gelangen. Die wahrgenommenen Informationen werden ständig mit erinnerten, im Gedächtnis gespeicherten Vorstellungen abgeglichen und zu neuen Vorstellungen verarbeitet. Die Wahrnehmung ist somit eine Grundlage, um Vorstellungen zu bilden und im Gedächnis zu speichern.

Die Konzentration der Wahrnehmung auf bestimmte Außenreize, d.h. auf das Erleben des eigenen Verhaltens und Handelns, sowie auf innere Vorstellungen und Emotionen, ist ein wesentlicher Bestandteil von Aufmerksamkeit. Aufmerksamkeit beschreibt die willentliche Zuweisung von Bewusstseinsressourcen auf Bewusstseinsinhalte. Aufmerksamkeit, die auf das Eintreffen bestimmter Ereignisse gerichtet ist, bezeichnet man als Vigilanz (Bleuler 1983).

Die Aufmerksamkeit ist eng mit dem Bewusstsein verbunden, da die Aufmerksamkeitszuwendung zu einem Reiz oder einer Vorstellung eine bewusste Gehirnaktivität erfordert. Das Gehirn verarbeitet auch unbewusst solche Informationen und Reize, auf die keine Aufmerksamkeit gerichtet wurde (Merten 2006).

Aufmerksamkeit erfordert eine willentliche Anstrengung und lässt üblicherweise mit der Zeit nach, wenn etwa eine Aufgabe gelöst ist. Das konzentrierte Aufrechterhalten eines Aufmerksamkeitsniveaus wird durch einen positiven Gefühlszustand (d.h. Wohlbefinden) unterstützt. Hingegen sinkt die Konzentrationsfähigkeit bei negativer Stimmung und Reizüberflutung.

Erinnern

Erinnern ist Gedächtnistätigkeit, bei der frühere Erlebnisse, Erfahrungen und Gefühle in einer psychischen Vorstellungswelt wiedererlebt werden. Voraussetzung der Erinnerungstätigkeit ist die Gedächtnisfunktion.

Unter Gedächtnis versteht man die Fähigkeit eines Lebewesens, bewusst oder unbewusst wahrgenommene Informationen zu speichern, zu ordnen und wieder abzurufen. Durch die Gedächtnisfunktion erst können sich Verhaltensweisen verfestigen und zu Gewohnheiten entwickeln.

Unterschieden werden das Ultrakurzzeitgedächtnis, das Kurzzeitgedächtnis und das Langzeitgedächtnis. Je nach Gedächtnisinhalt wird zwischen deklarativem und prozeduralem Gedächtnis differenziert. Das deklarative Gedächtnis speichert Fakten bzw. Ereignisse, die entweder die eigene Biografie oder das sog. Weltwissen eines Menschen ausmachen. Das prozedurale Gedächtnis beinhaltet u.a. motorische Fertigkeiten, die weitgehend unbewusst aktiviert werden. Prozedurale Gedächtnisinhalte werden durch implizites Lernen, deklarative Gedächtnisinhalte durch explizites Lernen erworben (Oesterreich 1997). Die Gedächtnisleistung, d.h. das bewusste Hervorrufen von Erinnerungsvorstellungen, hängt von den Strukturen des limbischen Systems – d.h. des Hippocampus und des Mandelkerns (lat.: Amygdala) – ab. Der Hippocampus registriert Wahrnehmungen und Vorstellungen und ordnet diese in rationale Gedächtnismuster ein. Der Mandelkern beurteilt Wahrnehmungen und Vorstellungen nach den emotionalen Grundkriterien »Lust« oder »Unlust« und schränkt bei negativer Beurteilung die Gedächtnisleistung ein. Angenehm empfundene Vorstellungen oder Wahrnehmungen können hingegen die Gedächtnisleistung steigern (Damasio 2000).

Ähnliche Erlebnisse verschmelzen mit der Zeit und lassen sich oft nicht mehr als differenzierte Erinnerungsvorstellungen hervorrufen. Verinnerlichte Gedächtnisinhalte verblassen, sofern sie nicht dringlich sind oder unregelmäßig genutzt werden. Ebenso beschleunigt mangelnde Konzentration durch Reizüberflutung das Vergessen (Goldenberg 2007).

Beurteilen

Beurteilen ist die denkerische Suche nach objektiver Erkenntnis, um Entscheidungen zu treffen. Die Urteilsfähigkeit beruht auf differenzierender Denktätigkeit, indem etwa Begriffe und Vorstellungen gebildet, diese mit Gedächtnisinhalten abgeglichen und Schlussfolgerungen für Handeln und Verhalten gezogen werden. Jede Beurteilung von Bewusstseinsinhalten (d. h. Sinneseindrücke oder Vorstellungen) basiert auf einer Gedächtnisleistung. Somit hängt der Beurteilungsprozess eng mit dem Gedächtnissystem zusammen (Roth 1996).

Die verhaltensbezogene Urteilsbildung ist stets von einer positiven Intention getragen und orientiert sich üblicherweise am Ziel des individuellen Lebenserhalts (Singer 2006). Sie werden durch unbewusste Prozesse ergänzt, die sich in der Heterostase (d. h. im dynamischen Ausgleich) der Organfunktionen zur Selbsterhaltung des Organismus äußern.

Fantasieren

Das Fantasieren bezeichnet eine weitere geistig-kreative Fähigkeit des Menschen, die auf Denktätigkeit beruht. Fantasie befähigt den Menschen, durch Vorstellungskraft eine innere Vorstellungswelt zu schaffen, indem bestehende Einzelbegriffe und Vorstellungen in neuartiger Form kombiniert und konfiguriert werden. Die Fantasievorstellung ist nicht an eine sensorische Wahrnehmung gebunden. Während Vorstellungen und Begriffe durch eine *urteilende Denktätigkeit* differenziert werden, führt die *Fantasie* diese in einer Synthese zusammen.

Fantasie ist eine wesentliche Voraussetzung für ein zielgerichtetes Handeln. Ohne die innere Vorstellung, wie ein bestimmtes Problem zu lösen sei, und ohne die Vorstellung eines konkreten Handlungsziels wäre ein absichtsvolles Handeln nicht möglich. Anderenfalls wären Problemlösungen durchweg als Resultate des Instinktes oder von Versuch und Irrtum zu betrachten.

Aktivieren

Aktivierung ist die menschliche Fähigkeit, auf äußere Stimulation oder innere Prozesse (z.B. Antriebe oder Motive) mit psychischer Aktivität zu reagieren. Aktivierung ist die Grundlage sämtlicher Antriebsprozesse im Wachzustand. Durch Aktivierung wird der Organismus mit Energie versorgt und in einen leistungsbereiten bzw. -fähigen Zustand versetzt (Kroeber-Riel 1992). Indem jedweder Bewegung eine Aktivierung vorausgeht, steht diese in einem unmittelbaren Zusammenhang zur körperlichen Leistung. Steigt die Aktivierung, so steigt auch die körperliche Leistung kurvenlinear bis zu einem Maximum. Bei andauernder Aktivierung nimmt die körperliche Leistung jedoch wieder proportional ab (Häcker/Stapf 1998). Besonders hohe bzw. niedrige Aktivierungszustände (wie z.B. Erregungen oder Depressionen) können leistungshemmend wirken; sie gelten in der Psychologie als Emotionen. Emotionen bzw. Gefühle charakterisieren Regulationsvorgänge, die unverzichtbar in die Strategien des menschlichen Denkens und Erlebens eingewoben sind (Damasio 1998). Am Zustandekommen und Ablauf emotionaler Vorgänge sind sowohl geistige Prozesse als auch motorischer Ausdruck beteiligt. Emotionen werden multidimensional beschrieben, etwa durch *Richtung* (Lust oder Unlust), *Qualität* (Aufmerksamkeit oder Ablenkung) und *Ausmaß* der Aktivierung. Sie bewirken körperliche Veränderungen, wie erhöhten Hautwiderstand, Muskelverspannung, Verkrampfung, Pupillenveränderung, Zittern, Schweißausbruch, Magen- und Darmtätigkeit, schnelle Atmung und erhöhte Herzfrequenz (Schmidt-Atzert 1996).

Handeln

Der Kreativitätprozess führt schließlich zur Handlung des Menschen in und an der Außenwelt. Handlung äußert sich in motorischen Bewegungsabläufen, die sich beobachten, beschreiben und messen lassen.

Motorik ist die Fähigkeit zur Bewegung. Es wird zwischen Grobmotorik (z.B. Bewegungskoordination) und Feinmotorik (z.B. Mimik, Fingergeschicklichkeit) unterschieden. Außerdem wird zwischen Psychomotorik (d.h. Beeinflussung des spontanen Bewegungsspiels durch psychische Vorgänge wie Konzentration) und Sensomotorik (d.h. Zusammenspiel von sensorischen und motorischen Leistungen) differenziert. Die Gesamtheit der bewussten Bewegungen des Körpers wird als Willkürmotorik bezeichnet. Im Gegensatz hierzu stehen einerseits unwillkürliche Reflexe des Körpers und physiologische Mitbewegungen wie die Pendelbewegungen der Arme beim Gehen, sowie andererseits die Mimik; sie wird zum größten Teil unbewusst gesteuert. Wirkt man in die unbewusste Motorik ein, indem man etwa auf ihre Ausführung achtet (z. B. Bewegen der Beinmuskulatur beim Gehen), führt dies häufig zu Koordinationsstörungen.

Abschluss des Kreativitätsprozesses
Die sensorische Wahrnehmung von motorischen Reizen schließt den in Abbildung 2.2 aufgezeigten Kreativitätsprozess. Das Zusammenwirken von Wahrnehmung und Handlung ermöglicht eine willkürliche Steuerung der Körperbewegungen infolge einer Sinnesrückmeldung – wie dies etwa bei der Koordination von visuell-taktiler Reizung und Hand-Arm-Bewegung im Schreibvorgang der Fall ist.
In der ausgleichenden Wechselwirkung von Wahrnehmen und Erkennen, von Denken und Handeln erlangt der Mensch ein Bewusstsein seiner Selbst und seiner Außenwelt. Erst die Wahrnehmung der Außenwelt ermöglicht dem Menschen den Aufbau einer – wie auch immer gearteten – inneren Vorstellungswelt, die ihm wiederum Orientierung für ein kreatives Handeln im Äußeren vermittelt.

2.3.5 Förderung der kreativen Ressourcen
Kreativität beruht auf einer absichtsvollen Entwicklung und Entfaltung von körperlichen, psychischen und geistigen Leistungsfaktoren. Bedeutsam hierfür sind
- die Fähigkeiten zur gedanklichen Vorstellung und Konzentration, um sich der Sinneseindrücke und der Gedächtnisinhalte bewusst zu werden,
- die denkerischen Fähigkeiten des Beurteilens und Fantasierens, die durch eine Reflektion, Modifikation und Konsolidierung von Bewusstseinsinhalten (d. h. Wahrnehmungen und Vorstellungen) bewirken, dass die Gedächtnisinhalte nicht im Gewohnten verharren, und dass die psychische Aktivierung nicht von unwillkürlichen Antrieben und Ängsten dominiert wird,
- die willensbetonte Fähigkeit, möglichst absichtsvolle Handlungs- und Verhaltensweisen zu initiieren.

Die Wahrnehmung von Informationen, die Aktivierung von Gedächtnisinhalten und die Aktivierung von Handlungs- und Verhaltensprozessen verbessern sich bei lustbetonten Gefühlszuständen (Damasio 1998). Andererseits umfasst der Kreativitätsprozess auch Schritte – wie etwa die Konsolidierung von Gedächtnisinhalten oder die Be-

herrschung von unwillkürlichen Antrieben – in denen Gefühle der Unlust unabwendbar sind. Eine Einsicht in die Zusammenhänge kann motivieren, um auch weniger lustbetonte Schritte des kreativen Prozesses zu vollziehen.
Die kreativen Potenziale werden durch Übung und Erfahrung gekräftigt. Eine Faustregel besagt, dass für herausragende kreative Leistungen zumindest 10 Jahre oder 10.000 Stunden extensiver Beschäftigung in einer Disziplin erforderlich sind. Hierdurch bilden sich stabile Persönlichkeitsmerkmale aus, die neben geistigen und körperlichen Fähigkeiten auch motivationale Leistungsvoraussetzungen (z. B. Eigeniniative) sowie Aspekte des Selbstvertrauens umfassen (vgl. Jahrmarkt 1991).

2.3.6 Ausgleichende Polarität im Kreativitätsprozess

Im Kreativitätsprozess lässt sich das *Gedächtnis* als eine der sensorischen Wahrnehmung nachgeordnete Instanz darstellen. Durch eine *Denktätigkeit* können Vorstellungen revidiert werden, die sich aufgrund von »gefärbten« Sinneswahrnehmungen in das Gedächtnis eingeprägt haben (vgl. Abbildung 2.3).

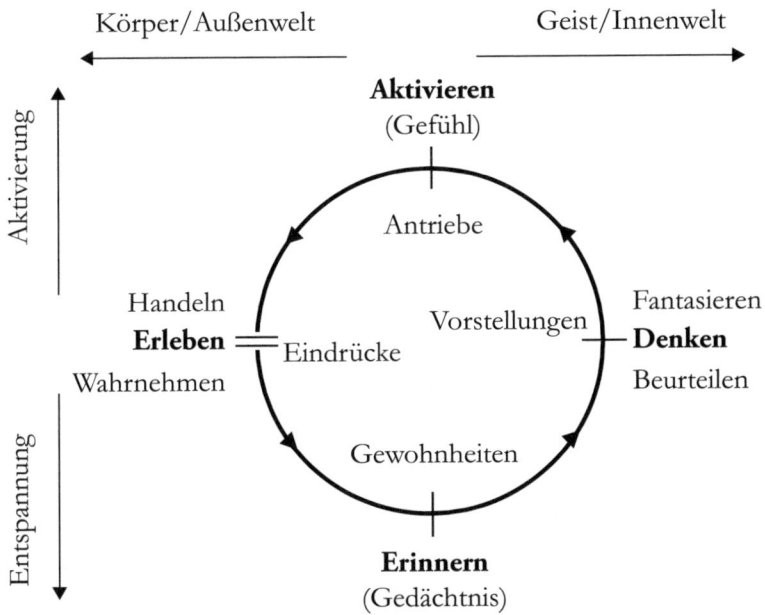

Abbildung 2.3 Instanzen des Kreativitätsprozesses

Entsprechend kann die *psychische Aktivierung* als eine dem Handeln vorgeschaltete (d. h. zwischen Denken und Erleben vermittelnde) Instanz betrachtet werden. Bei der Reflektion lassen sich unwillkürliche Antriebe (z. B. Ängste, Gewohnheiten), die ein einseitiges Handeln begünstigen, durch bewusste Handlungsabsichten verändern. Insofern dient der Kreativitätsprozess als ein regulierendes System, um mögliche Inkohärenzen von äußerer, körperlicher und innerer, gedanklicher Welt auszugleichen. Durch eine bewusste Reflektion von Sinneseindrücken und Gedächtnisinhalten gelangt das Individuum zu einer möglichst kohärenten Vorstellungswelt (vgl. Spitzer 2007).

2.3.7 Kreativität und Entspannung

Sämtliche Lebensprozesse vollziehen sich im dynamischen Ausgleich von Aktivierung (d. h. Anspannung) und Entspannung. Entspannung beschreibt einen unspezifischen Zustand physischer und psychischer Gelöstheit, der sich nicht willkürlich erzwingen lässt. Während der Entspannung werden die autonomen Körperprozesse und die Organfunktionen gedämpft. Ferner verlieren Außenreize zunehmend an Bedeutung, Zeitgefühl und Körperschema verändern sich. Der entspannte Mensch fühlt sich erholt und geistig erfrischt (Wendlandt 2002).

Der Zustand der psychischen Aktivierung manifestiert sich auf physischer Ebene durch einen erhöhten Spannungszustand der Skelettmuskulatur, eine verstärkte Durchblutung des Organismus und einen beschleunigten Atemrhythmus.

Auch der kreative Prozess geht mit Phasen einer Entspannung einher, um hierdurch u. a. die Erinnerungsfähigkeit zu steigern. Im entspannten Zustand »schläft« das Gehirn jedoch nicht, sondern befindet sich im Zustand des wachen Bewusstseins, wie sich anhand von Alpha-Gehirnwellen (ca. 8–18 Hertz) belegen lässt (Ostrander et al. 1990). Im tiefen Entspannungszustand vermag sich der Mensch indes nicht zu konzentrieren, worunter die Aktivierung von Gedächtnisinhalten leidet.

Das grundlegende Prinzip zur Verwirklichung kreativer Leistungen liegt demnach in der wechselweisen Erschließung geistiger und physischer Kräfte, was sich im menschlichen Organismus als ein rhythmischer Wechsel von Entspannung und Aktivierung manifestiert. In der Gehirnaktivität stellt sich diese Rhythmizität als ein Wechsel von Alphawellen (d. h. Entspannung, ca. 8–18 Hertz) und Betawellen (d. h. Wachzustand, ca. 13–30 Hertz) dar.

Motorische Inaktivität ist demnach kein hinreichendes Indiz für geistige Trägheit. Dennoch besteht bei Müdigkeit das Risiko, dass ein körperlicher Entspannungszustand in den Schlaf übergleitet. Dieser zeichnet sich – nicht zuletzt – durch eine Gehirnaktivität im Deltawellenbereich (0,5–4 Hertz) aus.

2.3.8 Energieumsatz des Gehirns

Ein untrügliches Kennzeichen der Gehirnaktivität ist dessen Energieumsatz. Obgleich die Masse des Gehirns nur etwa 7 Prozent des gesamten Körpergewichts beträgt, setzt das Gehirn den höchsten Energieanteil aller Organe um. Das menschliche Gehirn verbraucht im Durchschnitt etwa 1,5-mal so viel Energie pro Zeiteinheit wie das Herz. Der Blutstrom versorgt das Gehirn energetisch mit Sauerstoff und Glukose. Etwa ein Viertel des aufgenommenen Sauerstoffs und die Hälfte der mit der Nahrung aufgenommenen Glukose werden im Gehirn verbraucht; bei intensiver Denktätigkeit steigt dieser Anteil auf bis zu 90 Prozent. Die Hälfte des Energieverbrauchs dient dem Stoffwechsel der Nervenzellen. Die verbleibende Energie wird zur Bildung elektrischer Signale aufgewandt, die der Kommunikation im Nervensystem dienen.

Trotz seines hohen Energieumsatzes besitzt das Gehirn keine hinreichenden Energiespeicher. Es ist daher auf eine ständige Energiezufuhr angewiesen. Um den jeweiligen Energiebedarf auch bei Aktivierung kontinuierlich zu decken, entzieht das Gehirn die Glukose unmittelbar dem restlichen Organismus; dies kann zu Lasten seiner ausreichenden Versorgung erfolgen (Peters et al. 2004).

Der mit intensiver Denktätigkeit verbundene hohe Energieverbrauch erfordert Phasen der Erholung und Regeneration, die durch Ermüdung eingeleitet werden. Der Ermüdung kann durch eine Aktivierung der Konzentrationskräfte befristet entgegengewirkt werden. Selbst wenn auf diese Weise ein konstantes Leistungsniveau erhalten wird, ist dieses Leistungsverhalten nicht mit einer tatsächlich eintretenden Erholung gleichzusetzen. Vielmehr nimmt die Leistungseinschränkung durch diese ineffektive Form der Anforderungsbewältigung zu und erschwert zunehmend den Fortgang der Tätigkeit (Schmidtke 1993).

Natürlicherweise regeneriert das Gehirn im Schlaf. So dient der ausgewogene Schlaf vornehmlich der geistigen Erholung. Durch regelmäßige Schlafphasen werden die geistigen Leistungsvoraussetzungen optimal vorbereitet (vgl. Braun 2007).

2.4 Arbeit und Gesundheit

Kaum ein Lebensbereich dürfte die menschliche Gesundheit nachhaltiger prägen als die Arbeit – sowohl in förderlicher als auch in beeinträchtigender Weise. Arbeit ist ein existenzieller Lebensaspekt des Menschen, durch die er sich seiner individuellen Fähigkeiten und seiner sozialen Eingebundenheit bewusst wird (Braun 2008).

2.4.1 Gesundheitliche Situation

Gesundheit – als ein Urphänomen menschlicher Existenz – wird oft dann thematisiert, wenn ihr Verlust droht. Für gewöhnlich erscheint derjenige als gesund, der überwiegend beschwerdefrei ist und sich nicht in ärztlicher Behandlung befindet. Als krank wird hingegen jener bezeichnet, dessen Organfunktionen von einem als ideal definierten Normzustand (z. B. Blutdruck) abweichen.

Als »arbeitsbedingte Erkrankungen« werden Gesundheitsschäden bezeichnet, die ganz oder teilweise durch die Arbeitsumstände verursacht sind, ohne dass dieser Zusammenhang eine versicherungsrechtliche Qualität besitzt. Ein Teil der arbeitsbedingten Erkrankungen sind die *Berufskrankheiten* im Sinne von Sozialgesetzbuch VII. Für die entschädigungsrechtliche Anerkennung einer Berufskrankheit kommt es im Einzelfall darauf an, dass die beruflich bedingte, schädigende Einwirkung wesentlich die Erkrankung verursacht hat. Berufskrankheiten sind in der Berufskrankheitenverordnung benannt. Aus dem Verdacht des Vorliegens einer arbeitsbedingten Erkrankung kann nicht gefolgert werden, dass Ansprüche an Entschädigungsleistungen seitens einer Unfallversicherung bestehen. Die Anzeige von Erkrankungen mit vermutlicher Arbeitsbedingtheit dient lediglich der statistischen Auswertung zur Verbesserung der Arbeitsbedingungen. Abbildung 2.4 zeigt eine Übersicht der angezeigten und anerkannten Berufskrankheiten des Jahres 2008 in Deutschland.

Andere arbeitsbedingte Erkrankungen sind Krankheiten, bei denen eine Mitverursachung durch die Arbeitsbedingungen vermutet wird. Derartigen Erkrankungen liegt ein Spektrum krankheitsbewirkender Faktoren zugrunde, die über Verhalten und Handeln auf den Menschen wirken. Der Nachweis unspezifischer, arbeitsbedingter Einflüsse kann im Einzelfall mit erheblichen Schwierigkeiten verbunden sein, da solche Krankheiten – wie z. B. allergische Atemwegserkrankungen – weit verbreitet sind und in Beziehung zu vielfältigen psychischen Belastungen bzw. physikalisch-chemischen Einwirkungen stehen.

Im Jahr 2009 lagen die krankheitsbedingten Arbeitsunfähigkeitstage (AU-Tage) der Beschäftigten in deutschen Unternehmen bei etwa

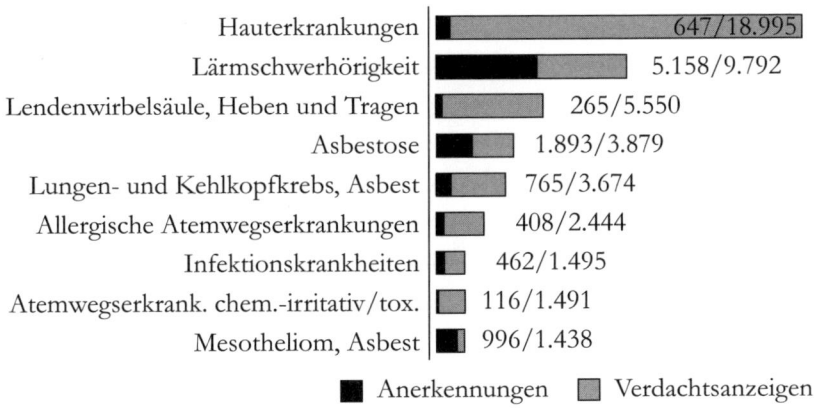

Abbildung 2.4 Die häufigsten Berufskrankheiten in Deutschland, Stand 2008 (BAuA 2010)

4 Prozent der Tarifarbeitszeit, was etwa 12 Arbeitstagen pro Jahr und Person entspricht. Mithin haben sich die durchschnittlichen AU-Zeiten seit den 1970er Jahren nahezu halbiert. Büroarbeiter weisen darüber hinaus eine etwas geringere AU-Quote auf als gewerblich Tätige. Die Verminderung der AU-Zeiten in den vergangenen Jahrzehnten ist einerseits auf eine Auswahl jüngerer Arbeitspersonen zurückzuführen. Andererseits beeinflussen der erhöhte Anteil weiblicher Arbeitspersonen, konjunkturelle Einflüsse und der sektoralen Wandel der Beschäftigungsstrukturen (d.h. die Zunahme von Wissensarbeit bei gleichzeitiger Abnahme schwerer körperlicher Tätigkeiten) den AU-Stand. So weisen Tätigkeiten in technisch-wissenschaftlichen Berufen im Allgemeinen unterdurchschnittliche AU-Zeiten aus.

Drei Viertel aller krankheitsbedingten Arbeitsunfähigkeitstage lassen sich auf lediglich sechs Krankheitsgruppen zurückführen. Die BAuA-Statistik für das Jahr 2008 gliedert die Ursachen für AU-Tage der erwerbstätigen Krankenkassenmitglieder nach Diagnosegruppen auf (vgl. Abbildung 2.5).

Eine Langzeitbetrachtung offenbart erhebliche Veränderungen des Krankheitsspektrums: Die Anzahl der auf Herz-Kreislauferkrankungen beruhenden AU-Tage, die in den 1980er Jahren neben den Atemwegserkrankungen die Krankheitsstatistik anführten, hat sich in den vergangenen drei Jahrzehnten um zwei Drittel reduziert. Seit den 1990er Jahren verursachen Muskel-Skelett-Erkrankungen sowie

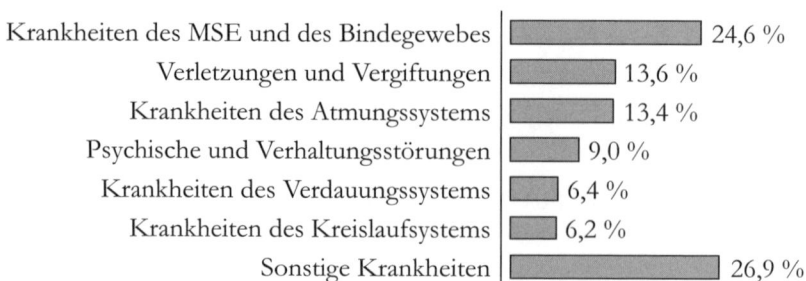

Abbildung 2.5 Verteilung der Arbeitsunfähigkeitstage nach Diagnosegruppen, Angaben in Prozent, Stand 2008 (BAuA 2010)

– vornehmlich im Heim- und Freizeitbereich zugezogene – Verletzungen die meisten Arbeitsunfähigkeiten. Ferner hat sich die Anzahl der durch unausgewogene psychische Belastungen ausgelösten AU-Tage in den vergangenen 30 Jahren etwa vervierfacht. Diese Entwicklung betrifft vor allem die Büroberufe.

In Deutschland verursacht die krankheitsbedingte Arbeitsunfähigkeit volkswirtschaftliche Kosten durch Produktionsausfälle in Höhe von über 40 Milliarden Euro im Jahr; hinzu kommen die Kosten der Entgeltfortzahlung in vergleichbarer Höhe. Depressionen und psychsiche Störungen bewirken einen jährlichen wirtschaftlichen Schaden von 26,7 Milliarden Euro; psychische Erkrankungen gelten als Ursache für etwa 40 Prozent aller Frühpensionierungen (Destatis 2010). Angesichts zunehmender psychischer Belastungen vor allem bei Büroarbeit gilt es dieser ungünstigen Entwicklung eine erhöhte Aufmerksamkeit zu schenken (vgl. Mendel et al. 2010).

2.4.2 Salutogenetisches Gesundheitsverständnis

Die Gesundheit ist ein vielfältiges und in weiten Bereichen unergründetes Phänomen, das sich einfachen Erklärungen verschließt. In der Arbeitswissenschaft kommt dem Gesundheitsbegriff eine zentrale Bedeutung zu. Lange Zeit wurde die Gesundheitsdiskussion durch eine pathogenetische Perspektive dominiert. Allmählich wird die Unzulänglichkeit dieses Konzepts erkannt, das die Wirkungszusammenhänge bei unspezifischen Beschwerden und chronischen Erkrankungen nur unzureichend zu erklären vermag. Offenkundig ist Gesundheit mehr als die Abwesenheit von Krankheit.

Der zeitgemäße, salutogene Gesundheitsbegriff orientiert sich an der *Entwicklungsfähigkeit* des Menschen und hebt damit die Dichotomie von Gesundheit und Krankheit auf (WHO 1986). Gesundheit wird nicht länger als ein statischer Zustand betrachtet, sondern als Ausdruck eines individuellen Entwicklungsprozesses, um unterschiedlichste Belastungskonstellationen und Erkrankungstendenzen auszugleichen. Demgemäß definiert die Weltgesundheitsorganisation die Gesundheit als einen positiven funktionellen Zustand im Sinne eines bio-psycho-sozialen Gleichgewichts, das es beständig herzustellen und zu erhalten gilt (WHO 1991).

Die Gesundheitsforschung sucht nach den Ursachen von Gesundheit. Sie orientiert sich hierbei weniger an den Symptomen, als vielmehr an strukturellen Merkmalen. Sie bezieht hierfür u. a. systemtheoretische Erkenntnisse über Strukturelemente ein, die zur Lebensfähigkeit eines biologischen bzw. sozialen Organismus beitragen. Auf den Menschen übertragen kennzeichnen drei sich ergänzende *Prinzipien* die Gesundheit (Braun 2008):

- Entwicklungsfähigkeit auf ein angestrebtes Ziel hin,
- Ausgleich der die Entwicklung begründenden Polaritäten (wie z. B. Denken und Handeln), wodurch Bewusstsein entsteht, und
- Selbstregulation (bzw. Autopoiese), um das angestrebte Ziel mit eigener Kraft und aus eigener Überzeugung zu erreichen.

Ein *Entwicklungsprozess* ist stets auf ein Ziel ausgerichtet (z. B. Erweiterung von persönlichen Fähigkeiten, Erreichung einer führenden Marktposition) und begründet dadurch erst den Sinn einer Arbeitstätigkeit bzw. deren Zusammenhang. Entwicklung beschreibt dabei auch einen Prozess des Überschreitens von gewohnten Grenzen.

Beispielhafte *Ausgleichsbeziehungen* auf Ebene des Individuums, des Unternehmens und des Marktes veranschaulicht Tabelle 2.4.

Die *Selbstregulation* bezieht sich auf die Fähigkeit und die Bereitschaft eines Individuums oder einer Gruppe, »die Dinge aktiv anzugehen« und »die Geschicke selbst in die Hand zu nehmen«.

Aus dieser Sichtweise kann Gesundheit als Ausdruck eines bewussten Lebensprozesses zur »Selbstwerdung«, d. h. zur Verwirklichung der Individualität verstanden werden (Kabat-Zinn 1991). Im Alltagsleben umfasst Gesundheit demnach u. a. die Fähigkeiten zur differenzierten Wahrnehmung, zur Selbstreflektion, zur Gefühlsregulierung und zur Problemlösung (vgl. Badura et al. 2008). Über günstige gesundheitliche Voraussetzungen verfügt somit, wer sinnvolle Lebensziele bildet und diese nachhaltig verfolgt, wer seine eigene Lebensführung

Dimension	Ausgleichsbeziehungen (Beispiele)
Individuelle Dimension	Erleben – Denken Aktivierung – Entspannung Tätigkeitsanforderungen – Leistungsvoraussetzungen
Betriebliche Dimension	Individuum – Gemeinschaft Öffnung – Abgrenzung Macht – Vertrauen
Dimension des Marktes	Angebot – Nachfrage Arbeitsteilung – Kooperation Fortschritt – Konsolidierung

Tabelle 2.4 Ausgleichsbeziehungen

auf unwägbare Umweltbedingungen abzustimmen vermag, und wer durch eine reflektierte Auseinandersetzung mit auftretenden Konflikten seine Ausgleichsfähigkeit stärkt (vgl. Ducki/Greiner 1992).

Das Konzept der Salutogenese

Das von Antonovsky (1997) entwickelte Konzept der Salutogenese beschreibt ein Kontinuum mit den Polen »Gesundheit/körperliches Wohlbefinden« und »Krankheit/körperliches Missempfinden«. Der Mensch erreicht weder völlige Gesundheit noch völlige Krankheit. Jeder Mensch, auch wenn er sich als gesund erlebt, hat kranke Anteile. Andererseits verfügen auch kranke Menschen, solange sie leben, über gesunde Anteile.

Den zentralen Aspekt des salutogenetischen Modells bildet das *Kohärenzgefühl* (engl.: sense of coherence). Das Modell beruht auf der Annahme, dass der Gesundheits- bzw. Krankheitszustand eines Menschen – sieht man von Faktoren wie Gewalteinfluss, Hunger oder mangelnder Hygiene ab – wesentlich durch die individuelle Grundhaltung gegenüber der Außenwelt und dem eigenen Leben bestimmt wird. Von dieser Grundhaltung hängt ab, wie gut ein Mensch in der Lage ist, vorhandene salutogene Ressourcen zum Erhalt seiner Gesundheit zu nutzen. Diese Grundeinstellung wird durch die Konstrukte der *Kohärenz* (d.h. Gefühl der Stimmigkeit) und der *Resilienz* (d.h. Widerstandsfähigkeit) gekennzeichnet.

Das *Kohärenzgefühl* beschreibt eine Lebenseinstellung, die ausdrückt, in welchem Ausmaß eine Person ein alles durchdringendes und überdauerndes Gefühl der Zuversicht hat, dass ihre innere und äußere Erfahrungswelt vorhersagbar ist, und eine hohe Wahrscheinlichkeit besteht, dass sich die Angelegenheiten so gut entwickeln, wie man dies vernünftigerweise erwarten kann. Diese Lebenseinstellung wird fortwährend mit neuen Lebenserfahrungen konfrontiert und von ihnen beeinflusst. Die Grundhaltung, die Welt zusammenhängend und stimmig zu erleben, setzt sich nach Antonovsky (1997) aus drei Faktoren zusammen (vgl. Abbildung 2.6):

- Das *Gefühl von Verstehbarkeit* (engl.: sense of comprehensibility) beschreibt die Fähigkeit von Menschen, bekannte und auch unbekannte Stimuli als geordnete, konsistente, strukturierte Informationen verarbeiten zu können.
- Das *Gefühl von Handhabbarkeit* bzw. Bewältigbarkeit (engl.: sense of manageability) beschreibt die Überzeugung eines Menschen, dass er geeignete Ressourcen zur Verfügung hat, um den Anforderungen zu begegnen – wozu auch der Glaube an die Unterstützung anderer Menschen oder einer höheren Macht zählt.
- Das *Gefühl von Sinnhaftigkeit* bzw. Bedeutsamkeit beschreibt das Ausmaß, in dem das Leben als sinnvoll empfunden wird. Wenigstens einige der vom Leben gestellten Anforderungen sind es wert, dass man Energie in sie investiert; dass man sich für sie einsetzt und sich ihnen verpflichtet; dass sie eher willkomme Herausforderungen sind als Lasten. Ohne ein Sinnerleben neigt der Mensch dazu, jede Herausforderung als lästig zu empfinden.

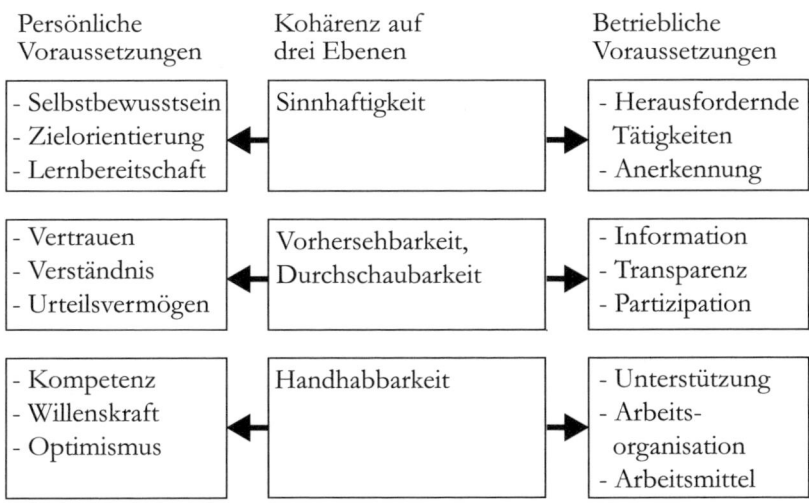

Abbildung 2.6 Kohärenzmodell der salutogenen Ressourcen (Westermayer 2002)

Ein ausgeprägtes Kohärenzgefühl führt dazu, dass ein Mensch situationsgerecht auf Anforderungen reagieren kann. Es aktiviert diejenigen Leistungsvoraussetzungen, die für diese spezifische Situation angemessen sind, und wirkt somit als Regulationsprinzip, das den Einsatz anforderungsgerechter Verarbeitungsmuster (d. h. Copingstrategien) anregt.

Das Kohärenzgefühl entwickelt sich im Laufe der Kindheit und Jugend und wird maßgeblich von Lebenserinnerungen beeinflusst. Eine Veränderung des im Erwachsenenalter relativ stabil ausgebildeten Kohärenzgefühls erfordert eine andauernde Anstrengung.

Der Begriff *Resilienz* stammt vom lateinischen Wort »resilire«, was »abprallen« bedeutet. Resilienz bezeichnet die Stärke eines Menschen, innere Widerstandsressourcen zu aktivieren, auf die Anforderungen wechselnder Lebenslagen flexibel zu reagieren und auch schwierige Situationen ohne anhaltende Gesundheitsstörungen durchzustehen. Als resilient gilt, wer es schafft, an den Enttäuschungen und Schwierigkeiten des Lebens nicht zu zerbrechen, sondern idealerweise an ihnen zu wachsen und zu reifen. Dies betrifft vorhersehbare biografische Umbruchsphasen ebenso wie unvorhersehbare Schicksalsschläge, etwa schwere Unfälle, Traumata oder Verluste. Resiliente Menschen zeichnen sich dadurch aus, dass sie auf Situationen, die eigentlich nicht in ihr Lebenskonzept passen, flexibel reagieren und offen gegenüber veränderten Rahmenbedingungen bleiben. Widerstandsressourcen sind sowohl individueller (z. B. körperliche Faktoren, Intelligenz, Selbstvertrauen, Bewältigungsstrategien) als auch sozialer und kultureller Art (z. B. soziale Unterstützung, finanzielle Potenziale und kulturelle Stabilität).

Die salutogenen Ressourcen der Resilienz und Kohärenz haben zweierlei Funktionen: Einerseits prägen sie beständig die Lebenserfahrungen und ermöglichen es, bedeutsame und kohärente Erfahrungen zu sammeln, die wiederum das Selbsterleben und die Lebenseinstellung formen. Andererseits tragen sie zur Bewältigung von anhaltenden oder häufig auftretenden Belastungen bei, die den Gesundheitsprozess stören können. Dabei werden unterschiedliche Wirkungsweisen des Kohärenzgefühls postuliert (vgl. Bengel et al. 2001):

- Das Kohärenzgefühl moderiert die Beurteilung von erinnerten Vorstellungen und fördert hierdurch ein ausgeglichenes Gefühlsleben.
- Das Kohärenzgefühl mobilisiert Ressourcen, um den Ausgleich von psychischer Aktivierung und Entspannung zu erhalten. So gilt eine kurzfristige Aktivierung, die durch eine anschließende

Erholungsphase ausgeglichen wird, als nicht gesundheitsstörend. Gesundheitliche Störungen können jedoch entstehen, wenn die heterostatischen Selbstregulationsprozesse des Organismus über längere Zeit gestört werden.
- Menschen mit einem ausgeprägten Kohärenzgefühl entscheiden sich bewusster für einen ausgeglichenen Lebens- und Arbeitsstil.

Gesundheit als Entwicklungsprozess
Die Ausführungen zur Salutogenese legen nahe, dass Gesundheit kein Selbstzweck darstellt. Sie stellt den Einzelnen vielmehr vor die durchaus idealistische Aufgabe, durch einen lebenslangen Entwicklungsprozess eine ausgeglichene, sinnerfüllte Lebensweise zu verwirklichen. Arbeit kann hierbei unterstützen, indem sie den Menschen in einen täglichen Lebensrhythmus einbindet. Regelmäßigkeit, Disziplin und Herausforderung tragen grundsätzlich bei, die geistigen, psychischen und körperlichen Kräfte in ein ordnendes Gleichgewicht zu bringen.

Verwehren die Arbeitsbedingungen hingegen eine individuelle Denk- und Handlungsweise, so erscheinen degenerative Prozesse der Erkrankung unausweichlich. Im Arbeitskontext weisen Erkrankungen fast ausnahmslos auf einseitige Arbeitsbedingungen hin. Eine arbeitsbedingte Erkrankung kann in diesem Fall als fordernder Impuls verstanden werden, um zu einem gesunden Gleichmaß zurückzukehren (was selbstverständlich keine ärztliche Anamnese ersetzt).

Dem entwicklungsorientierten Gesundheitsverständnis zufolge zielt eine salutogene Gesundheitsstrategie nicht unabdingbar auf eine Risikovermeidung. Sie befähigt den Menschen vielmehr, sich unumgänglichen Herausforderungen zu stellen und Lebensrisiken zu bewältigen, um an der gewonnenen Lebenserfahrung zu wachsen. Das ressourcenorientierte Verständnis betont die Möglichkeit zur Persönlichkeitsentwicklung als Grundlage von Gesundheit (Ducki/Greiner 1992). Werden Risiken hingegen gewohnheitsmäßig vermieden, so erlahmen die salutogenen Ressourcen für eine heilsame Veränderung (Kabat-Zinn 1991).

In diesem Zusammenhang sei nochmals angemerkt, dass sich Erkrankungen auf vielfältige Ursachen, wie etwa genetische Faktoren, bio-chemische Prozessse, Neurosen und die Einwirkung von Schad- bzw. Gefahrstoffen zurückführen lassen. Derartige Krankheitsbilder werden an dieser Stelle nicht thematisiert, da sie Gegenstand einer medizinischen Anamnese bzw. Therapie sind und den arbeitswissenschaftlichen Kontext sprengen würden.

2.4.3 Arbeitsbedingte Gesundheitsstörungen im Büro

Aus praktischen Erwägungen stehen bei der Erörterung der gesundheitlichen Situation der Büroarbeiter die arbeitsbedingten Gesundheitsstörungen im Mittelpunkt; sie bieten unmittelbaren Anlass für präventive Maßnahmen. Eine Übersicht der gesundheitlichen Beschwerden von etwa 4.000 repräsentativ befragten Erwerbstätigen in verwaltenden Büroberufen zeigt Abbildung 2.7. Hier fällt der hohe Anteil von Beschwerden im Nacken- und Rückenbereich sowie von psychischen Erkrankungen auf.

Häufigste Ursache für Arbeitsunfähigkeit sind *Muskel-Skelett-Erkrankungen* (MSE). Nahezu ein Viertel aller Arbeitsunfähigkeitstage gehen auf Muskel-Skelett-Erkrankungen zurück. Die Bedeutung von MSE im betrieblichen Arbeitsunfähigkeitsgeschehen nimmt mit steigendem Alter aufgrund chronisch-degenerativer Erkrankungen kontinuierlich zu. Vor dem Hintergrund des demografischen Wandels ist in den nächsten Jahren ein Anstieg derartiger Beschwerden absehbar.

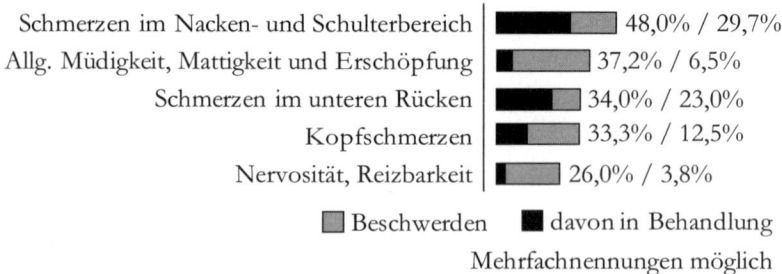

Abbildung 2.7   Gesundheitliche Beschwerden von 4.043 Erwerbstätigen in Büroberufen, Angaben in Prozent, Mehrfachnennungen möglich. Befragung von BiBB und BAuA, 2005/2006 (BAuA 2007)

Als typische Belastungsfaktoren im Büro begünstigen einseitige Körperhaltungen und ein Bewegungsmangel die Entwicklung von MSE. Zu den arbeitsbedingten psychosozialen Risikofaktoren für die Entwicklung von Muskel-Skelett-Erkrankungen zählen »geringe soziale Unterstützung bei der Arbeit«, »geringe Arbeitszufriedenheit« und »geringer Entscheidungsspielraum bei der Arbeit«. Im Rahmen der BIBB/ BAuA-Befragung (2007) gaben 58,5 Prozent aller Befragten an, unter Termin- und Leistungsdruck zu arbeiten oder regelmäßig bei ihrer Arbeitstätigkeit unterbrochen zu werden (65,9 Prozent). Von der Mehrheit der Befragten wird dies belastend empfunden (vgl. Tabelle 2.5).

Art der Anforderung und Belastung	Häufige Anforderung	Wahrgenommene Belastung
Termin- und Leistungsdruck	58,5 % (53,5)	52,0 % (51,6)
Störungen und Unterbrechungen der Tätigkeit	56,9 % (46,1)	52,4 % (49,6)
Nicht Gelerntes bzw. Beherrschtes wird verlangt	9,9 % (8,8)	35,8 % (34,2)

Tabelle 2.5 Belastungen an Büroarbeitsplätzen; Angaben in Klammern geben Werte der Gesamterwerbstätigen an (BAuA 2007)

Nahezu 38 Prozent aller Büroarbeiter bemängeln, dass sie geringen Einfluss auf die ihnen zugewiesene Arbeitsmenge haben. Dagegen ist der Anteil der Büroarbeiter, die ihre Arbeit nicht eigenständig planen und einteilen können mit 6,9 Prozent gering. Immerhin 18,7 Prozent der Büroarbeiter entscheiden nicht eigenständig, wann sie eine Pause machen.

Der Volkswirtschaft in Deutschland entstehen durch Muskel- und Skelett-Erkrankungen jährliche Kosten von ca. 24 Milliarden Euro. Der Verlust durch krankheitsbedingten Produktionsausfall wird auf 8,5 Milliarden Euro und der Verlust von Arbeitsproduktivität auf 15,4 Milliarden Euro geschätzt. Darüber hinaus führen Muskel-Skelett-Erkrankungen zu persönlichem Leid und zu vorzeitigem Ausscheiden aus dem Erwerbsleben. Bei den Frühverrentungen sind MSE die zweithäufigste Ursache (BAuA 2009). Die Frühverrentungsstatistik offenbart, dass jegliche Schädigung der Gesundheit auch immer eine Ressourcenverschwendung darstellt.

Arbeitsunfähigkeiten werden immer häufiger auf unausgeglichene *psychische Beanspruchungen* zurückgeführt. Vor allem berufstätige Frauen leiden vermehrt unter psychischen Erkrankungen wie Depressionen und Burnout. Die Weltgesundheitsorganisation (WHO) und die Internationale Arbeitsorganisation (ILO) verweisen in einem gemeinsamen Memorandum darauf, dass sich psychische Gesundheitsstörungen unter den Beschäftigten epidemisch verbreiteten (WHO/ILO 2000).

Hervorgerufen werden psychische Fehlbeanspruchungen nicht nur durch überfordernde Tätigkeiten, Termin- und Verantwortungsdruck sowie unangemessene Handlungsfreiräume, sondern immer häufiger auch durch Konflikte mit Kollegen und Geschäftspartnern. Beeinträchtigtes psychisches Befinden gehört zu den häufigsten Ursachen für mangelhafte Arbeitsleistungen (z. B. Desinteresse, Nachlässigkeit). In Deutschland werden die Verluste durch psychischen Stress am Arbeitsplatz auf jährlich über 3 Milliarden Euro geschätzt; psychische Erkrankungen gelten als Ursache für etwa 40 Prozent aller Frühpensionierungen (BAuA 2007).

2.4.4 Ursachen ausgewählter Gesundheitsstörungen

Wie in Kapitel 1.4.2 ausgeführt, lässt sich Gesundheit anhand der Prinzipien von Entwicklungsfähigkeit, Ausgleichstendenz und Selbstregulation kennzeichnen. Die praktische Bedeutung dieser systemtheoretischen Prinzipien zeigt sich nachfolgend an den Beispielen der psychischen Gesundheitsstörungen und muskelo-skelettalen Erkrankungen.

Störung der psychischen Gesundheit

Unter psychischer Störung bzw. Erkrankung werden erhebliche, krankheitswertige Abweichungen vom Erleben oder Verhalten verstanden. Allgemein anerkannte Symptome stammen aus den Bereichen der Wahrnehmungs- und Denkstörungen sowie der Störungen des Ich-Erlebens. Nach der ICD-10-Notation der WHO (2007) umfassen psychische Störungen u. a. Verhaltensauffälligkeiten, zuweilen mit organischen Störungen einhergehend, emotionale, neurotische und affektive Störungen, Intelligenzminderung sowie Entwicklungsstörungen. Als weiteres Kriterium für eine Diagnose psychischer Störungen wird das Leid der Betroffenen vorausgesetzt (Comer 2008). Psychische Erkrankungen offenbaren sich durch eine Reihe verhaltensbezogener Symptome:

- Die Person wirkt gleichgültig oder abweisend oder gar aggressiv,
- sie unterliegt starken Stimmungsschwankungen,
- sie verschließt und isoliert sich,
- sie zeigt nachlassende Leistung oder starke Leistungsschwankungen,
- sie traut sich nichts mehr zu, wirkt allgemein unsicher,
- sie macht viele Pausen und ist auffallend häufig krank,
- sie fühlt sich gemobbt, persönlich angegriffen oder greift andere an.

Psychische Erkrankungen können genetisch veranlagt sein. Auch fehlgesteuerte bio-chemische Abläufe im Körper, Ernährung, Drogen und Alkohol tragen bei, um psychische Fehlfunktionen auszulösen. Vor allem werden psychische Störungen aber auf frühkindliche Prägungen zurückgeführt. Die Art und Weise, wie ein Mensch unabwendbare Lebensrisiken, Sorgen und Nöte wahrnimmt und seine Gefühle darüber lenkt (d.h. Resilienz und Copingfähigkeit), entscheidet wesentlich über seine psychische Gesundheit.

Der Mensch sammelt lebenslang Erfahrungen und Eindrücke, die seine innere Vorstellungswelt prägen. Indem der Mensch denkt, fühlt, urteilt sowie Wünsche und Hoffnungen hegt, entwickelt und verändert er diese inneren Vorstellungen, die seine Persönlichkeit ausmachen und die sein Verhalten prägen. Neue Vorstellungen werden von alten überschattet, die sich in das Gedächtnis eingeprägt haben und sich – zumeist unbewusst – in körperlichen Reaktionen, Gestik oder Mimik ausdrücken. Eine Person, die von anderen Menschen getäuscht wurde, begegnet diesen etwa misstrauisch und nimmt unbewusst eine ablehnende Haltung ein. In assoziativen Situationen gelangen unterdrückte Erinnerungsvorstellungen in das Bewusstsein und stören das psychische Befinden (Schäfer/Rüther 2007). Wenn Sorgen oder Ängste unabwendbar erscheinen und das Gefühlsleben aus dem Gleichgewicht gerät, begünstigt dies die Entstehung psychischer Erkrankungen wie Depressionen, Burnout oder Zwangsstörungen.

Psychische Erkrankungen haben eine gewisse Signal- und Schutzfunktion; d.h. sie heilen zumeist nicht ohne eine veränderte Lebenseinstellung. Der Mensch kann jedoch lernen, sein Gefühlsleben zu ordnen, eine differenzierte Wahrnehmung zu entwickeln, destruktive Gefühle zu beherrschen und empathische Gefühle aufkommen zu lassen. Psychisch gesund zu sein bedeutet – trotz vieler unangenehmer Erfahrungen im Leben – eine resiliente Persönlichkeitsstruktur zu entwickeln, und diese an aufkommenden Problemen zu stärken.

Muskel-Skelett-Erkrankungen (MSE)

Muskel-Skelett-Erkrankungen (MSE) verursachen nahezu ein Fünftel der betrieblichen Ausfallzeiten im Büro (BAuA 2007). Die meisten arbeitsbedingten MSE werden durch die Tätigkeitsausführung selbst oder durch das direkte Arbeitsumfeld beeinflusst. Sie können ferner durch Unfälle wie z.B. Knochenbrüche oder Verrenkungen entstehen. In der Regel treten MSE am Rücken, dem Nacken, den Schultern und den oberen Gliedmaßen auf; die unteren Gliedmaßen sind hingegen seltener betroffen (Flothow et al. 2009).

Muskel-Skelett-Erkrankungen werden durch drei Faktoren verursacht (vgl. Gröben et al. 2004):
- *Äußere Faktoren:* Feucht-kalte Klimaeinflüsse können langfristig beitragen, dass Muskelverspannungen, lokale Durchblutungsstö-

rungen und Abwehrschwächen im Bereich der Rückenmuskulatur sowie rheumatische Erkrankungen entstehen. Ferner begünstigen Traumata bzw. Verletzungen die Entwicklung von MSE.
- *Körperliche Fehlbelastung und -beanspruchung:* Bewegungsarmut oder schwere körperliche Arbeit können akut zu schmerzhaften Muskelverspannungen und Fehlstellungen der Wirbelgelenke führen. Über längere Zeit begünstigt schwere Arbeit, vor allem in Verbindung mit Unzufriedenheit, Zeitdruck, einseitigen Belastungen und Zwangshaltungen, die Abnützung und Verformung der knöchernen Wirbelkörper und der Zwischenwirbelscheiben. Zudem treten MSE bei Übergewicht häufiger auf.
- *Psychische Faktoren:* In der Haltung der Wirbelsäule drückt sich die innere Haltung aus. Stress, Ärger, unterdrückte Gefühle wie z. B. Angst und Wut begünstigen schmerzhafte Muskelverspannungen. Bei angstbedingten Körperverspannungen werden Schmerzen oft bedrohlich erlebt. Auf Dauer begünstigen derartige Faktoren das Auftreten von chronischen Rückenleiden, die mit anatomischen Veränderungen (z. B. Bandscheibenschäden) einhergehen können.

Negativ erlebte Gefühle und Schmerzwahrnehmung bedingen sich wechselseitig. Erfahrungsgemäß leidet etwa jeder dritte chronische Schmerzpatient an einer Angsterkrankung, und jeder fünfte an einer Depression (McWilliams et al. 2003). Ursache und Wirkung lassen sich hierbei kaum unterscheiden.
Einflüsse auf MSE resultieren ferner aus dem Schlaf-Wach-Rhythmus. Während des Nachtschlafs werden Sehnen und Muskeln entlastet. Dabei können sich die Bandscheiben zwischen den Wirbelkörpern ausdehnen und regenerieren. Die Belastungen während des Tages begünstigen hingegen Muskelverspannungen und die Kompression der Zwischenwirbelscheiben.
In den meisten Fällen findet sich keine isolierte körperliche Abnormalität als Ursache von MSE. Strukturveränderungen an den Zwischenwirbelscheiben oder den Wirbelknochen lösen das Beschwerdebild zumeist nicht aus, sondern verschlimmern es unter Umständen. Fehlhaltungen mit Kompression und Gewebeveränderungen können auf Dauer zu lokalen Entzündungen an Bindegewebs- und Nervenstrukturen führen, bei denen oft schmerzverstärkende Körpersubstanzen entstehen. Hier empfiehlt es sich, nach folgenden belastenden Faktoren zu suchen (Sarno 1991):
- Schlafmangel und unregelmäßiger Schlaf-Wach-Rhythmus.
- Stimulierende Genussmittel wie Kaffee und andere koffeinhaltige

Getränke, Nikotin und Süßigkeiten, die einer Entspannung entgegenwirken.
- Unterdrückte Emotionen wie z.B. Wut, Sorge, Ärger und Aufregung, zwischenmenschliche Konflikte und Disharmonien. (Sie können Anlass sein, sich um eine veränderte Einstellung gegenüber gewissen Personen zu bemühen.)

Bei chronifizierten Rückenschmerzen ist häufig die Regulation von Muskelspannung und Durchblutung gestört. Rückenschmerz ist häufig kein lokales Problem, sondern Symptom eines unausgeglichenen Gesamtorganismus. Je länger chronische Rückenschmerzen anhalten, umso bedeutsamer sind Behandlungsformen, die konfliktgeladene Gefühlsfaktoren einbeziehen (Sarno 1991).

2.4.5 Gesundheitliches Ursachen-Wirkungs-Gefüge

Die vorigen Ausführungen veranschaulichen beispielhaft, welch vielfältige Faktoren die Gesundung und Krankheitsbewältigung prägen können. Aufgrund der komplexen Wirkungszusammenhänge existieren bislang nur schematische Erklärungsmodelle für das Zusammenspiel dieser gesundheitlichen Faktoren. Terminologisch wird das gesundheitliche Wirkungsgefüge in *Ressourcen, Belastungen, Beanspruchungen* und *Erholung* gegliedert.

Belastungs-Beanspruchungs-Konzept
Belastung und Beanspruchung sind zentrale arbeitswissenschaftliche Begriffe. Zum *Belastungsbegriff* zählen alle Anforderungen an den Menschen, die sich aus Arbeitsplatz, Arbeitsablauf und Umgebungsfaktoren ergeben. Die Belastung durch Arbeit wird folglich aufgeschlüsselt in Belastung durch die Arbeitsaufgabe, durch die Arbeitsumgebung und durch die Arbeitsorganisation (Rohmert 1984). Für ausgeprägte psychische Belastungen wird weitgehend synoym der Begriff »Stress« verwendet.
Der *Beanspruchungsbegriff* beschreibt die durch die individuellen Eigenschaften geprägten Reaktionen des Körpers auf äußerlich einwirkende Belastungen. Die individuelle *Leistungsfähigkeit* ist derjenige Faktor, der die Beanspruchung und die Belastung verknüpft. Die physische und psychische Leistungsfähigkeit unterliegt stetigen Veränderungen.

Leistungsfähigkeit und -bereitschaft
Die Arbeitsleistung bezeichnet die Gesamtheit von Informationsverarbeitung und Energieumsatz, die zur Erreichung eines gesetzten

Handlungsziels dient. Um eine Arbeitsleistung zu ermöglichen, bedarf es sowohl menschlicher als auch situativer Leistungsvoraussetzungen. Abbildung 2.8 veranschaulicht die Zusammenhänge. Die menschlichen Leistungsvoraussetzungen umfassen die Aspekte *Leistungsfähigkeit* und *Leistungsbereitschaft*. Situative Leistungsvoraussetzungen sind Aspekte der Arbeitsorganisation und der technischen Einrichtungen.

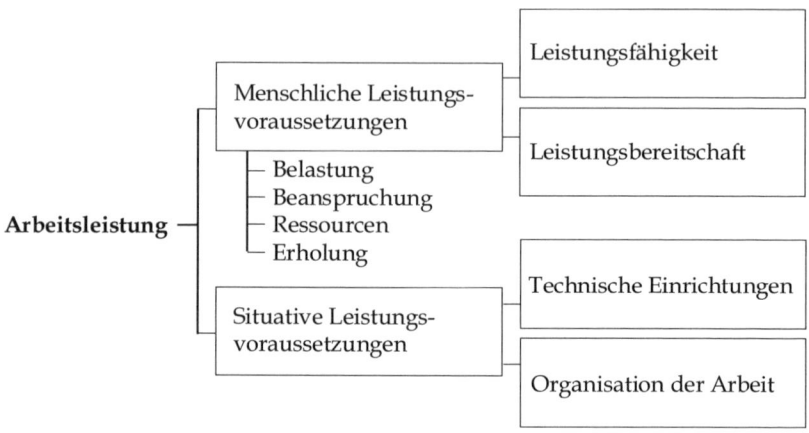

Abbildung 2.8 Menschliche und situative Leistungsvoraussetzungen (Spath et al. 2003a)

Beanspruchung und psycho-physisches Gleichgewicht
Jede Aktion, die eine Person ausführt, um gestellten Anforderungen (d. h. Belastungen) gerecht zu werden, erfordert individuelle Ressourcen (d. h. Kräfte und Fähigkeiten) als Leistungsvoraussetzungen. Einige Anforderungsbedingungen verlangen beispielsweise Konzentration und Aufmerksamkeit, konsequentes Handeln, das Aufschieben aktueller Bedürfnisse oder das Arbeiten unter Zeitdruck. Der Mensch kann diese Anpassungsleistungen bei einer günstigen Ausgangslage zunächst oft ohne nennenswerte Schwierigkeiten erbringen. Mit fortschreitendem Tätigsein werden die individuellen Leistungsvoraussetzungen jedoch so sehr in Anspruch genommen, dass Verminderungen der physischen und psychischen Anpassungsleistungen eintreten. Derartige Folgen der Inanspruchnahme werden Beanspruchungen genannt (Nitsch 1991). Sie sind Störungen des psycho-physischen Gleichgewichts.

Ermüdung, Monotonie und Stress als Beanspruchungsfolgen
Beanspruchungen werden nach physischen und psychischen Wirkungen unterteilt. Physische Beanspruchungsfolgen beziehen sich auf Beeinträchtigungen der muskulär-vegetativen Funktionstüchtigkeit. Psychische Beanspruchungsfolgen umfassen vornehmlich emotionale Funktionsbeeinträchtigungen (Schmidtke 1993).
In enger Verbindung zur Beanspruchung stehen die Ermüdung, die Monotonie, die psychische Sättigung und die herabgesetzte Vigilanz.
Ermüdung bezeichnet eine Schutzhemmung der Leistungsbereitschaft, die durch eine fortgesetzte Tätigkeit im Verlauf von Stunden bis zu einem Tag entsteht. Physische Ermüdung äußert sich in einer Verschiebung der Organfunktionen. Psychische Ermüdung ist eine Folgeerscheinung von überwiegend psychisch beanspruchenden Tätigkeiten, die nur mit hoher Aktivierung zu erbringen sind. Psychische Ermüdung beeinträchtigt die Fähigkeit zur Selbstregulation und führt zu Störungen der Wahrnehmungs-, Gedächtnis- und Denkfunktionen. Die durch Ermüdung entstehenden Funktions-, Befindens- und Leistungsbeeinträchtigungen bilden sich durch Erholung zurück. Die Erholung erfolgt jedoch nicht sprunghaft, sondern als ein zeitaufwändiger Prozess mittels Tätigkeitswechsel oder Schlaf. Vorübergehend kann Ermüdung auch durch Umwelteinflüsse oder Anregungsmittel aufgehoben werden (Richter/Hacker 1998). Ermüdung und Erholung sollen langfristig im Ausgleich miteinander stehen, um Funktionsminderungen – wie Übermüdung oder Erschöpfung – zu vermeiden. Ist eine vollständige Rückbildung der Ermüdung innerhalb eines 24-Stunden-Zyklus nicht gegeben, sind Gesundheitsstörungen nicht auszuschließen (Oppolzer 1999).
Sofern eine Tätigkeit die psychisch-geistige Leistungsfähigkeit einer Person unterfordert, tritt *Monotonie* als Beanspruchungsfolge auf. Monotonie ist ein ermüdungsähnlicher Zustand, der durch eine reizarme Situation hervorgerufen wird. Sie entsteht, wenn eine Tätigkeit einerseits keine vollständige Problemlösung erlaubt, andererseits keine sachbezogene gedankliche Auseinandersetzung mit der Tätigkeit möglich ist. Symptome von Monotonie sind Ermüdungsgefühle, Schläfrigkeit, Unlust und Abnahme der Aufmerksamkeit bzw. Reaktionsfähigkeit (Richter/Hacker 1998).
Psychische Sättigung ist nach ISO 10075-1 (1996) ein Zustand der nervös-unruhevollen, stark affektbetonten Ablehnung einer sich wiederholenden, unterfordernden Tätigkeit oder Situation, die von einem »Auf-der-Stelle-Treten« gekennzeichnet ist. Der Betroffene erlebt die

gestellte Aufgabe als sinnlos; Unlust und Ärger machen sich breit. Die Fortführung der Tätigkeit erfolgt nur widerwillig. Auf Dauer führt psychische Sättigung zu einer »inneren Kündigung« der Arbeitsperson, indem sie Eigeninitiative und Einsatzbereitschaft verweigert. Ausgelöst werden diese Empfindungen durch einförmige Tätigkeiten, die unter dem persönlichen Qualifikationsniveau liegen. Aber auch permanente Störungen, unerfüllte Bedürfnisse und unerreichte persönliche Ziele begünstigen psychische Sättigung.

Die *verminderte Vigilanz* (d. h. Wachsamkeitsminderung) als ermüdungsähnlicher Zustand ist nach ISO 10075-1 (1996) ein Zustand herabgesetzter psychischer Aktiviertheit. Sie ist Folge qualitativ unterfordernder Tätigkeiten mit einem hohen passiven Arbeitsanteil, geringen Umweltreizen und abwechslungsarmer Umgebung bei Konzentration auf wenige Signale. Die zusätzliche psychische Anspannung, die infolge einer bewussten Eigenaktivierung zum willentlichen Ausgleich der Funktionsminderung bei verminderter Vigilanz erforderlich ist, stellt eine zusätzliche Quelle psychischer Ermüdung dar. Verminderte Vigilanz kann das Wohlbefinden erheblich beeinträchtigen.

Beanspruchungsfolgen werden individuell erlebt. Ihr Erleben hängt von der Intensität und Einwirkungsdauer einer Belastung, von der Verfügbarkeit von individuellen Ressourcen bzw. Bewältigungsstrategien, von den persönlichen Erfahrungen in einer vergleichbaren Situation und von der äußeren Situation ab (Cofer/Appley 1964).

Der menschliche Organismus ist für eine unausgeglichene Dauerbelastung nicht geschaffen. Eine anhaltend einseitige Belastung führt zu einer übermäßigen Anhebung des Wachpegels, der nach Arbeitsende nur unzureichend abklingt. Daraus können Einschlafstörungen, Antriebslabilität, Stimmungsschwankungen und innere Unruhe folgen. Das Langzeitgedächtnis ist schlecht aktivierbar; Willkürhandlungen einschließlich des Sprechens werden erschwert; die Ansprechbarkeit der Empfindungszentren ist herabgesetzt. Fehlhandlungen, Falschempfindungen, Fehleinschätzungen und Wortfindungsstörungen sind mögliche Folgen (Schmidtke 1993).

Salutogene Ressourcen

Unter salutogenen Ressourcen werden belastungsunspezifische Widerstandskräfte verstanden, die dazu beitragen, die psycho-physische Heterostase auch bei starken Belastungen aufrechtzuerhalten oder wiederherzustellen (vgl. Kapitel 2.4.2). Salutogene Ressourcen erleichtern demnach die Bewältigung von Belastungen und erhöhen die Beanspruchungsfähigkeit. Andererseits tragen bewältigte Belastungen zur Stärkung der salutogenen Ressourcen bei (Udris 1990). Diese treten als personenbezogene und situative bzw. organisationale Ressourcen in Erscheinung:

- Zu den *personenbezogenen Ressourcen* zählen Persönlichkeitsmerkmale, d. h. situationsüberdauernde gesundheitserhaltende und -wiederherstellende Handlungsmuster sowie individuelle Überzeugungen. Sie beruhen auf genetischen Veranlagungen bzw. Charaktereigenschaften oder entwickeln sich durch Erziehung und Übung. Antonovsky (1997) formuliert als wesentliche personale Ressource das *Kohärenzerleben*, das von Aspekten der Verstehbarkeit, Handhabbarkeit und Sinnhaftigkeit bestimmt wird. Personen, die ihre Lebenswelt durchschauen, das Gefühl einer Einflussnahme besitzen und in ihrem Lebenswandel einen Sinn erkennen, haben demnach ein ausgeprägtes Kohärenzerleben. Gesundheitsrelevantes Verhalten korrespondiert mit der Überzeugung, dass die Gesunderhaltung im eigenen Verfügungsbereich der Person liegt und dass die Person ihre Lebens- und Arbeitsbedingungen kontrollieren kann (Udris et al. 1992). Personenbezogene Ressourcen äußern sich beispielhaft in Resilienz, Optimismus, Kontaktfähigkeit, Selbstwertgefühl, innerer Ruhe oder Gelassenheit.
- Unter *situativen bzw. organisationalen Ressourcen* werden äußere Bedingungen mit protektivem Charakter verstanden, die einer Person die Entwicklung und Veränderung individueller Fähigkeiten ermöglichen. Hierzu zählen vor allem die Situationskontrolle sowie die soziale Unterstützung. Durch eine Situationskontrolle werden die Auswirkungen belastender Arbeitsbedingungen auf die Gesundheit moderiert (Karasek/Theorell 1990). Die soziale Unterstützung wirkt sich zugleich förderlich auf die Gesunderhaltung aus (Udris 1987). Die Wirksamkeit der sozialen Unterstützung hängt von der Bereitschaft einer Person ab, Unterstützung zu suchen und anzunehmen. Folglich wirken situative Ressourcen auf die personenbezogenen Ressourcen ein. Situative Ressourcen existieren sowohl im beruflichen als auch im privaten Bereich.

Salutogene Ressourcen unterliegen förderlichen oder hemmenden Einflüssen bei der Arbeit, die es im Rahmen einer menschengerechten Arbeitsgestaltung zu berücksichtigen gilt. Fördernd kann sich beispielsweise die soziale Unterstützung durch die Einbeziehung und Gestaltung entsprechender Kommunikationserfordernisse und -möglichkeiten auswirken. Zudem zielt eine menschengerechte Arbeitsgestaltung darauf, der Arbeitsperson ein angemessen hohes Maß an Selbstbestimmung hinsichtlich ihrer Arbeitsbedingungen zu gewähren (Ducki/Greiner 1992).

Erholung
Erholung beschreibt die Regeneration der individuellen Leistungsvoraussetzungen durch Abbau beanspruchungsbedingter Beeinträchtigungen wie Ermüdung, Monotonie, psychische Sättigung oder Stress. Erholung vollzieht sich als ein autonomer, emotional oder geistig regulierter Prozess (Nitsch 1991):

- *Autonom regulierte Erholung* umfasst unbewusst ablaufende Vorgänge des vegetativen und zentralen Nervensystems, die auf der Grundlage physiologischer Regulations- und Schutzmechanismen aktiviert werden. Derartige Schutzmechanismen sind teilweise bewusst kontrollierbar. Ein Beleg hierfür ist die Einnahme von Aufputschmitteln zur Ermüdungsbekämpfung.
- Erholung als *emotional regulierter Prozess* bedeutet, dass individuelle Bedeutungszuschreibungen das Erholungsverhalten maßgeblich prägen.
- Erholung als *geistig regulierter Prozess* bezeichnet die absichtliche Wiederherstellung der individuellen Leistungsvoraussetzungen. Bekanntes Beispiel ist die regelmäßige Einhaltung der mittäglichen Ruhepause zu Erholungszwecken.

Alle Anstöße zum Wechsel der physischen und psychischen Leistungsfunktionen wirken erholsam. Derartige Wechsel werden durch Handlungsfreiräume bei der Arbeit begünstigt (Franke 1998). Wird der Erholungsprozess jedoch verspätet eingeleitet, entsteht auf Dauer ein Missverhältnis von Beanspruchung und Erholung. Dieses Missverhältnis begünstigt ein Aufschaukeln von Beanspruchung und fördert die Entstehung von Erholungsschuld. Ohne rhythmischen Wechsel von Beanspruchung und Erholung stellen sich auf Dauer Leistungsminderungen und gesundheitliche Störungen ein (Spath et al. 2003a).

Beanspruchungsbedingte Gesundheitsstörungen können auch auftreten, wenn der Organismus nach einer Phase hoher Beanspruchung mehr oder weniger spontan auf Erholung umschaltet (z. B. beim verlängerten Wochenende). Die Folgen des spontanen Übergangs von Beanspruchung zu Erholung – d. h. des abrupten Wegfalls der Belastung – sind häufig negative Effekte wie Schlafstörungen oder depressive Reaktionen (Allmer 1996). Erholungsphasen, die zwar rechtzeitig begonnen, aber nicht wirksam genutzt werden, entfalten ebenfalls keine gesundende Wirkung. In der verfügbaren Erholungszeit lassen sich die Beanspruchungsfolgen nicht vollständig kompensieren.

2.4.6 Zusammenhänge von Gesundheit und Kreativität

Der kreative Prozess wird als ein entwicklungsorientiertes und selbstreguliertes Zusammenspiel individueller Ressourcen des Wahrnehmens, des Erinnerns, des Denkens, der Aktivierens und des Handelns betrachtet (vgl. Kapitel 2.3.4).

Der Gesundheitsprozess lässt sich durch die Prinzipien der *Entwicklungsfähigkeit*, des *heterostatischen Ausgleichs* von Polaritäten und der *Selbstregulation* kennzeichnen (vgl. Kapitel 2.4.2). Gesundheit manifestiert sich dabei im Zusammenwirken von Ressourcen, Belastungen und Beanspruchungen (vgl. Kapitel 2.4.5).

Grundlegende Konzepte von Kreativität und Gesundheit werden in Abbildung 2.9 schematisch zusammengeführt, um bedeutsame Zu-

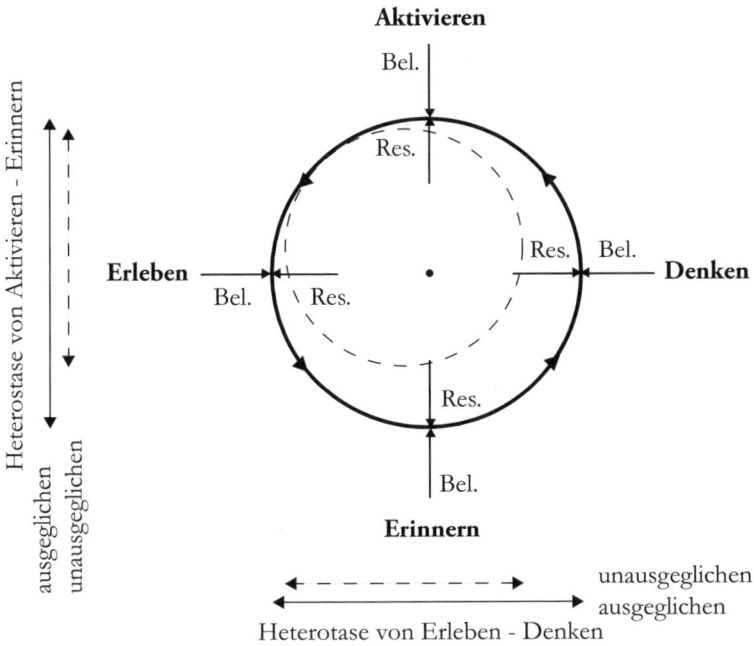

Bel. = Belastungen Res. = Ressourcen

Abbildung 2.9 Gesundheitliche Merkmale im Kreativitätsprozess

sammenhänge aufzuzeigen. Die geschlossene Kreislinie symbolisiert den kreativen Prozess. Jeder Punkt der Kreislinie stellt ein spezifisches Ressourcenpotenzial dar, dem eine entsprechende Belastung (im Sinne externer und interner Stressoren) entgegensteht. Soweit sich Ressourcen und Belastungen in allen Kreispunkten (unter Berücksichtigung gewisser Varianzen) ausgleichen, liegen günstige Voraussetzungen zur Entfaltung der kreativen Fähigkeiten vor. Im Schema offenbart sich dieser Idealfall anhand einer harmonischen Kreisform. Gleichen sich Ressourcen und Belastungen hingegen auf längere Sicht nur unzureichend aus, so manifestiert sich dies schematisch in einem deformierten Kreativitätskreis (vgl. durchbrochene Kreislinie).

Die Kreislinie umschließt zwei orthogonale Achsen, die sich zwischen den Polen »Erleben – Denken« bzw. »Erinnern – Aktivieren« erstrecken. Der *idealisierte* Kreativitätskreis durchschneidet die beiden Achsen in einem kohärenten Gleichmaß. Im gesundheitlichen Sinne liegt hierbei eine heterostatische Situation vor, was einer ausgeglichenen Beanspruchungssituation entspricht. Ist die Kreislinie infolge einer strukturellen Unausgeglichenheit von Ressourcen und Belastungen deformiert, so verlieren auch die jeweiligen Achsenabschnitte ihr kohärentes Gleichmaß. In diesem Fall ist von einer Fehlbeanspruchung auszugehen, die sich auf Dauer störend auf das gesundheitliche Befinden auswirkt (wie sich am unausgeglichenen Wechselspiel von An- und Entspannung leicht nachvollziehen lässt).

Nach Antonovsky (1997) wird angenommen, dass Personen mit einem ausgeprägten salutogenen Ressourcenpotenzial (z.B. Kohärenzgefühl) innere und äußere Belastungen situationsangemessenen zu kompensieren vermögen. Personen mit einem niedrigen Ressourcenpotenzial tendieren hingegen zu diffusen Emotionen (z.B. »blinde Wut« oder Apathie) und büßen ihre Regulations- bzw. Ausgleichsfähigkeit ein, da ihnen der Sinn und das Vertrauen fehlen, die belastende Situation zu bewältigen.

Das aufgezeigte Schema berücksichtigt idealtypische Bedingungen im Wachzustand. Unter realen Arbeitsbedingungen wäre der Prozess um einen zeitlich variierenden Belastungsverlauf sowie um die Erschöpfung von Ressourcen zu ergänzen. Zudem wäre der Entwicklungsaspekt zu beleuchten, der sich schematisch in einer Aufweitung der Kreislinie (d.h. Überschreiten von Grenzen) manifestiert. Insofern stellt das Schema lediglich eine vereinfachte Momentaufnahme zu Zwecken der Veranschaulichung der wesentlichen Zusammenhänge von Kreativität und Gesundheit dar.

Arbeitswissenschaftliche Grundlagen

2.4.7 Typische Ressourcen und Belastungen bei Büroarbeit

Um einen Überblick von typischen Belastungs- und Ressourcenfaktoren zu erlangen, wurden im Auftrag der »Initiative Neue Qualität der

Merkmale guter Büroarbeit	Einkommens- und Beschäftigungssicherheit	Sinnliche und kreative Aspekte	Soziale Merkmale	Gesundheitsschutz	Einfluss und Handlungsspielraum	Führungskultur	Entwicklungsmöglichkeiten
Festes, verlässliches Einkommen	x						
Sicherheit des Arbeitsplatzes	x						
Erfüllung durch Arbeitstätigkeit		x					
Unbefristetes Arbeitsverhältnis	x						
Menschliche Behandlung durch Vorgesetzte			x	x			
Vielseitige und abwechslungsreiche Arbeit		x					
Sinnvolle Arbeitstätigkeit		x					
Einfluss auf die Arbeitsweise					x		
Kollegiale Unterstützung und Zusammenarbeit			x				
Stolzempfinden bei der Arbeit		x					
Menschengerechte Arbeitsplatzgestaltung				x			
Verantwortungsvolle Arbeitsaufgaben							x
Entwicklung eigener Fähigkeiten							x
Anerkennung durch Vorgesetzte						x	
Fachlich-berufliche Förderung durch Vorgesetzte						x	
Einfluss auf das Arbeitstempo/-pensum					x		
Nichtraucherschutz				x			
Weiterqualifizierungsmöglichkeiten							x
Mitspracherechte bezüglich Arbeitsplatz					x		x
Betrieb unterstützt Qualifizierungswünsche							x

Tabelle 2.6 Merkmale guter Arbeit aus Sicht von abhängig Beschäftigten in Büroberufen. Ergebnisse der INQA-Studie »Was ist gute Arbeit?« (Fuchs 2006)

Arbeit« über 4.700 abhängig Beschäftigte aus unterschiedlichen Branchen zu 57 Merkmalen der Arbeitsgestaltung schriftlich befragt. Aus den Befragungsergebnissen wurden die 20 wichtigsten Merkmale guter Büroarbeit ermittelt (vgl. Tabelle 2.6).

Gute Arbeit bedeutet für die befragten Beschäftigten vornehmlich Einkommens- und Beschäftigungssicherheit. Hinter der hohen Bedeutung, die die Büroarbeiter diesen Merkmalen beimessen, stehen erhebliche Sorgen um die Nachhaltigkeit ihrer wirtschaftlichen Existenz (Fuchs 2006).

Ein zweiter bedeutsamer Merkmalskomplex bezieht sich auf die geistig-kreativen Aspekte von Arbeit: Ein hoher Anteil der Büroarbeiter fordert sinnvolle, abwechslungsreiche und vielseitige Arbeitstätigkeiten, die erfüllend sind und auf »die man stolz sein kann«.

Gute Arbeit umfasst ferner die zwischenmenschlichen Arbeitsbeziehungen: Nach Meinung von 84 Prozent der Befragten zeichnet sich gute Arbeit dadurch aus, dass Vorgesetzte sie menschlich achten und behandeln. Das Vertrauen in den Umstand, selbst geachtet und geschätzt zu werden und ggf. Unterstützung von anderen zu erlangen, vermittelt Zuversicht und Stärke.

Einen hohen Stellenwert messen Büroarbeiter der menschengerechten Gestaltung ihres Arbeitsplatzes bei: Drei Viertel der Befragten halten gesunde Arbeitsbedingungen für ein zentrales Kriterium guter Arbeit.

Ein fünfter Merkmalskomplex betrifft die Einflussmöglichkeiten auf die Tätigkeitsausführung. Hier werden vor allem angemessene Handlungsfreiräume eingefordert.

Gute Führung ist ein weiterer Indikator guter Arbeit. Relevantes Merkmal ist eine wertschätzende und fachlich unterstützende Führungskultur.

Nicht zuletzt umfasst gute Arbeit angemessene Entwicklungsmöglichkeiten. Die Befragten wollen ihre Arbeitsweise beeinflussen, ihre Fähigkeiten in der Arbeit entwickeln und mit den Arbeitsaufgaben wachsen. Aus diesem Grund legen sie großen Wert auf eine lern- und entwicklungsförderliche Arbeitsgestaltung.

Salutogene Ressourcenpotenziale

Eine weitergehende Befragung der Arbeitspersonen (N = 7.444, einschließlich Selbstständiger) nach salutognen Ressourcenpotenzialen verwies auf den bedeutsamen Einfluss der Kollegen zur Unterstützung bei der Arbeit. Kein anderer Fragenkomplex wurde derart positiv beurteilt. 83 Prozent der Befragten berichteten von einem guten,

Arbeitswissenschaftliche Grundlagen

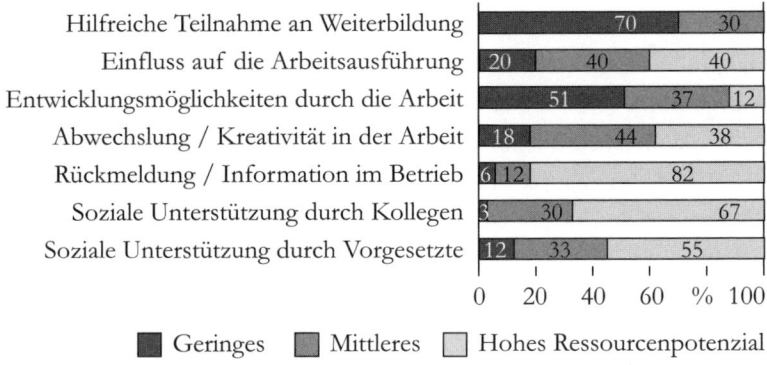

Abbildung 2.10 Ressourcenpotenziale aus Sicht von Beschäftigten. Einschätzung der Arbeitssituation durch N = 7.444 Arbeitspersonen (Fuchs 2006)

kollegialen Klima sowie von sozialer und fachlicher Unterstützung durch ihre Arbeitskollegen (vgl. Abbildung 2.10).
Auch die Identifikation mit dem Arbeitsinhalt und die unmittelbare Rückmeldung durch die Arbeit stellt eine weit verbreitete Ressource dar (68 Prozent). Von umfasender Unterstützung durch den Vorgesetzten berichtete hingegen nur jeder zweite Befragte. Demnach kann nicht allgemein von einem unterstützenden und respektvollen Führungsstil ausgegangen werden.
Dies gilt noch mehr für die Einfluss- und Qualifizierungsmöglichkeiten sowie die Entwicklungsmöglichkeiten durch Arbeit. In diesen Bereichen wird das Gestaltungspotenzial bei Weitem nicht ausgeschöpft.

Gesundheitliche Belastungsfaktoren
Bei der Frage nach arbeitsbezogenen Belastungsfaktoren nimmt die empfundene Unsicherheit des Arbeitsverhältnisses einen Spitzenplatz ein. 59 Prozent der Befragten befürchten unmittelbar den Verlust ihres derzeitigen Arbeitsplatzes. Kein anderer Bereich wird von so vielen Arbeitspersonen belastender empfunden als die Unsicherheit des Beschäftigungsverhältnisses.
An zweiter Stelle der belastenden Faktoren stehen die körperlichen Arbeitsanforderungen. Dazu gehört körperliche schwere oder einseitige Arbeit ebenso bewegungsarme Tätigkeit am Bildschirmarbeitsplatz. Daran schließen sich etliche Bereiche aus dem Spektrum der psychischen Beanspruchungen an, wie Abbildung 2.11 veranschaulicht.

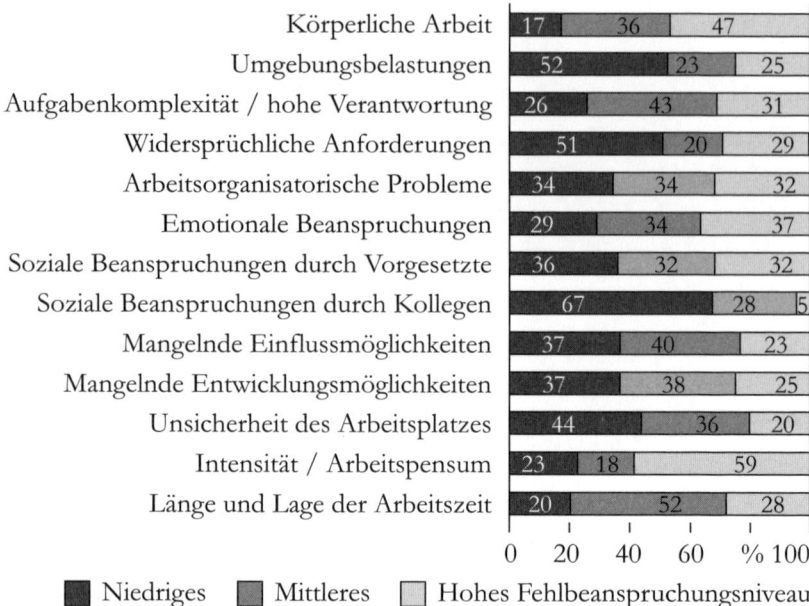

Abbildung 2.11 Belastungsfaktoren aus Sicht von Beschäftigten. Einschätzung der Arbeitssituation durch N = 7.444 Arbeitspersonen (Fuchs 2006)

Arbeitsbedingungen und gesundheitliche Beschwerden

Auf Grundlage der Befragungsergebnisse wurden 5 Arbeitstypen identifiziert, in denen Ressourcen und Belastungen in spezifischer Weise zusammenwirken. Abbildung 2.12 zeigt diese Arbeitstypen und ihre Verbreitung auf.

Arbeit wird als besonders gut bewertet, wenn sie hohe Ressourcenpotenziale und geringe Fehlbeanspruchungen aufweist. Von derart menschengerechter Arbeit berichten lediglich 7 Prozent der Arbeitspersonen. Als besonders problematisch werden Arbeitsplätze bewertet, an denen sich der arbeitende Mensch überwiegend belastet fühlt, und an denen er gleichzeitig über geringe Entwicklungsmöglichkeiten oder geringe soziale Unterstützung verfügt. Nach Ansicht der befragten Arbeitspersonen trifft dies auf 13 Prozent der Arbeitsplätze zu.

Die solchermaßen definierten Arbeitstypen (d.h. Auftreten von Ressourcen und Belastungen) weisen statistisch signifikante Zusammenhänge zur Häufigkeit des Auftretens gesundheitlichen Beschwerden auf (vgl. Abbildung 2.13).

Arbeitswissenschaftliche Grundlagen

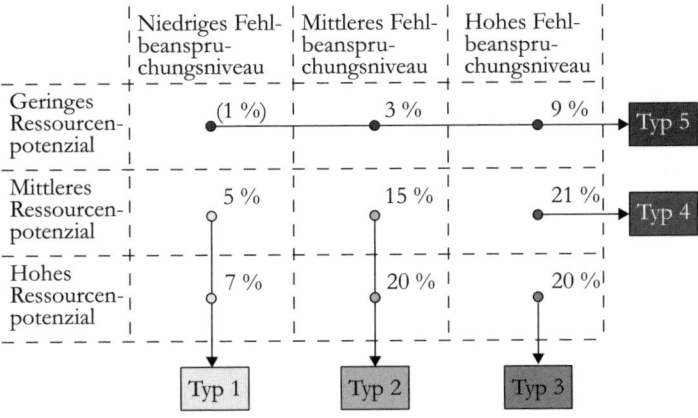

Abbildung 2.12   Typologisierung von Arbeitsbedingungen in Abhängigkeit von Ressourcen und Fehlbeanspruchungen. Ergebnisse der INQA-Studie »Was ist gute Arbeit?« (Fuchs 2006)

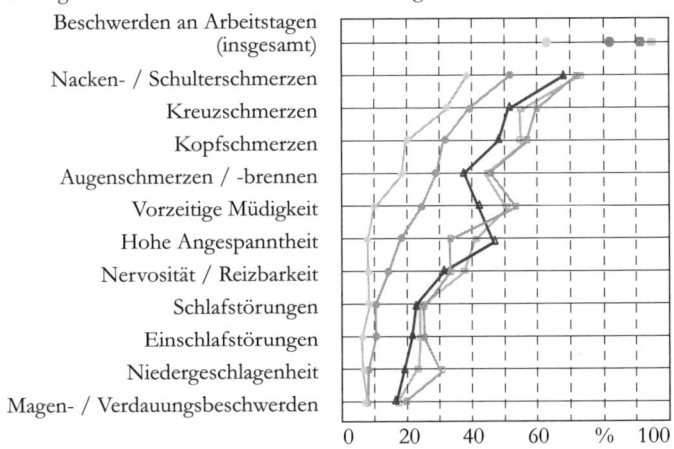

- Typ 1: Viele Ressourcen & keine / wenig belastende Arbeit
- Typ 2: Viele Ressourcen & etwas belastende Arbeit
- Typ 3: Sehr belastende Arbeit & sehr viele Ressourcen
- Typ 4: Sehr belastende Arbeit & viele Ressourcen
- Typ 5: Keine Ressourcen & belastende Arbeit

Abbildung 2.13   Zusammenhang von typologisierten Arbeitsbedingungen und gesundheitlichen Beschwerden bei Büroarbeit (Fuchs 2006)

2.4.8 Auswirkungen der Arbeitsbedingungen auf Gesundheit und Arbeitsleistung

Auf Grundlage einer Befragung von 1.230 Büroarbeitern in 540 schweizerischen Unternehmen wurden die Auswirkungen der Arbeitsbedingungen – insbesondere Umgebungsfaktoren, der Arbeitsgestaltung und der Arbeitsunterbrechungen – auf die Gesundheit und die Leistungsfähigkeit untersucht (Amstutz et al. 2010). Die Fragen bezogen sich auf die Themen Arbeitsumgebung (d. h. Luft, Klima, Beleuchtung, Lärm), technische Einrichtungen, Mobiliar, Lüftungsart, Arbeitsorganisation, Zufriedenheit, Beeinflussbarkeit der Arbeit und Einrichtungen, Anforderungen an den Arbeitsplatz, Komfort, gesundheitliche Symptome und Absenzen. Ferner wurden strukturelle Unternehmensdaten (z. B. Betriebsgröße, Anzahl der Büros, Art der Lüftung und der technischen Einrichtungen) erhoben.

Der Anteil der befragten Frauen an der Gesamtgruppe betrug 44 Prozent. Bei den jüngeren Personen (16–25 Jahre) war der Anteil der Frauen größer; bei den älteren Büroarbeitern (46–65 Jahre) überwog hingegen der männliche Anteil.

In 87 Prozent der erhobenen Fälle handelt es sich um Einzelbüros. Die Anzahl erstreckt sich von 1–150 Einzelbüros pro Gebäude (durchschnittlich 12,6 Büros). Auch Zweierbüros und Teambüros (3–6 Arbeitsplätze) sind in der Mehrheit der Gebäude (74 bzw. 73 Prozent) vorhanden. Größere Büros wie Gruppenbüros (7–15 Arbeitsplätze) und Großraumbüros (16–50 Arbeitsplätze) befinden sich hingegen nur in 31 bzw. 16 Prozent der Unternehmen. Großraumbüros mit mehr als 50 Personen gibt es lediglich in vier der befragten Unternehmen (6 Prozent).

Die Auswertung der erhobenen Daten erfolgte gesamthaft über alle Teilnehmer und Bürokonzepte sowie differenziert nach Bürokonzept bzw. -größe (d. h. Anzahl Personen pro Büro) und der Lüftungsart (d. h. natürliche, mechanische, gemischte Lüftung). Zudem wurden Zusammenhänge zwischen »Sick Building Symptomen« (vgl. Tabelle 2.7) und Arbeitsbedingungen untersucht.

Augenbeschwerden	Brennende/gereizte Augen bzw. tränende Augen
Trockenheitssymptome	Verstopfte Nase bzw. laufende Nase, Trockener, gereizter Hals, erkältungsähnliche Symptome
Neurosystemische Beschwerden	Beengendes Gefühl in der Brustgegend/ Atemnot, Hautausschlag bzw. gerötete/gereizte Haut, Kopfschmerzen, Müdigkeit/Abgespanntheit

Tabelle 2.7   Beschreibung der »Sick Building Symptome« (Amstutz et al. 2010)

Umgebungsfaktoren
Als beeinträchtigenden Umgebungsfaktoren stuften die Befragten anteilig wie folgt ein (d. h. Antwort: »eher oft« oder »sehr oft/ständig«):
- Lärm im Raum (durch Gespräche, Telefonate etc.): 50 Prozent,
- trockene Luft: 35 Prozent,
- abgestandene oder schlechte Luft: 32 Prozent,
- störende Geräuschkulisse (z. B. durch Geräte): 28 Prozent,
- zu hohe Raumtemperatur: 24 Prozent und
- wechselnde Temperatur: 19 Prozent.

Für die Mehrzahl der genannten Umgebungsfaktoren waren die Verhältnisse in kleinen Büros günstiger ausgeprägt als in großen Büros. In Büros mit mechanischer Lüftung wurde die Raumtemperatur tendenziell als zu niedrig und die Luftqualität als schlechter sowie als trockener eingestuft als in Büros mit Fensterlüftung oder einer kombinierten Lüftung. Die Unterschiede zwischen Büros mit verschiedener Lüftungsart waren für die überwiegende Anzahl der Umgebungsfaktoren statistisch signifikant. Grundsätzlich gilt, dass die allgemeine Zufriedenheit über die vorherrschenden Umgebungsbedingungen mit zunehmender Personenzahl pro Büro stark abnahm.

Belastende Arbeitssituationen
Mit Blick auf die Arbeits- und Bürogestaltung wurde das Ausmaß der stark belastenden Arbeitssituationen befragt. Die Aussage »Ich werde in meiner Arbeit häufig gestört« (25 Prozent – Summe der Antworten »ziemlich« und »sehr«) erhält über alle Bürotypen hinweg die häufigste Zustimmung aller relevanten Gestaltungsfaktoren. Es folgen »mangelndes Feedback« (18 Prozent) und »eine erdrückende Arbeitsmenge« (14 Prozent).
Um die Ursachen der Arbeitsstörungen zu erkunden, wurde nach der Art und Häufigkeit von Unterbrechungen gefragt. Die meisten Befragten gaben an, dass sie (mehrmals) täglich während der Arbeit von Personen angesprochen werden. Danach folgen Arbeitsunterbrechungen durch »Telefonate anderer«, »Personen, die vorbeilaufen« und »Gespräche anderer im Raum«. Die Häufigkeit derartiger Unterbrechungen hing signifikant vom jeweiligen Bürokonzept ab. Am deutlichsten traten die Unterschiede bei der Häufigkeit von gesprächsbedingten Störungen zutage; sie nahmen mit der Anzahl der Personen im Büro beständig zu. Während sich in Einzelbüros 9 Prozent der Befragten durch Gespräche gestört fühlten, betrug der Anteil an Befragten in Gruppenbüros mit mehr als 50 Personen 68,5 Prozent.

Belastung, Erholungsbedarf und allgemeine Arbeitszufriedenheit
Bei der Einstufung der Arbeitsbelastung bewerteten 8 Prozent der Befragten ihre Arbeit als »sehr und extrem stressig«, 25 Prozent als »recht stressig«, 52 Prozent als »wenig stressig« und 14 Prozent als »überhaupt nicht stressig«. Die Unterschiede zwischen den Bürokonzepten waren nicht signifikant.
Der Erholungsbedarf wurde anhand dreier Fragen erhoben. Rund vierzig Prozent der Befragten gaben an, am Ende eines Arbeitstages erschöpft zu sein und durch die arbeitsbedingte Ermüdung ihrer Arbeit nicht mehr optimal nachzukommen.
Die allgemeine Zufriedenheit mit der Arbeit wurde von 51, 2 Prozent der Befragten als sehr hoch eingestuft (Summe: »ausserordentlich« und »sehr zufrieden«), während 6 Prozent der Personen angaben, unzufrieden zu sein (Summe: »ausserordentlich», »sehr« und »ziemlich unzufrieden«). Dazwischen liegt ein breites Mittelfeld von 42,8 Prozent der Personen, welche angaben, mit der Arbeit im Allgemeinen »ziemlich« oder »teils-teils zufrieden« zu sein. Personen in kleinen Büros waren im Allgemeinen zufriedener mit ihrer Arbeit als Personen in großen Büros.

Sick Building Symptome
Die am häufigsten genannten Sick Building Symptome waren
- Müdigkeit (38 Prozent der Befragten mit Angabe »eher oft« oder »sehr oft«),
- Einschlaf- und Durchschlafstörungen (17 Prozent),
- Schweregefühl im Kopf (16 Prozent),
- Jucken, Brennen der Augen (15 Prozent),
- Kopfschmerzen (14 Prozent) und
- gereizte, verstopfte oder laufende Nase (13 Prozent).

Die Angaben darüber, ob diese Symptome arbeitsbedingt sind, wurden je nach Symptom mit 46 Prozent (Müdigkeit) bis 61 Prozent (Jucken, Brennen der Augen) bejaht. Die Befragten gaben somit ein differenziertes Bild über das arbeitsbedingte Auftreten von Sick Building Symptomen ab. Die Auswertung über die Unterschiede zwischen den Bürokonzepten zeigte, dass die Häufigkeit von Sick Building Symptomen mit zunehmender Bürogröße zunimmt.
In Bezug auf Einbußen der Leistungsfähigkeit bejahte ein Drittel der Personen die Frage, ob die Sick Building Symptome die Leistungsfähigkeit beeinträchtigen. Das Ausmaß der Beeinträchtigung wurde mit 12 Prozent angegeben. In Büros mit mechanischer Lüftung traten

Sick Building Symptome häufiger auf als in Büros mit natürlicher Lüftung. Diese Unterschiede waren jedoch statistisch nicht signifikant.

Produktivität
Die Beurteilung der Produktivität und der Attraktivität des Büroarbeitsplatzes hängt stark von der Anzahl der Personen im Büro ab. Für die Auswertung wurden die Antwortkategorien »trifft ziemlich zu« und »trifft sehr zu« zusammengefasst. Rund 90 Prozente der Befragten in Einzelbüros geben demnach an, dass ihr Büroarbeitsplatz ermöglicht, produktiv zu sein. Büros mit 7–15 Personen schneiden mit 60 Prozent positiven Antworten am schlechtesten ab. 60 Prozent der Befragten in Einzelbüros finden, dass ihr Büroarbeitsplatz ein attraktiver Aspekt ihres Berufs ist. Demgegenüber ist es in Büros mit über 16 Personen lediglich knapp die Hälfte, die ihren Arbeitsplatz als attraktiv beurteilt.

Arbeitsunfähigkeit
Bei der Frage nach krankheitsbedingten Arbeitsunfähigkeit (AU) während der letzten 12 Monate gaben 38 Prozent der Personen an, nie krankheitsbedingt abwesend gewesen zu sein. Bei den AU-Fällen überwogen Kurzabsenzen von ein bis drei Tagen. Mit zunehmender Bürogröße nahm die AU-Häufigkeit zu. In Einzelbüros gaben knapp 50 Prozent der Personen an, nie krankheitsbedingt abwesend gewesen zu sein; in Büros ab 16 Personen sank diese Zahl auf 30 Prozent.

Schlussfolgerung
Die Studie von Amstutz et al. (2010) offenbart statistische Zusammenhänge von Erkrankungssymptomen und arbeitsorganisatorischen bzw. umgebungsbedingten Faktoren. Generell wurden in kleinen Büroräumen weniger gesundheitsbeeinträchtigende Situationen vorgefunden als in großen Räumen. Die Unzufriedenheit mit den Ausstattungs- und Einrichtungsverhältnissen und die Nennung von gesundheitsbeeinträchtigenden Faktoren nehmen mit zunehmender Personenzahl im Raum zu. In größeren Räumen ist ein besonderes Augenmerk auf die Raumakustik zu legen. Lärm durch Gespräche und Geräte ist mittels schallabsorbierender Raumelemente wirksam zu reduzieren. Eine ausreichende Anzahl an Rückzugs- und Ruhearbeitsplätzen vermag einer Überforderung durch Reizüberflutung entgegenzuwirken.
Wesentliche Voraussetzung für eine produktive Büroarbeit ist, die räumlichen Verhältnisse mit den Aufgaben der darin tätigen Perso-

nen und den tätigkeitsbedingten Anforderungen (inbesondere an die Lärmemission) abzustimmen. Arbeitsaufgaben, die hohe Anforderungen an die individuelle Konzentration stellen, vertragen sich nur schlecht mit Unruhe durch Gespräche und Bewegungen anderer. Hier sind räumlich-akustische Trennungen unabdingbar, um durch eine ausgeglichene Arbeitssituation günstige Leistungsvoraussetzungen zu schaffen.

Grundsätzlich werden kleine, persönlich gestaltbare Büroeinheiten als attraktiver beurteilt als Mehrpersonenbüros, was sich auf Motivation und Leistung der Büroarbeiter auswirkt.

Diese Untersuchungsergebnisse werden durch empirische Studien von Lozano-Ehlers et al. (2003) gestützt, die Zusammenhänge von Bürokonzept und »Office Performance« bzw. Arbeitsmotivation aufzeigen. Abbildung 2.14 veranschaulicht wesentliche Resultate dieser Studie. Vertiefende Hinweise zu den Bürokonzepten finden sich in Kapitel 3.

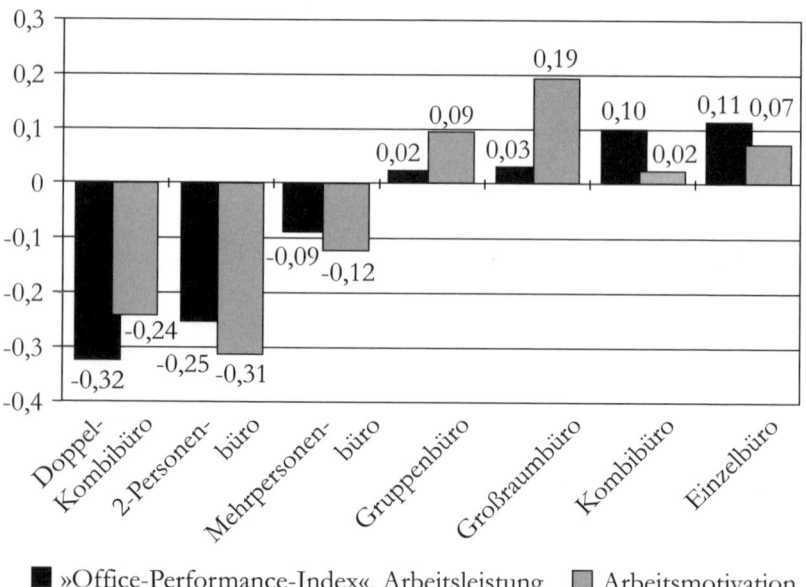

Abbildung 2.14 Einfluss des Bürokonzepts auf Arbeitsmotivation und -leistung. Befragung von N=980 Personen im Rahmen der Nutzerstudie »Office Performance« (Lozano-Ehlers et al. 2003)

Der »Office Performance Index« bezieht die Kriterien Effektivität, Effizienz, Ergebnis-Qualität und Prozess-Qualität ein, und beruht auf dem statistisch ermittelten Einfluss von 52 Variablen. Seine bedeutsamsten Einflussfaktoren sind: unnötige Erschwernisse, Arbeitsmotivation, Work-Life-Balance, Zugriff auf Informationen, Anerkennung der Arbeitsleistung, Wissen, Teamstimmung und Störungen (Lozano-Ehlers et al. 2003).

3 Bürokonzepte

Ein Büro ist ein Raum, in dem vorwiegend Tätigkeiten wie Schreiben, Lesen, Rechnen, Verwalten und Besprechen ausgeübt werden. Je nach Aufgabe dient ein Büro einer einzelnen Person oder mehreren Personen als Arbeitsraum. Ein Büroraum muss
- jeder Arbeitsperson einen Arbeitsplatz zur Verfügung stellen,
- eine funktionale und soziale Kommunikation unterstützen,
- ein ungestörtes, konzentriertes Arbeiten (z.b. durch Rückzugsorte) gewährleisten,
- individuelle Veränderungen in Abhängigkeit der Arbeitsanforderungen ermöglichen (z.b. Besprechungsplatz) und
- über eine gemeinsschaftliche Infrastruktur verfügen (z.B. Teeküche, Gruppenablage).

Zur Ausstattung eines Büros gehören Büromöbel – wie z.B. Schreibtische, Schränke bzw. Regale – sowie Kommunikationsmittel wie Telefon und Faxgerät. In den meisten Büros finden sich zudem Rechner, die der Datenverarbeitung und Kommunikation dienen.
Über die Jahrhunderte hinweg unterlag das Büro als Ort der Arbeitsverrichtung einem beständigen Wandel, was vor allem auf veränderte Arbeitsweisen und -mittel zurückzuführen ist. Zudem waren Büros stets ein sichtbarer Ausdruck der Unternehmenskultur. So spiegeln die Schreibstuben des frühen 20. Jahrhunderts eine hierarchische Unternehmensorganisation wider. Die Großraumbüros der 1970er Jahre entsprachen dem Bedürfnis nach Offenheit und Auflösung tradierter Strukturen. Zu Beginn des 21. Jahrhunderts wandeln sich die Büros in Zentren der Innovation. Unter den Bedingungen der Wissensökonomie wird erkannt, dass die Entfaltung der kreativen und kommunikativen Potenziale der Büroarbeiter zweckmäßiger räumlicher Bedingungen bedarf, um die angestrebten Ziele hinsichtlich Arbeitsleistung und -qualität zu verwirklichen (vgl. Fuchs/Muschiol 2006). Das nachfolgende Kapitel vermittelt einen Überblick der unterschiedlichen Arbeitsformen im Büro sowie der damit verbundenen Bürokonzepte.

3.1 Flexibilisierung der Büroarbeit

Der Paradigmenwechsel zur Wissensökonomie ist eng mit dem Büro als Ort der Tätigkeitsverrichtung verbunden. Leistungsfähige Informationstechnik im Büro verändert die Koordinaten der Wissensarbeit hinsichtlich Ort, Zeit und Struktur (vgl. Abbildung 3.1). Prägten starre Arbeitszeiten, fixe Orte und zentralistische Unternehmensstrukturen die Büroarbeit in der Vergangenheit, so entsteht durch eine Flexibilisierung dieser Parameter eine Vielzahl neuer Arbeitsformen. Galt bisher die Maxime »Arbeiten in einer festen Struktur, am fixen Ort und zur bestimmten Zeit«, so ermöglicht mobile Informationstechnik wesentlich flexiblere Arbeitsformen.

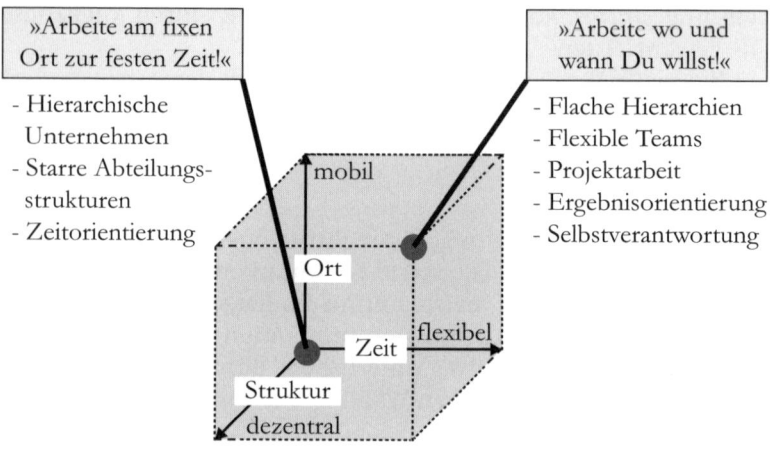

Abbildung 3.1 Koordinatenverschiebung der Wissensarbeit (Spath et al. 2003b)

Die Trennung von Wohn- und Arbeitsort ist ein Phänomen, das durch die Industrialisierung von Arbeit entstand. Derzeit wohnen nur etwa 12 Prozent aller Erwerbstätigen in unmittelbarer Nachbarschaft zu ihrem Arbeitsplatz. Ferner verbringen immer mehr Büroarbeiter immer weniger Arbeitszeit im Büro; sie sind vielmehr vor Ort beim externen oder internen Kunden (vgl. Abbildung 3.2). Empirischen Untersuchungen zufolge liegt die effektive Nutzung des Büroarbeitsplatzes bei etwa 50 Prozent der tariflichen Arbeitszeit (Bauer 2007). Durch mobile Informationssysteme mutiert die Reisezeit zur Arbeitszeit, die *Dienstreise* in ihrer Reinform existiert de facto nicht mehr. Der *Telearbeiter* verrichtet seine Arbeitstätigkeit räumlich getrennt vom Auftragsort; informationstechnische Netzwerke führen die vielfältigen Arbeitsorte zusammen. Letztlich wird das Internet zum Arbeitsraum; der virtuelle Arbeitsraum verschmilzt mit der physischen Arbeitsumgebung.

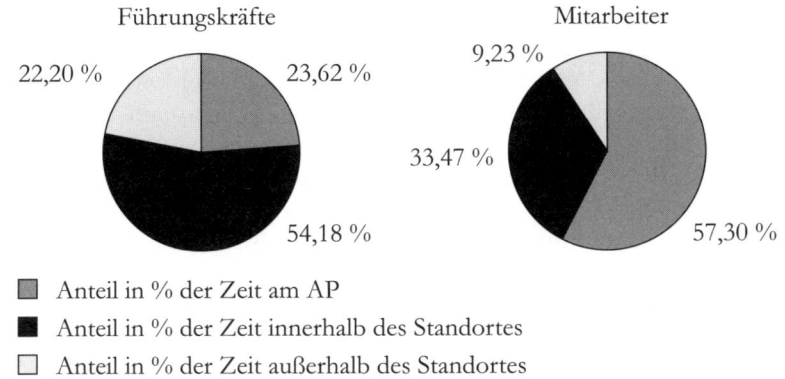

☐ Anteil in % der Zeit am AP
■ Anteil in % der Zeit innerhalb des Standortes
☐ Anteil in % der Zeit außerhalb des Standortes

Abbildung 3.2 Beispielhafte Darstellung der Mobilität von Führungskräften und Mitarbeitern in einem Technologiezentrum

3.2 Arbeitsformen im Büro

3.2.1 Einzelarbeit

Einzelarbeit beinhaltet in der Regel konzentrierte Tätigkeiten am Arbeitsplatz (wie z.B. Problemlösen, Lesen, Denken, Schreiben, Ausarbeiten) bei hohen Anforderungen an Gedächtnisprozesse und eher geringem Kommunikationsanteil. Sie benötigt eine möglichst störungsfreie Umgebung. Typische Bereiche der Einzelarbeit sind wissenschaftliche bzw. gutachterliche Tätigkeiten sowie die Sachbearbeitung. Aber auch Tätigkeiten im Callcenter oder im Vertrieb sind zumeist einzelorientiert (vgl. Kapitel 2.2.3).

Formen der Einzelarbeit treten zumeist nicht isoliert auf, sondern sind mit Phasen der Begegnung und Kommunikation verwoben.

3.2.2 Projektbezogene Teamarbeit

Um unterschiedliche Wissensgebiete zu kombinieren, nimmt der Anteil kommunikativer Arbeit vor allem in den Bereichen der Konstruktion, Forschung und Entwicklung zu. Eine erfolgreiche Bewältigung komplexer Aufgaben kann durch ein Arbeiten im Team gefördert werden. Bereits in den 1960er Jahren wurde erkannt, dass sich die Arbeitsproduktivität durch Gruppenarbeit verbessern lässt. Umfragen zufolge arbeiten mittlerweile 60 Prozent der Büroarbeiter in Teams (van Dick/West 2005).

Gruppen können einen festen Teil der betrieblichen Arbeits- und Führungsorganisation darstellen, wie z. B. kundenorientierte Arbeitsgruppen in einer Versicherung zur Bearbeitung aller Versicherungsarten. *Teams* werden oft als zeitlich befristete Gruppen innerhalb eines Projekt z. b. in der Entwicklung verstanden; sie können allerdings auch dauerhafte lose Arbeitsverbünde ohne enge Kooperation sein, wie z. B. bei Vertriebsteams. *Virtuelle Teams* arbeiten über mehrere Standorte oder Unternehmen hinweg mittels vernetzter Informationstechnik zusammen.

Arbeit im Teamzusammenhang bedeutet, eine gemeinsame Aufgabe zu übernehmen, die Arbeitsabläufe selbst zu organisieren und gemeinsam für das Ergebnis verantwortlich zu sein. Teams arbeiten in der Regel über längere Zeit zusammen. Der Grad der Selbständigkeit kann dabei unterschiedlich ausgeprägt sein. Gute Teams pflegen einen partnerschaftlichen Arbeitsstil, bestimmen weitgehend gleichberechtigt ihr Vorgehen und entwickeln dabei Teamgeist und Zusammengehörigkeitsgefühle.

Im Vergleich zu einzelorientierten Arbeitsformen vermag Teamarbeit die Gesamtleistung zu steigern, sofern die Aufgaben gut organisiert sind. Dabei wirken die gemeinsame Verantwortung, die gegenseitige Anregung und das zwischenmenschliche Vertrauen – aber auch das Konkurrenzverhalten – motivations- und leistungsfördernd. Effekte der Kommunikation und des Lernens durch direkte Rückmeldung können zu einer verbesserten Ergebnisqualität beitragen. Die gemeinsame Aufgabe bindet die Teammitglieder intensiver in das Betriebsgeschehen ein und verändert ihr Bewusstsein. Gemeinsam erzeugte Ideen und Lösungen werden erfolgreicher umgesetzt, wenn man an ihrer Entwicklung beteiligt war (Busch 2010).

Voraussetzung für den Arbeitserfolg ist, dass sich die Teammitglieder durch ein Gemeinschaftsgefühl verbunden fühlen. Andernfalls kann Teamarbeit mit einem hohen Abstimmungsaufwand, einer diffusen Verantwortungsverteilung und sozialen Konflikten einhergehen. Formen der Leistungsverweigerung mehren sich erfahrungsgemäß, wenn die Einzelleistungen in der Gruppe untergehen (van Dick/West 2005). Im Vergleich zur Einzelarbeit eignet sich Teamarbeit vornehmlich für komplexe Aufgaben mit hohem Innovationsgrad.

3.2.3   Kommunikationsarbeit im Callcenter

Technische Fortschritte in der Telekommunikation führten seit den 1990er Jahren zur Entstehung einer eigenständigen *Callcenter*-Branche. Als Callcenter (dt.: Telefon-Beratungszentrum) wird ein Unternehmen bezeichnet, das telefonisch Marktkontakte schafft. Das Callcenter-Konzept geht auf die Idee zurück, die in einem Unternehmen eingehenden Anfragen nicht dezentral in einzelnen Fachabteilungen, sondern zentral, in einer eigenen Organisationseinheit aufzunehmen und zu bearbeiten.

Callcenter dienen zu Informationszwecken (z. B. Hotline, Produktinformationen), Kundendienst, Beschwerdemanagement, Markt- und Meinungsforschung, Auftrags- und Bestellannahme (z. B. Versandhäuser, Kartenverkauf), Rufnummernauskunft oder als Notfalldienst und dem Verkauf mit Vertragsabschluss. Sie werden zunehmend auch zur Betreuung von chronisch Kranken eingesetzt (Eckhardt et al. 2003).

Grundsätzlich wird zwischen In- und Outbound-Callcentern unterschieden:
- *Inbound-Callcenter* nehmen den Anruf des Kunden entgegen. Der Kunde beauftragt Bestellungen, fordert Informationen, meldet Störungen, beschwert sich oder möchte vermittelt werden.
- *Outbound-Callcenter* rufen potenzielle Kunden gezielt an. Dabei kann es sich um Aktionen im Rahmen des Telefonmarketing handeln.
- *Customer Service Center* verbinden den Bereich Inbound mit der aktiven Outbound-Tätigkeit.

Die Callcenter-Branche ist aufgrund technischer Möglichkeiten und arbeitsmarktpolitischer Fördermaßnahmen in den vergangenen Jahren erheblich gewachsen. In Deutschland waren im Jahr 2009 nahezu 440.000 Personen in diesem Dienstleistungsbereich tätig (Bundestag 2009). Von diesen *Telefonagenten* wird neben der fachlichen Qualifikation vor allem eine soziale und kommunikative Kompetenz eingefordert. Aufgrund vergleichsweise geringer Qualifikationsanforderungen werden Callcenter-Tätigkeiten oft niedrig vergütet. Ein hoher Anteil der Telefonagenten ist geringfügig oder befristet beschäftigt.

Die Erreichbarkeit eines Callcenters hängt unmittelbar von der Anzahl der eingesetzten Telefonagenten ab. Zu viele Agenten führen zu teuren Überkapazitäten. Zu wenige Agenten führen zur Unterdeckung, was besonders in Nachfragespitzen zu verlorenen Anrufen führt. Ungenügende Nachbearbeitungszeit oder lange Leerlaufzeiten stellen unmittelbare Belastungsfaktoren für die Telefonagenten dar. Zudem werden Telefonagenten zuweilen durch Systemkontrollen angehalten, die geplanten Leistungsvorgaben einzuhalten. Die tech-

nische Möglichkeit, dass sich Supervisoren spontan in laufende Gespräche einschalten können, sowie der Umstand, dass jederzeit Gesprächsdaten aufgezeichnet und statistisch verarbeitet werden können, führt zu einem Gefühl des Ausgeliefertseins.
Aus der spezifischen Aufgabenstellung im Callcenter resultieren weitere Belastungen für die Telefonagenten, wie hohe Aufmerksamkeit und Konzentration, starke Belastungen für Stimme und Gehör, emotionale Belastungen durch Zeitdruck und schwierige Kunden sowie unregelmäßige Arbeitszeiten (Eckhardt et al. 2003). Daneben treten Symptome auf, die auch von anderen Bildschirmarbeitsplätzen bekannt sind – wie Muskelverspannungen, Kopfschmerzen oder Augenflimmern.
Die Arbeitsumgebung eines Callcenters ist zumeist ein Großraumbüro mit akustisch abgeteilten Arbeitsplätzen. Die Telefonagenten am Bildschirmarbeitsplatz sind mit Sprechgarnituren ausgerüstet, um relevante Informationen zu erhalten und zu speichern. Am Rechnersystem können Historie und Inhalt des Kundengesprächs zeitgenau nachvollzogen werden.
Die Arbeitsweise im Callcenter begünstigt eine soziale Isolation der Telefonagenten, da kooperative Aufgaben weitgehend entfallen. Die fachliche Kommunikation beschränkt sich häufig auf eine Arbeitsanweisung und eine Leistungskontrolle (Menzler-Trott 1998).

3.3 Typologie der Bürokonzepte

Die Bürotypen unterscheiden sich augenscheinlich durch die Art der Aufteilung und Besiedelung von Arbeitsräumen. Als primäres Unterscheidungsmerkmal zur Typologie von Bürokonzepten wird die Größe eines Raumes und dessen Art der Nutzung herangezogen (Bullinger/Kelter 1992). Bürokonzepte sind Strukturmodelle zur Gestaltung von Büroflächen. Sie bieten prinzipielle Lösungen für die funktionalen Erfordernisse, gliedern die Arbeitsabläufe und bilden den Rahmen für deren Anpassungsfähigkeit. Bürokonzepte beeinflussen die Qualität und Produktivität von Arbeit und sind ein wesentlicher Teil der Lebensqualität der Büroarbeiter.
Typische Bürokonzepte entwickelten sich seit den 1950er Jahren aufgrund unterschiedlicher Bürophilosophien. Diese begründeten stets neue Entwicklungsphasen, ohne jedoch den Anspruch zu erheben, die vorherigen völlig abzulösen.

Bürokonzepte

Bürophilosophie	Zeitbezug	Bürokonzept
Repräsentative Ordnung	1950er Jahre	Zellenbüro
Organisatorische Flexibilität	1960er Jahre	Großraumbüro
Ergonomische Arbeitsumwelt	1970er Jahre	Gruppenbüro
Kommunikative Flächenstruktur	1980er Jahre	Kombi-Büro
New Work	1990er Jahre	Non-Territoriales Büro

Tabelle 3.1   Entwicklung unterschiedlicher Bürokonzepte (Gottschalk 2004)

Für europäische Verhältnisse unterscheidet Gottschalk (2004) neben den klassischen Büroraumarten »Zellenbüro« (d. h. Ein-Personen- bzw. Mehr-Personen-Zellenbüro), »Gruppenbüro« und »Großraumbüro« weitere Formen, wie das »Reversible Büro« sowie – als Sonderform des Zellenbüros – das »Kombi-Büro« (vgl. Abbildung 3.3). Das Reversible Büro steht dabei allerdings nicht für eine eigene Büroraumart. Es versucht vielmehr, unterschiedliche Büroraumarten in einer gemeinsamen Gebäudestruktur zu vereinigen, um ein hohes Maß an Flexibilität zu verwirklichen.

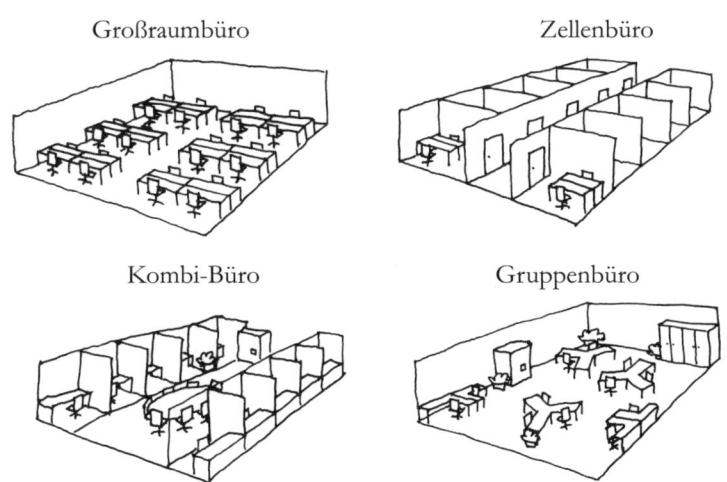

Abbildung 3.3   Prinzipdarstellung unterschiedlicher Bürokonzepte

Die zunehmende Bedeutung des Büros als Ort der Wertschöpfung und die erweiterten Gestaltungsfreiheiten infolge des informationstechnischen Fortschritts veranlassten Architekten, Büroberater und Forscher immer wieder, visionäre Ideen des »Büros der Zukunft« zu entwickeln. Begriffe wie Action office, Shared office, Business Club, Lean office, Non-Territoriales Büro, Hotel office, Nomadic office, Free-Adress-Office, Fraktales Büro, Re-invented Workplace etc. verkörpern keine wirklich neuen Büroformen, sondern spiegeln auf der Basis bestehender Bürokonzepte die fortschreitende Tendenz zur Flexibilisierung der Raumaufteilung und zur tätigkeitsspezifischen Nutzung von Arbeitsorten und -plätzen wider.

Bis in die 1990er Jahre basierten alle Bürotypen primär auf der Annahme, dass jeder Büroarbeiter über einen eigenen, fest zugeordneten Büroarbeitsplatz verfügt. Aktuelle Nutzungskonzepte von Arbeitsplätzen und Räumen gehen jedoch von einer flexibleren und flächeneffizienteren Arbeitsweise aus – unter Einbeziehung der menschlichen Leistungsvoraussetzungen für ein gesundes und erfolgreiches Arbeiten.

Unter Berücksichtigung räumlicher Attribute und organisatorische Nutzungskonzepte werden fünf idealtypische Grundtypen des Büros unterscheiden:

3.3.1 Zellenbüro

Vorbild des in Deutschland am weitesten verbreiteten Bürokonzeptes sind die im 16. Jahrhundert in Florenz realisierten Uffizien. Typisch für derartige Zellenbüros sind Mittelflure, an denen sich geschlossene Büroräume mit einem oder mehreren Arbeitsplätzen reihen. In Zellenbüros gehen die Büroarbeiter in einem vom übrigen Bürobetrieb abgeschlossenen, zumeist blickdichten Arbeitsraum ihrer Tätigkeit nach. Je nach Anzahl der Arbeitsplätze im Raum werden Ein-Personen-Zellenbüros und Mehr-Personen-Zellenbüros unterschieden. Zellenbüros sind in Deutschland die beliebteste Büroform, da sie dem Einzelnen einen Rückzug ermöglichen und die Privatsphäre wahren. Das *Ein-Personen-Zellenbüro* erlaubt ein individuelles Arbeitsumfeld mit akustischer und visueller Störungsfreiheit. Es ist auf ein unabhängiges Arbeiten ausgerichtet und eignet sich primär für Büroarbeiter, die einen hohen Anteil konzentrierter Arbeitstätigkeiten bewältigen. Ein-Personen-Zellenbüros werden auch eingesetzt, wenn vorrangig vertrauliche Gespräche zu führen sind. Das Ein-Personen-Zellenbüro ist in der Regel flächenaufwendig, wobei die Raumgrößen oftmals statusabhängig gestaffelt sind (vgl. Abbildung 3.4 und 3.5).

Bürokonzepte

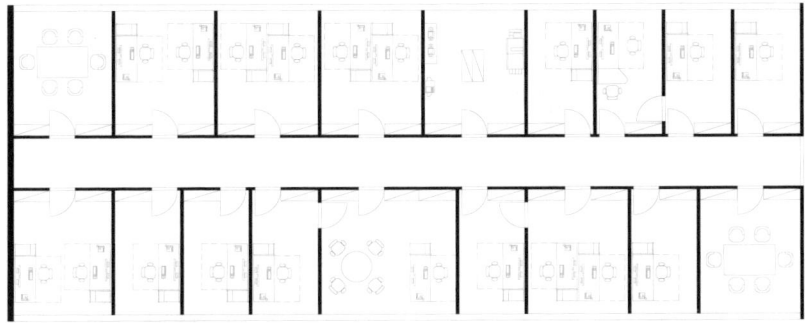

Abbildung 3.4 Beispielhafter Grundriss mit Ein- und Mehr-Personen-Zellenbüros

Abbildung 3.5 Ein-Personen-Zellenbüro (Abdruck mit Genehmigung von VS-Möbel)

Mehr-Personen-Zellenbüros werden häufig in Form von 2- bzw. 3-Personen-Büros ausgeführt. Bezogen auf die Platzanzahl je Raum sind die Übergänge zu Gruppenbüro fließend. Eine Obergrenze für Mehr-Personen-Zellenbüros wird meist bei 4–6 Arbeitsplätzen gezogen. Mehr-Personen-Zellenbüros erlauben es, Personen bzw. ganze Arbeitsgruppen, in denen eine gegenseitige Vertretung erforderlich ist, räumlich zusammenzufassen (vgl. Abbildung 3.6). Dennoch gelten Doppelzimmer als die Büroform mit der geringsten Produktivität –

Abbildung 3.6 Zwei-Personen-Zellenbüro (Abdruck mit Genehmigung von VS-Möbel)

unter anderem wegen der unvermeidbaren gegenseitigen Störung des Zimmergenossen. Von kleinen Mehr-Personen-Zellenbüros ist abzuraten, wenn eine fachliche Kooperation der Büroarbeiter untereinander nicht oder nur zu einem geringen Anteil gegeben ist.

3.3.2 Kombi-Büro

In Kombi-Büros gruppieren sich Einzelzimmer um eine Kommunikationszone, in der Gemeinschaftseinrichtungen wie Kopierer und Besprechungsmöglichkeiten untergebracht sind, und die zugleich die Räume erschließt. Die Einzelräume mit relativ kleinen Grundflächen (8–12 m^2) ermöglichen eine hohe Nutzungsfexibilität. Durch einen Verzicht auf Zwischenwände entstehen sog. Doppel-Kombi-Büros mit zwei Arbeitsplätzen. Die Arbeitskojen sind seitlich mit raumhohen Trennwänden voneinander abgeschirmt und – als ein typisches Merkmal für ein Kombi-Büro – zu einer innen liegenden Multifunktionszone hin mit einer Glaswand versehen (vgl. Abbildungen 3.7 bis 3.9). Da jedes Einzelzimmer eine verschließbare Tür besitzt, ist ein lärmarmes, konzentriertes Arbeiten möglich, während die Glaswände eine nachbarschaftliche Transparenz fördern (Loitzl/Puffert 2008).

Bürokonzepte

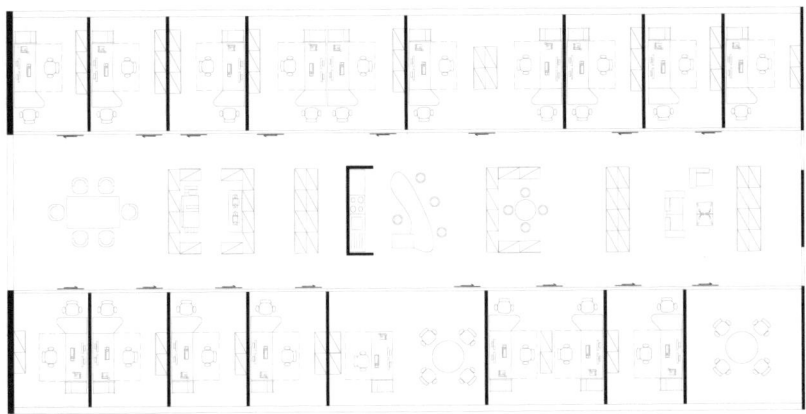

Abbildung 3.7   Beispielhafter Grundriss eines Kombi-Büros

In der Multifunktionszone sind Einrichtungen zusammengefasst, die gemeinschaftlich genutzt werden, wie z. B. Kopierer, Fax, Archiv, Registratur, Ablage, Besprechungszonen oder Kaffeeküchen.
Das Konzept des Kombi-Büros verbindet die Vorzüge von Einzelbüro und Gemeinschaftsbüro. Die Flächenwirtschaftlichkeit des Kombi-Büros übertrifft die anderer Bürokonzepte, wenn neben den Einzelzimmern auch die Kommunikationszone genutzt wird.

Abbildung 3.8   Kombi-Büro in der Fraunhofer-Zentrale

Abbildung 3.9 Kombi-Büro (Abdruck mit Genehmigung von Edding)

3.3.3 Gruppenbüro

Die Besinnung auf die Arbeitsgruppe mit ihren funktionalen, sozialen und territorialen Ansprüchen führte in den 1970er Jahren zur Entstehung von Gruppenbüros. Gruppenbüros entstanden mit der Absicht, die Vorteile von Zellenbüro und Großraumbüro zu vereinen

Abbildung 3.10 Gruppenbüro (Abdruck mit Genehmigung von Santander)

Abbildung 3.11 Gruppenbüro (Abdruck mit Genehmigung von Freudenberg)

und hierbei die Nachteile der beiden Konzepte möglichst zu begrenzen. In Gruppenbüros sind normalerweise zwischen 6–20 Arbeitsplätze eingerichtet. Im Gegensatz zu Großraumbüros wird zumeist auf eine Klimatisierung aufgrund der geringen Raumgröße verzichtet. Die Fenster sind zu öffnen (vgl. Abbildungen 3.10 und 3.11).

Mit der Entscheidung für ein Gruppenbüro werden Zeichen für eine flache Hierarchie und eine erwünschte Kommunikation gesetzt. Das Konzept des Gruppenbüros ist stark kommunikationsorientiert. Im Büroalltag ist mit akustischen und visuellen Störungen durch Gespräche, Büromaschinen oder sich im Raum bewegenden Personen zu rechnen.

3.3.4 Großraumbüro

Großraumbüros besitzen eine Raumtiefe von mindestens 20–30 m. Damit ergeben Grundflächen von 600–1.000 m² mit oftmals mehreren hundert Büroarbeitern je Geschoss. Großraumbüros zeichnen durch einen geringen Fassadenanteil pro Arbeitsplatz aus. Auf der Großraumfläche lassen sich Arbeitsplätze entweder regelmäßig oder variabel in Form einer Bürolandschaft anordnen. Besonders gelungene Varianten von Großraumbüros zeigen die Abbildungen 3.12 und 3.13. Eine funktionale Strukturierung der Flächen, interessante Raumperspektiven und eine passende Ausstattung sind wichtige Beiträge für funktionale Großraumbüros. Je nach Bedarf kann die Raumstruktur mit Pflanzen, Stellwänden, Schränken oder Raumgliedersystemen unterteilt und damit veränderten Anforderungen angepasst werden.

Abbildung 3.12   Innenansicht eines Internet-User-Helpdesks im Großraumbüro (Abdruck mit Genehmigung von Telekom)

Großraumbüros sind vor allem in den USA und in Großbritannien verbreitet. Den Vorteilen von Großraumbüros bei der Zusammenarbeit, Flexibilität und Flächenwirtschaftlichkeit stehen als Nachteile eine geringe Individualisierbarkeit und hohe akustische und klimatische Belastungen gegenüber. Großraumbüros eignen sich für vor allem für Aufgaben, die eine intensive Zusammenarbeit mit geringen Anforderungen an Ruhe und Konzentrationsfähigkeit verbinden. Viele Büroarbeiter stören sich an der visuellen und akustischen Unruhe im Großraumbüro, sofern dieses keinen hinreichenden Rückzug ermöglicht. Dennoch werden akustische Störeffekte in Großraumbüros aufgrund des »Masking-Effekts« weniger störend wahrgenommen als etwa in Zwei- oder Mehrpersonenbüros. Hierbei treten die Gesprächsinhalte hinter eine allgemeine Geräuschkulisse zurück.

Die Akzeptanz von *offenen Bürolandschaften* steigt, wenn sie auf sozial sinnvolle Dimensionen begrenzt werden (Loitzl/Puffert 2008). Heutzutage werden offene Büroräume nur noch in kleinen Einheiten von wenigen hundert Quadratmetern geplant (z.B. »Multispace Office«). Hierbei verschwimmt die Grenze zum Gruppenbüro.

Abbildung 3.13 Großraumbüro im Produktionsumfeld (Abdruck mit Genehmigung der BMW AG, Foto: Martin Klindtworth)

3.3.5 Non-territoriale Bürokonzepte

Wesentliches Merkmal des »non-territorialen Büros« ist die Aufhebung der festen Zuordnung von Arbeitsplatz und Büroarbeiter. In der Regel steht für eine überschaubare Personengruppe ein Pool an Arbeitsplätzen zur Verfügung. Arbeitsplätze, Büroeinrichtungen und Arbeitsmittel werden gemeinsam genutzt und stehen allen Büroarbeitern gleichermaßen zur Verfügung (d. h. »Sharing-Konzept«). Non-territoriale Bürokonzepte unterstützen die Verwirklichung variabler, unterschiedlichen Arbeitsaufgaben angepasster Arbeitsumgebungen, wie beispielsweise geschlossene Einzelbüros und offene Teamflächen (Spath et al. 2003b). In der Praxis bedeutet das, dass der Arbeitsplatz bei Arbeitsbeginn aufgebaut und bei Arbeitsende wiederum aufgeräumt wird. Dieses Prinzip wird als »Clean-desk-Policy« bezeichnet.

Im Gegensatz zu klassischen Bürokonzepten, die sich vor allem durch raumbezogene Eigenschaften auszeichnen, basieren non-territoriale Bürokonzepte vor allem auf technologischen und organisatorischen Ansätzen. Non-territoriale Bürokonzepte lassen sich gut verwirklichen, wenn die Büroarbeiter über möglichst umfangreiche Informationsbestände mittels elektronischer Speichersysteme verfügen können.

Das Konzept des non-territorialen Büros entstand aus der Beobachtung heraus, dass Büroarbeitsplätze oftmals nur zu geringen Zeitanteilen tatsächlich belegt sind, und dass je nach spezifischer Aufgabe ein situationsgerechtes Arbeitsambiente anzustreben ist. Da bei der Planung von non-territorialen Bürokonzepten die Abwesenheitszeiten der Büroarbeiter (z. B. für Außer-Haus-Termine, Besprechungen, Urlaub, Arbeitsunfähigkeit) berücksichtigt werden, ist die Anzahl der eingerichteten Arbeitsplätze geringer als die Zahl der Nutzer. Die sogenannte »Sharing-Ratio« gibt an, wie viele Büroarbeiter rechnerisch einen Arbeitsplatz teilen. Das Verhältnis von Arbeitsplätzen zu Arbeitspersonen beträgt 1:2 bis zu 1:5, wie in Vertriebs-, Service- oder Beratungsbereichen üblich.

Persönliche Unterlagen sind im Allgemeinen in einem mobilen Container – häufig als »Caddy« bezeichnet – untergebracht, der bedarfsorientiert am genutzten Platz beigestellt wird. Bei Arbeitsende wird der Arbeitsplatz geräumt und der Caddy in einem »Caddy-Bahnhof« abgestellt. Der Einsatz schnurloser Telefone fördert die räumliche Mobilität der Büroarbeiter.

Der überwiegende Teil der Dokumente ist digital verfügbar, wodurch sich redundante Ablagen in Papierform weitgehend erübrigen. Ein leistungsfähiges Dokumentenmanagementsystem stellt eine techni-

Bürokonzepte

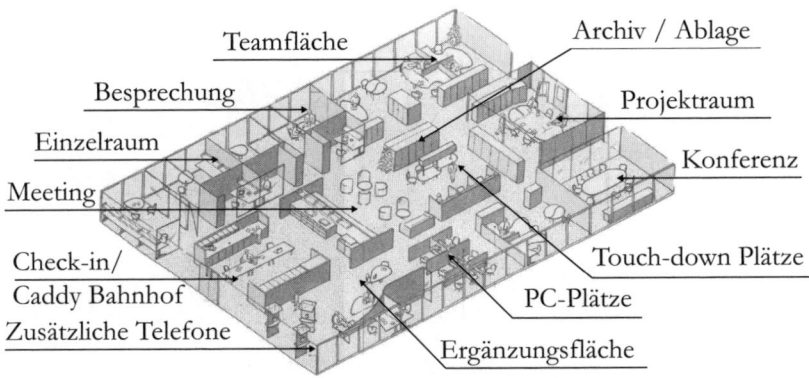

Abbildung 3.14 Umsetzung eines non-territorialen Bürokonzeptes (Steelcase 1996)

sche Voraussetzung für eine erfolgreiche Implementierung eines flexiblen Bürokonzeptes dar. Dieses erlaubt, von jedem Arbeitsplatz auf relevante Informationen und Daten zuzugreifen.
Wenngleich non-territoriale Büros unabhängig von einer bestimmten Büroform zu betreiben sind, empfiehlt sich in vielen Fällen eine räumliche Flächengliederung. Typisch ist eine Mischung aus offenen Teamflächen, geschlossenen Klausur- und Rückzugsräumen sowie allgemeinen Servicezonen (vgl. Abbildung 3.14). Das knappe Angebot an Arbeitsplätzen wird durch Denker-Kojen, Business-Lounges, Besprechungszonen, Telekommunikationsstationen, Repräsentationsflächen oder Erholungsflächen etc. ergänzt.
In non-territoiale Büros suchen viele Büroarbeiter für gewöhnlich regelmäßig den gleichen Bereich eines Bürokomplexes bzw. einer Bürofläche auf. Man spricht hier von einem »Ankerpunkt«. Erfolgt eine völlig freie Wahl des Arbeitsplatzes, spricht man von einem »Hotelling«-System.
Zur Verbreitung von non-territoialen Bürolösungen gibt es derzeit keine offiziellen Statistiken. Einschlägigen Befragungen zufolge werden derzeit etwa 15 Prozent der Büroarbeitsplätze in Deutschland non-territoial genutzt (Kern/Bauer 2008).

3.3.6 Besprechungsräume und -zonen
Neben Orten für konzentrierte Einzelarbeit fördern gemeinschaftliche Orte die tätigkeitsbezogene Kommunikation. Informelle Kommunikation erfolgt meist spontan als Ergebnis einer zufälligen Begegnung. Formelle Kommunikation dient vornehmlich der Abstimmung und

Abbildung 3.15 Variierende Meetingpoints im Büroumfeld (Abdruck mit Genehmigung von Behnisch Architekten, Foto: Adam Mørk)

Entscheidung. Besprechungen werden sowohl geplant als auch spontan abgehalten. Je nach Nutzungsart und -dauer kann die Struktur und Ausstattung von Besprechungsräumen variieren.
Als Treffpunkte für informelle Kommunikation eignen sich zentrale Bereiche wie Kaffeeküchen oder Pausenzonen, Drucker- und Kopierzonen oder Kreuzungspunkte in Treppenhäusern und an Verkehrswegen (vgl. Abbildungen 3.15 und 3.16). Knotenpunkte, die zum Verweilen einladen, fördern die informelle Kommunikation. Kommunikationsbereiche sollen über eine Ablage- bzw. Schreibfläche, über Info-Points oder »schwarze Bretter« sowie über eine Sitzgelegenheit verfügen. Empfehlenswert ist, wenn Stehtische eine Abwechslung zum langen Sitzen bieten.
Besprechungsräume für bis zu 6 Personen eignen sich vorwiegend für Präsentationen und Diskussionen. Unterschieden werden geschlossene Besprechungsräume z. B. für vertrauliche Gespräche und offene Besprechungsräume, etwa in einer Multifunktionszone.
Für Besprechungen bis max. 10 Personen sind mittlere Besprechungsräume vorgesehen. Hierbei existieren offene Besprechungsräume, die spontane Besprechungen in Kleingruppen ohne vorherige Raumreservierung erlauben. Geschlossene Besprechungsräume befinden

_____ Bürokonzepte _____

Abbildung 3.16   Meetingpoint im Fraunhofer Office Innovation Center

sich meist an der Gebäudeperipherie. Durch flexible Trennwände und verstellbare Möbel sind die Räume multifunktional nutzbar. Das ist vor allem in Betracht zu ziehen, wenn die Anzahl der Sitzungen zu gering ist, um eine ständige Auslastung des Raumes zu gewährleisten. Zu Zwecken der Präsentation und Visualisierung werden z. B. Videokonferenzsysteme und Smartboards eingesetzt.

Die Einrichtung größerer Besprechungs- und Konferenzräume bemisst sich am Bedarf, um ein wirtschaftliches Verhältnis von Raumnutzungszeit und Flächenkosten zu erreichen. Evtl. bietet ein zentrales Konferenzzentrum geeignete Rahmenbedingungen. Räumlich abgetrennte Tagungsstätten und Konferenzbereiche vermeiden Störungen an den Büroarbeitsplätzen. Ferner ist zu berücksichtigen, dass Konferenzen und Schulungen mehrere Stunden bis Tage dauern. Daher ist eine Infrastruktur zur Erfrischung und Verpflegung der Konferenzteilnehmer zu schaffen.

3.3.7 Supportflächen

Großraum-, Gruppen und Kombibüros erfordern gemeinsame Nutzflächen für Einrichtungen, sog. »Supportflächen«, die die Arbeitsprozesse und die Kommunikation unterstützen.

Zentrale Druckerinsel

Die Druckerinsel (bzw. »Copyshop«) hält Multifunktionsgeräte (etwa für Drucken, Kopieren, Scannen und Faxen) sowie Verbrauchsmaterialien, ggf. Papiervorräte, Toner und Büromaterial zentral vor (vgl. Abbildung 3.17). Die zentrale Lösung ermöglicht, leistungsfähigere Geräte zu gleichen oder gar geringeren Kosten als am Einzelarbeitsplatz bereitzustellen. Zudem werden die Büroarbeiter durch eine derartige Lösung regelmäßig zur Körperbewegung angeleitet.

PIN- oder SmartCard-basierte Verfahren wahren die Vertraulichkeit bei persönlichen Druckaufträgen in gemeinschaftlichen Technikzonen.

Dokumentenablage und Archiv

Kooperationsprozesse erfordern typischerweise eine gemeinsame Dokumentenablage. Die Ablage erfolgt projekt- oder gruppenorientiert. Somit entsteht über den persönlichen Stauraum hinaus ein weiterer Ablagebedarf in der unmittelbaren Arbeitsumgebung, der für eine allgemeine Nutzung zugänglich ist.

Das Archiv dient der Lagerung und Aufbewahrung von Unterlagen, Akten etc., die nicht regelmäßig benötigt, aber aus Gründen der Aufbewahrungspflicht archiviert werden.

Abbildung 3.17 Druckerinsel im Fraunhofer Office Innovation Center

Poststelle

Für die Anlieferung von Briefpost und Paketen ist eine Poststelle vorzusehen, die möglichst zentral im Bürotrakt liegt und auch von externen Personen – ggf. über einen separaten Eingang – gut andienbar ist. In der Poststelle werden alle eingehenden und ausgehenden Briefe und Pakete koordiniert.

Aufenthalts- und Warteräume

Büroarbeiter benötigen geeignete Räume zur Erholung während der Pausen. Deren Größe und Ausstattung richtet sich u. a. nach der Anzahl der Arbeitspersonen, die in diesem Aufenthaltsraum verweilen, aber auch nach dessen Funktion (z. B. Lounge, Küchenzeile, Snack- und Getränkeautomat).

Garderoben

Ein Bürotrakt muss über ausreichende Garderoben für Mitarbeiter und Besucher im Eingangsbereich verfügen, um Kleidungsstücke aufzubewahren. Hierbei sind die einschlägigen Sicherheitskriterien, auch hinsichtlich Diebstahlschutz, zu berücksichtigen.

Sonderflächen

Sonderflächen, die nicht in den Büromodulen abgebildet werden, sind Flächen, die kein Tageslicht benötigen. Sie müssen nicht im direkten Zugriff der jeweiligen Nutzer stehen. Zu den stockwerksbezogenen Sonderflächen gehören:
- Lager für Getränke, Leergut, Müll etc.,
- Lager für EDV-Geräte, Kartonagen und Verpackungen (für die Aufbewahrung von Originalverpackungen von Rechnern, Bildschirmen und Projektionsein-richtungen),
- ggf. Warenein- und Ausgangslager (auch für Exponate bei Messeaktivitäten),
- Sanitär- und Toiletteneinrichtungen in ausreichender Anzahl und nach Geschlechtern getrennt (gemäß Arbeitsstättenverordnung),
- eine ausreichende Anzahl von Erste-Hilfe-Räumen (gemäß Arbeitsstättenverordnung),
- Putzmittelräume (als Lager für Putzwagen und Verbrauchsmaterialien; Wasseranschlüsse zum Befüllen von Eimern und Ausgussbecken etc. sind vorzusehen),
- Technikräume für die Elektrotechnik und die EDV-technische Infrastruktur, evtl. auch einen Serverraum.

3.4 Begegnungsqualität im Büro

Die Begegnungsqualität beschreibt ein Wechselspiel von zwischenmenschlicher Begegnung, Kommunikation und empfundener Atmosphäre.

3.4.1 Einfluss auf Wohlbefinden und Produktivität

Empirische Untersuchungen belegen die positive Wirkung der Begegnungsqualität auf das individuelle Wohlbefinden und die Arbeitsleistung (Muschiol 2007). Begegnungen erfolgen vornehmlich zwischen Menschen. Begegnung findet aber auch mit der gebauten Umwelt eines Menschen statt, die durch prägnante Gebäude- und Raumtypologien, Materialien, Farben etc. unterschiedliche Signale aussendet bzw. eine spezifische Atmosphäre vermittelt (vgl. Abbildung 3.18).

Bei Wissensarbeit kommt der persönlichen *Kommunikation* eine hohe Bedeutung zu. Effiziente Kommunikationsprozesse dienen u.a. der Vermeidung von Doppelarbeit durch Koordination von Arbeitsprozessen, fördert die Entfaltung kreativer Potenziale und unterstützt das Wertesystem des Unternehmens. Kommunikation wird durch offene Raumstrukturen und einladende Kommunikationsorte gefördert. Wird die Kommunikation hingegen einseitig überbewertet und fehlen die Möglichkeiten des Rückzugs für konzentrierte Einzelar-

Abbildung 3.18 Begegnungsqualität durch Raum und Gebäude (Abdruck mit Genehmigung von Santander)

beit, so dominieren die Störungen, die – entgegen der ursprünglichen Intention – Demotivation und Leistungsminderungen begünstigen können.

Neben der Begegnung und Kommunikation hat der Mensch ein tief verwurzeltes Bedürfnis nach Privatheit. Die Privatheit bezieht sich einerseits auf die Forderung, eigenständig zu bestimmen, wann, wie und in welchem Umfang Informationen an Dritte weitergegeben werden. Privatheit beinhaltet außerdem die Kontrolle über unerwünschte Einflüsse von außen. Da Privatheit durch einen ständigen Ausgleich zwischen Rückzug und Einbindung, zwischen Unabhängigkeit und Zusammenarbeit geprägt wird, soll das Raumkonzept der Forderung nach Wahlfreiheit zwischen beiden Polen genügen (vgl. Loitzl/Puffert 2008).

Das Konzept der Begegnungsqualität integriert auf anschauliche Weise die Gesundheitsprinzipien der Ausgeglichenheit und der Eigenständigkeit (vgl. Kapitel 2.4.6). Um dem Bedürfnis nach Privatheit zu genügen, muss neben Möglichkeiten zur Kommunikation ein entsprechendes Angebot für Rückzug geschaffen werden. Rückzug dient der Verinnerlichung, der Konzentration, der gedanklichen Urteilsfindung und der Entwicklung von Ideen. Zudem erfolgt die notwendige Regeneration des Organismus zumeist an zurückgezogenen Orten.

3.4.2 Wohlfühlqualität im Büro

In einer empirischen Studie untersuchte Kelter (2003) die Einflussfaktoren auf das Wohlbefinden im Büro:
- Der Kernfaktor zur Beurteilung der Wohlfühlqualität eines Büros ist der sogenannte »Büro-Attraktiviäts-Index«. Dieser Index ist der Gradmesser für das Gefallen der Büroumgebung. Die Nutzer legen Wert auf ein Ambiente, das eine bewusste Gestaltung erkennen lässt und einen hochwertigen, repräsentativen und gepflegten Eindruck vermittelt (vgl. Abbildung 3.20). Hierzu tragen vor allem der gezielte Einsatz von Materialien und Oberflächen bei.
- Der zweitwichtigste, jedoch weit abgeschlagene Faktor ist der »Präsenz-Index«. Er wird durch eine sorgfältige Zonierung und die territoriale Strukturierung des Arbeitsplatzes beeinflusst. Darüber hinaus verdeutlicht er die Bedeutung von Rückzugsräumen, wobei diese nicht unbedingt an das Vorhandensein von Türen gebunden sind. Die Untersuchung zeigte, dass negative Effekte einer zunehmenden Personenzahl durch ein angemessenes Maß an Wahlfreiheit zur Veränderung der Arbeitsplatzsituation bzw. die Möglichkeit, zwischen unterschiedlichen Arbeitsorten zu wech-

seln, kompensiert werden. Dieser Befund bestätigt das Gesundheitsprinzip der Selbstregulation.
- Dem »Corporate-Index« kommt eine ähnliche Bedeutung zu. Er umfasst die Identifikation mit dem Unternehmen, das Unternehmensimage und den Bekanntheitsgrad des Unternehmens. Neben einer gelebten Unternehmenskultur tragen die Einrichtungsqualitäten und -standards zur Stärkung dieses Faktors bei.

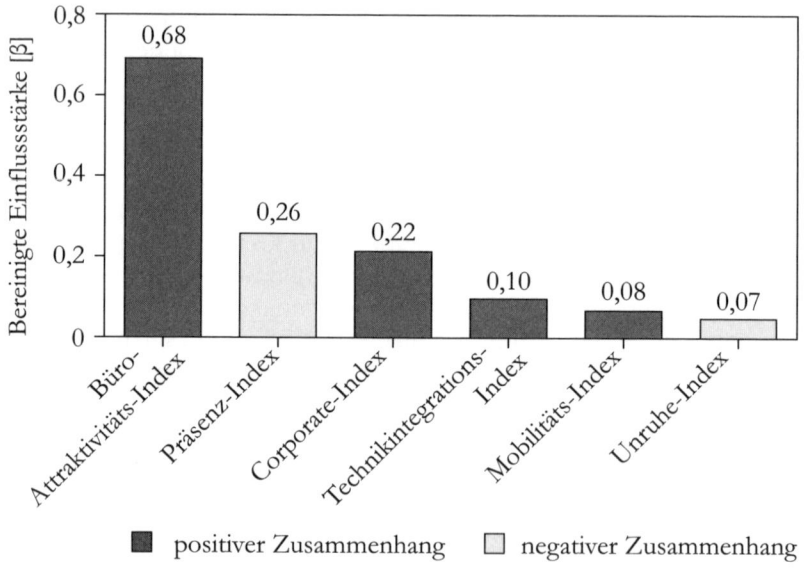

Abbildung 3.19 Kernfaktoren zur Beurteilung von Wohlbefinden im Büro. Befragung von N = 706 Personen (Kelter 2003)

Die Art der Technikintegration, das Maß der Mobilität der Büroarbeiter und das Maß an Unruhe am Arbeitsplatz haben im Vergleich zu den oben genannten Punkten nachrangige Bedeutung für das Wohlbefinden (Kelter/Braun 2005). Auch die Art der Dekoration des persönlichen Arbeitsplatzes hat keinen signifikanten Einfluss auf das Wohlbefinden (vgl. Abbildung 3.19).

Bürokonzepte

Abbildung 3.20 Büroattraktivität (Abdruck mit Genehmigung von OKA)

3.5 Dimensionen der Arbeits- und Bürogestaltung

Eine menschengerechte Bürogestaltung orientiert sich an den spezifischen Aufgaben bzw. Anforderungen des Unternehmens und berücksichtigt folgende Gestaltungsprinzipien der Wissensarbeit:
- Förderung der Kreativität des Einzelnen durch die Gestaltung geeigneter Arbeitsbedingungen für geistige Arbeit (d.h. Ausgeglichenheit von Kommunikation und Rückzug),
- Unterstützung des kooperativen Miteinanders durch zweckmäßige Begegnungsflächen und Kommunikationsorte,
- Förderung der Prozessorientierung durch Einsatz von Informationstechnik und funktionalen Räumlichkeiten,
- Berücksichtigung des Wandels durch variable Raum- und Arbeitsplatzsysteme.

Die Plausibilität der arbeitswissenschaftlichen Grundlagen (vgl. Kapitel 2) erweist sich bei der praktischen Arbeitsgestaltung. Zur Gestaltung der Büroarbeit hat sich eine arbeitswissenschaftliche Systematik bewährt (vgl. Abbildung 3.21). Hierbei werden die Gestaltungsbereiche einzeln und in ihrem Zusammenwirken betrachtet.

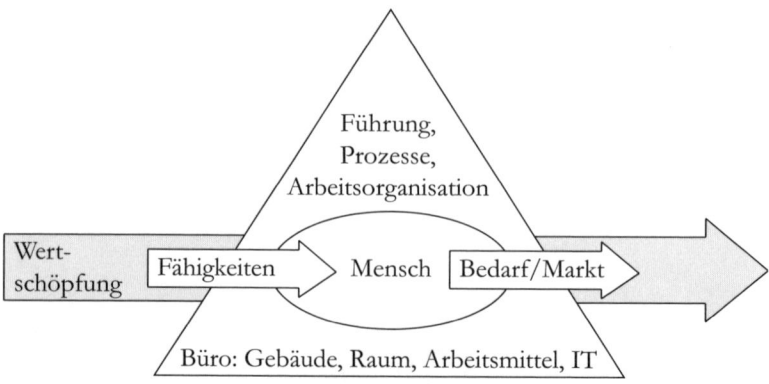

Abbildung 3.21 Modell des Arbeitssystems Büro

Dem arbeitswissenschaftlichen Modell entsprechend werden im Folgenden die Dimensionen
- Arbeitsorganisation (Kapitel 4),
- Menschenführung und Personalentwicklung (Kapitel 5),
- Raum- und Arbeitsplatzgestaltung (Kapitel 6) sowie
- Einsatz von Arbeitsmitteln (Kapitel 7)

Bildteil

Farbabbildungen der Seiten 79–95 und 144

Auf diesen römisch paginierten Seiten finden Sie – en bloc – die vorangegangenen Abbildungen von Seite 79 bis 95 und 144. Auf diese Weise wird Ihnen die Möglichkeit gegeben, bestimmte Details, die farbig besser zur Geltung kommen, in einer zweiten Variante genau unter die Lupe nehmen zu können.

Abbildung 3.5   Ein-Personen-Zellenbüro (Abdruck mit Genehmigung von VS-Möbel) (siehe Seite 79)

I

Abbildung 3.6 Zwei-Personen-Zellenbüro (Abdruck mit Genehmigung von VS-Möbel) (siehe Seite 80)

Abbildung 3.8 Kombi-Büro in der Fraunhofer-Zentrale (siehe Seite 81)

Abbildung 3.9 Kombi-Büro (Abdruck mit Genehmigung von Edding)
(siehe Seite 82)

Gesundes und erfolgreiches Arbeiten im Büro

Abbildung 3.10 Gruppenbüro (Abdruck mit Genehmigung von Santander)
(siehe Seite 83)

Abbildung 3.11 Gruppenbüro (Abdruck mit Genehmigung von Freudenberg)
(siehe Seite 83)

― Bildteil ―

Abbildung 3.13 Großraumbüro im Produktionsumfeld (Abdruck mit Genehmigung der BMW AG, Foto: Martin Klindtworth) (siehe Seite 85)

Abbildung 3.15 Variierende Meetingpoints im Büroumfeld (Abdruck mit Genehmigung von Behnisch Architekten, Foto: Adam Mørk) (siehe Seite 88)

Abbildung 3.16 Meetingpoint im Fraunhofer Office Innovation Center (siehe Seite 89)

Abbildung 3.17 Druckerinsel im Fraunhofer Office Innovation Center (siehe Seite 90)

— Bildteil —

Abbildung 3.18 Begegnungsqualität durch Raum und Gebäude (Abdruck mit Genehmigung von Santander) (siehe Seite 92)

Abbildung 6.6 Dynamische Beleuchtung (d. h. variierende Lichtfarbe und Beleuchtungsniveau) am Büroarbeitsplatz (Abdruck mit Genehmigung von Philips) (siehe Seite 144)

Gesundes und erfolgreiches Arbeiten im Büro

Abbildung 3.20 Büroattraktivität (Abdruck mit Genehmigung von OKA) (siehe Seite 95)

hinsichtlich einer gesunden und erfolgreichen Büroarbeit erörtert. Den Ausführungen liegt ein präventiver Gestaltungsansatz zugrunde, um die menschlichen Ressourcen für Arbeitserfolg und Gesundheit zu stärken.

Die Ausführungen in den folgenden Kapiteln unterliegen nicht dem Anspruch, die komplexe Thematik der menschengerechten Arbeitsgestaltung umfassend darzustellen. Vielmehr werden Impulse für eine zielgerichtete Gestaltung gegeben. Für vertiefende Informationen und Handlungsanleitungen wird auf die weiterführende Fachliteratur verwiesen, die in Kapitel 12 (Literatur) verzeichnet ist.

4 Arbeitsorganisation

Unter *Arbeitsorganisation* werden Arbeitsteilung und Kooperation, Informationsfluss, Tätigkeitsabfolge und Arbeitszeit verstanden. Die Arbeitsorganisation unterscheidet formal zwischen der betrieblichen Aufbau- und Ablauforganisation. Die Aufbauorganisation beschreibt die hierarchische Gliederung in Organisationseinheiten und die damit verbundene Festlegung von Zuständigkeit, Verantwortung und Kompetenz. Die Ablauforganisation regelt die zeitlich-logische Reihenfolge der Aufgabenwahrnehmung sowie die Arbeits- und Verfahrensabläufe im betriebsorganisatorischen Sinne (Staehle 1999). Nachfolgend werden bewährte Strukturen des »gesunden« Unternehmens aufgezeigt.

4.1 Strukturen im »gesunden Unternehmen«

4.1.1 Ausgleich von Fähigkeiten und Bedürfnissen

Ein Unternehmen verfügt über günstige Erfolgschancen, wenn die dort tätigen Menschen Initiative zeigen und Erfahrungen und Fähigkeiten in ihre tägliche Arbeit einbringen, um hierdurch zum Fortschritt und zur Produktivität beitragen. Diese vielfältigen Initiativen müssen auf betriebliche Ziele hin gebündelt werden, die sich an der Bedarfslage der Kunden orientieren. Erst der Ausgleich von Leistungsangeboten und Kundenbedürfnissen ermöglicht ein wirtschaftliches Handeln im Unternehmen (vgl. Abbildung 4.1).

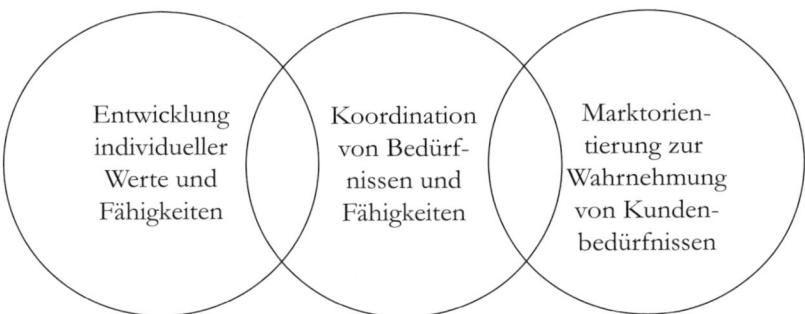

Abbildung 4.1 Ausgleichsbeziehung im »gesunden Unternehmen«

Die Ermutigung der Arbeitspersonen zu fachlichen Beiträgen und die Ausrichtung des gesamten Unternehmens auf ein gemeinsames, marktbezogenes Ziel ist ein wesentliches Kennzeichen des »gesunden Unternehmens«. Es kann durch folgende Maßnahmen erreicht werden:

- Die *individuelle Entwicklung* jedes Einzelnen. Nur wenn die einzelne Person besser wird, kann auch die Gesamtleistung ein immer höheres Niveau erreichen. In der abendländischen Philosophie bezeichnet der Begriff »Person« ein denkendes und schöpferisches Wesen (Stadler 2009). Auf diesem Bild des entwicklungsfähigen Individuums beruht das Konzept des gesunden Unternehmens. Menschliche Leistung setzt eine angemessene Qualifikation, eine anforderungs- und leistungsgerechte Arbeitsgestaltung sowie einen Einsatz von Arbeitsmitteln und Kapital voraus. Die Entwicklung und Entfaltung der individuell veranlagten Fähigkeiten ist eine zentrale Aufgabe im gesunden Unternehmen.
- Die Bündelung der individuellen Fähigkeiten und Kräfte hinsichtlich der Erfüllung von Kundenbedürfnissen kommt im Begriff der *Koordination* zum Ausdruck. Im arbeitsteiligen Unternehmen kann nicht jeder alles leisten. Um die betrieblichen Verhältnisse zu ordnen, sind Aufgaben zu verteilen, Verantwortungsbereiche zu definieren und abzugrenzen, Abläufe festzulegen und rekursive Kommunikationswege zu schaffen. Die Ordnung der zwischenmenschlichen Verhältnisse findet Ausdruck in der Unternehmensstruktur bzw. -kultur, in der Verhaltensweisen, Rechte und Pflichten vereinbart sind. Orientiert sich ein Unternehmen jedoch zu stark an seiner inneren Ordnung, so besteht das Risiko, dass es seine Umgebung unzureichend wahrnimmt. Das kann so weit gehen, dass sich Organisationseinheiten vor allem mit sich selbst beschäftigen.
- Um seiner wirtschaftlichen Aufgabe gerecht zu werden, muss sich ein Unternehmen nach *außen orientieren* und ein klares Verständnis der Bedürfnisse seiner Kunden und seiner spezifischen Aufgabe im Markt entwickeln. Erst durch die Kenntnis der Marktbedürfnisse entsteht ein Bewusstsein über betriebliche Leistungsangebote und eine profitable, wachstumsgerechte Preisgestaltung.

In der Wechselwirkung von individueller Entwicklung und Marktorientierung entfaltet sich eine gesunde Organisation, die durch eine sinnhafte Leistungskultur begründet und durch gemeinsam getragene Unternehmensziele geformt wird (Stadler 2009). Während formale

Strukturen und Funktionszuweisungen allmählich an Bedeutung verlieren, hinterfragen die Arbeitspersonen den Sinn ihres Handelns: Erfüllen sie standardmäßig übertragene Aufgaben – oder bewegen sie etwas? Führen sie die Arbeitstätigkeit effizient aus – oder schaffen sie Nähe zum Kunden? Schöpfen sie ein Budget aus, weil es eben eingeplant war – oder investieren sie es dort, wo es die Gesamtentwicklung am besten fördert? Dabei orientieren gesunde Unternehmen ihre Entwicklung an der Leitfrage, »warum und wie sich Individuen unter den Bedingungen der Wissensökonomie optimal organisieren?«

4.1.2 Ausgleichende Wertschöpfungsstrukturen

Die Potenziale der vernetzten Informationstechnik tragen so weit zur betrieblichen Wertschöpfung bei, wie Informationen durch Menschen produktiv eingesetzt werden – und sich diese nicht in intransparenten Entscheidungsprozessen verlieren. Dies erfordert eine Unternehmenskultur, die vor allem der Leistungsfähigkeit von Menschen vertraut und diese gezielt fördert.

Jedes am Markt operierende Unternehmen ist in ein komplexes Beziehungsgeflecht eingewoben. Es sieht sich hierbei mit einer Vielfalt menschlicher Initiativen und Interessen inner- und außerhalb der betrieblichen Gemeinschaft konfrontiert. Eine wesentliche Aufgabe des wirtschaftlichen Handels eines Unternehmens liegt darin, diese vielfältigen Angebote und Nachfragen einem Ausgleich zuzuführen, so dass hieraus Wertschöpfungspotenziale entstehen (vgl. Kapitel 1.4 ff).

Für einen derartigen Ausgleich eignet sich eine »Außen-Innen«-Organisation besser als die hierarchische »Top-Down«-Organisation. Die »Außen-Innen«-Organisation verbindet die Sichtweisen der unternehmensexternen Partner – wie Kunden oder Lieferanten – mit internen Perspektiven. Dem kommt der Umstand zugute, dass in entwickelten Wirtschaftssystemen der Markt – d.h. die Kunden, Lieferanten, Wettbewerber und Medien – eine starke Kontrollfunktion ausüben. Diese externe Kontrolle von Qualität, Preis und Leistung etc. bietet die Chance, durch eine intelligente Kommunikation die Marktorientierung des Unternehmens zu stärken.

4.1.3 Selbstorganisation als Leistungsprinzip

Betriebliche Erfahrungen zeigen, dass sich wissensbasierte Wertschöpfungsprozesse in komplexen Arbeitssystemen nur bedingt zentralistisch steuern lassen. Eine Detaillierung von Abläufen und Vorschriften erhöht die Wirksamkeit der Unternehmenskonzepte kaum – wohl aber deren bürokratischen Planungsaufwand. Bei zunehmendem Komplexitätsdruck versagen deterministische Managementkonzepte, da sie selbst die Systemkomplexität erhöhen. Wo ein »Dienst nach Vorschrift« dominiert, wird allenfalls verwaltet, aber nichts mehr unternommen. Kommunikationsprobleme, lähmende Unzufriedenheit und ein vermehrtes Auftreten unspezifischer Krankheitssymptome offenbaren die Grenzen derart formalistischer Führungskonzepte.

Viele Probleme lassen sich im Unternehmen dort lösen, wo sie auftreten. Als Steuerungsprinzipien eignen sich die Intentionen und Werte der arbeitenden Menschen im gemeinschaftlichen Arbeitskontext. So wird beispielsweise in der Projektlenkung nicht jeder einzelne Arbeitsschritt, sondern lediglich die Gesamtleistung zentral terminiert. Die Projektplanung erfolgt durch dezentrale, selbststeuernde Regelkreise. Operative Entscheidungen werden zeitnah und situationsgerecht von erfahrenen Mitarbeitern getroffen. Dies entlastet die Führung, so dass sie sich auf die strategische Entwicklung der betrieblichen Leistungs- und Innovationsfähigkeit konzentrieren kann (Braun 2010).

Selbstorganisation repräsentiert das wirksamste Leistungsprinzip in komplexen Arbeitssystemen, indem die betrieblichen Informations- und Entscheidungswege verkürzt und die Einflussnahme auf Entscheidungen verbessert werden. Sie stellt jedoch erhöhte Anforderungen an den arbeitenden Menschen hinsichtlich Selbstwahrnehmung, Problem- und Leistungsbewusstsein, Kommunikations- und Entscheidungsfähigkeit, Eigeninitiative und Verantwortungsbereitschaft. Diese menschlichen Fähigkeiten sind eng an die Bedingungen von Gesundheit gekoppelt. Je gesünder eine Person ist, desto freier kann sie ihre Leistungspotenziale mobilisieren und diese zur Erreichung der Unternehmensziele einsetzen.

4.2 Arbeitsaufgabe

Wesentliches Merkmal einer Arbeitsaufgabe ist das Ausmaß der zur Tätigkeitsausführung erforderlichen geistigen und psychischen Anforderungen. Durch das Tätigsein findet ein Erfahrungs- und Kompetenzerwerb statt, der als salutogene Ressource wirkt. Menschengerechte Arbeitsaufgaben zeichnen sich nach Ulich (2001) aus durch:

- Ganzheitlichkeit der Aufgabe bezüglich Planung, Zielsetzung, Ausführung, Ziel-Mittel-Entscheidung und Kontrolle,

- Entscheidungsspielraum (d. h. Entscheidungsmöglichkeiten und -erfordernisse),
- Anforderungsvielfalt und -variabilität,
- Kontakt- und Kommunikationserfordernisse,
- Durchschaubarkeit des Aufgabenzusammenhangs.

Menschengerechte Arbeit beruht auf der Identifikation des arbeitenden Menschen mit dem Ziel und dem Zweck seiner Tätigkeit. Arbeit erfüllt, wenn die Person die gestellten Aufgaben als sinnvoll erachtet und eine mitmenschliche Anerkennung für deren erfolgreiche Bewältigung erlangt.

Arbeitsaufgaben können hingegen zu Fehlbeanspruchungen führen, wenn ihre Durchführungsbedingungen im Widerspruch zur Handlungsabsicht stehen. Behindernde Arbeitsbedingungen wie
- informatorische Erschwernisse,
- Tätigkeitsunterbrechung durch Personen oder Arbeitsmittel,
- Überforderung durch Zeitdruck oder Monotonie

begünstigen das Auftreten psychosomatischer Beschwerden.

Um systematische Fehlbeanspruchungen zu vermeiden, zeichnen sich menschengerechte Arbeitsaufgaben durch eine qualifizierte Mischarbeit aus, die planende, ausführende und selbstkontrollierende Tätigkeiten sowie geistige Anforderungen enthalten (Hacker 1991). Weitere Merkmale menschengerechter Arbeit sind Kommunikation und Kooperation. Diese Merkmale finden sich vornehmlich in Arbeitsaufgaben, die in gemeinschaftlicher Verantwortung bearbeitet werden, und in denen sich die Gruppenmitglieder hinsichtlich der zeitlichen und inhaltlichen Aufgabenbewältigung abstimmen.

Arbeitsaufträge werden vermehrt ergebnisorientiert definiert und termingebunden vergeben. Hierdurch nehmen in der Regel die arbeitsbedingten Belastungen zu. Ferner wird der Informationsfluss im Büro immer häufiger durch standardisierte Rechnerprogramme geprägt. Diese schränken die zeitlichen und inhaltlichen Handlungsfreiräume – etwa bei der Dateneingabe oder der Sachbearbeitung – ein. Verschärfend kommt hinzu, dass die eingesetzten Rechnerprogramme nicht nur die Handlungs- und Abwicklungsfolge strukturieren, sondern vermehrt auch Entscheidungsfunktionen im Hinblick auf mögliche Alternativen übernehmen. Durch eine überlegte Beschaffung von Rechnerprogrammen – und mithin der Festlegung von Arbeitsinhalt, Arbeitsvielfalt und Arbeitsmenge – wird eine Zerstückelung der Arbeit vermieden. Somit bleibt dem Einzelnen ein Überblick seiner Gesamtaufgabe erhalten.

Auch Monotonie ist ein Belastungsfaktor. Wer den ganzen Tag die gleiche Tätigkeit verrichtet, findet oft belebende Entlastung, wenn er neue, herausfordernde Aufgaben übernimmt. Umgekehrt wird derjenige, der sich in vielen Verpflichtungen aufreibt, entlastet, wenn er sich auf eine geringere Zahl von Tätigkeiten beschränkt. Arbeitsaufgaben sollen demnach so angelegt sein, dass längere Wiederholungen einförmiger Handlungsabläufe vermieden werden. Sonst fehlen – wie bei Monotoniezustand und bei verminderter Vigilanz – die erforderlichen Erholungsvorgänge mit dem Zwang, sich immer wieder geänderten Anforderungen anzupassen. Je einförmiger die unmittelbar der Zielerreichung dienenden Anforderungen sind, desto wichtiger ist deshalb eine Aufgabengestaltung, die Aufgabenwechsel, zwischengeschobene Entspannungsphasen und anregende soziale Kontakte vorsieht.

Die menschengerechte Gestaltung der Arbeitsaufgabe beinhaltet ein erhebliches Motivationspotenzial. Motivationsstrategien, die auf den Grundmustern des Bestrafens und Belohnens beruhen, vermögen jedoch nicht, die Wirkungen der persönlichen Entwicklung und die Konsequenzen des eigenen (Fehl-) Verhaltens bewusst zu machen. Derartige Techniken stärken die Motive, die außerhalb der Arbeit, nicht aber in ihrem eigenen Wesen liegen. Das einzig nachhaltige Motiv zu guter Arbeit findet der Mensch in ihr selbst, indem er den Sinn der Aufgabe erkennt und Verantwortung für ihre Bewältigung übernimmt (Sprenger 2004).

4.3 Gestaltung der Arbeitszeit

Die Organisation der Arbeitsabläufe ist eng mit der Gestaltung der Arbeitszeit der beteiligten Personen verknüpft. Dies betrifft vornehmlich die Arbeitszeitdauer, die Arbeitszeitflexibilisierung und die Pausengestaltung.

4.3.1 Rhythmisches Zeitverständnis

Im Verlauf der sozio-ökonomischen Entwicklung veränderte sich das natürliche, rhythmische Zeitbewusstsein allmählich zu einem linearen Zeitverständnis. Während die traditionellen Gesellschaften die Zeit als etwas Objektives betrachteten, dem sich das Leben einzufügen hatte, repräsentiert sie im modernen Alltagsbewusstsein etwas Subjektives, das aktiv zu gestalten und effizient auszufüllen ist. Die Vorstellung einer linearen und beschleunigbaren Zeit löste die traditionelle Vorstellung vom zyklischen Wesen der Zeit ab (Reheis 1998).

Flexible Arbeitsbedingungen können die Möglichkeit bieten, die biologischen Eigenzeiten und Rhythmen des Menschen mit den Tätigkeitsanforderungen in Einklang zu bringen. Durch eine Arbeit »nach des Menschen (Zeit-)Maß«, d. h. einer Orientierung an den biologischen Eigenzeiten, werden nachhaltig förderliche Effekte auf die Leistungsvoraussetzungen des Individuums und dessen Gesundung erwartet.

4.3.2 Arbeitszeit und -dauer

Die tägliche Zeitspanne vom Beginn der Arbeit bis zu deren Beendigung ohne Einrechnung der Ruhepausen ist die *Arbeitszeit*. Sie beeinflusst häufig die Berechnung des Entgeltes für die geleistete Arbeit. Die Dauer der Arbeitszeit wird im Arbeitsvertrag, in einer Betriebsvereinbarung oder im Tarifvertrag definiert. Ihre Grenzen findet die vertraglich geregelte Arbeitszeit im Arbeitszeitgesetz.

Die tägliche Höchstgrenze der Arbeitszeit darf gemäß Arbeitszeitgesetz acht Stunden bzw. 48 Stunden pro Woche nicht überschreiten. Möglich ist eine kurzfristige Erhöhung auf bis zu zehn Stunden täglich, d. h. auf bis zu 60 Stunden wöchentlich. In diesem Fall muss die Arbeitszeit an anderen Tagen gekürzt werden. Innerhalb von sechs Monaten bzw. 24 Wochen darf der Arbeitnehmer durchschnittlich nicht mehr als acht Stunden täglich arbeiten.

Wann die tägliche Arbeitszeit – etwa im Rahmen von Gleitzeitregelungen – beginnt und endet, kann der Arbeitgeber bestimmen. Er legt auch die Pausen fest.

Das Arbeitszeitgesetz kennt *Pausen* als unbezahlte Arbeitsunterbrechungen von mindestens 15 Minuten Dauer, die nicht in die tarifliche Arbeitszeit eingerechnet werden. Bei einer täglichen Arbeitszeit zwischen sechs und neun Stunden besteht ein gesetzlicher Anspruch auf 30 Minuten Ruhepause. Arbeitet man länger als neun Stunden täglich, so ist der Anspruch auf 45 Minuten erhöht. Derartige Pausen verlängern die Anwesenheitszeit im Betrieb. Nach dem Ende der Arbeitszeit muss der Arbeitnehmer mindestens elf Stunden arbeitsfreie Zeit haben, bevor die Arbeitszeit wieder beginnt.

4.3.3 Verfügbarkeits- versus Ergebnisorientierung

Zwei Konzepte prägen den betrieblichen Umgang mit Arbeitszeit:
- *Verfügbarkeitsorientierung:* Die Arbeitszeit ist die Zeitspanne, in welcher die Arbeitsperson ihre Arbeitskraft dem Unternehmen zur Verfügung stellt. Bei der Verfügbarkeitsorientierung zählt der zeitliche Aufwand und nicht das Ergebnis einer Tätigkeit.

- *Ergebnisorientierung:* Arbeitszeit ist die Zeit, die die Arbeitsperson für die Erledigung der vereinbarten Arbeitsaufgaben benötigt.

Die meisten Arbeitszeitregelungen folgen dem Konzept der Verfügbarkeit. Häufig wird davon ausgegangen, dass Anwesenheit die Leistungsvoraussetzung schlechthin – oder gar die Leistung selbst – darstellt (Beyer 1986). Der lineare Zusammenhang zwischen Anwesenheitsdauer und Arbeitsleistung, der bei manuellen Arbeitstätigkeiten durchaus gegeben sein kann, besteht für die meisten geistigen Tätigkeiten jedoch nicht.

Die Arbeitszeit wird üblicherweise über die *Leistungserbringung* und den *Arbeitszeitausgleich* gestaltet. Dabei beschreibt die Leistungserbringung alle betrieblichen Regelungen, Vorkehrungen und Aktivitäten, die aus den individuellen Arbeitszeiten der Arbeitspersonen eine wertvolle Leistung schaffen. Die Leistungserbringung hat einen unmittelbaren Bezug zur Wertschöpfung. Der Arbeitszeitausgleich fasst alle betrieblichen Regelungen, Vorkehrungen und Aktivitäten zusammen, deren Zweck darin besteht, sicherzustellen, dass die einzelnen Arbeitsperson – gemessen an ihren Arbeitsverträgen, an rechtlichen Rahmenbedingungen und an betrieblichen bzw. humanen Erfordernissen – weder zu viel noch zu wenig arbeiten. Der Arbeitszeitausgleich stellt lediglich eine Rahmenbedingung des Arbeitens dar.

Verfügbarkeitsorientierte Arbeitszeitregelungen zeichnen sich dadurch aus, dass sie der Leistungserbringung keine besondere Aufmerksamkeit widmen, sondern sich auf den Arbeitszeitausgleich konzentrieren. Kennzeichen eines verfügbarkeitsorientierten Umgangs mit Arbeitszeit ist das Zeitkonto als zentrales Steuerungs- und Gestaltungselement.

Angesichts einer anhaltenden Flexibilisierung der Wertschöpfungsprozesse gewinnt der ergebnisorientierte Umgang mit Arbeitszeit an Bedeutung.

4.3.4 Flexibilisierung der Arbeitszeit

Die Normalarbeitszeit zwischen 9 und 17 Uhr an fünf Tagen in der Woche verliert zunehmend an Bedeutung und stellt lediglich einen Normwert dar, an dem sich abweichende Arbeitszeiten orientieren. Die aktuelle Diskussion um die Arbeitszeitgestaltung wird wesentlich von der Flexibilisierung geprägt (vgl. Costa et al. 2003). Flexible Arbeitszeiten ermöglichen eine bedarfsgerechte Ausweitung von Betriebszeiten und können hierdurch die unternehmerischen Wettbewerbsbedingungen verbessern. Zudem passt sich eine individualisierte Arbeitszeit den Bedürfnissen und Leistungsvoraussetzungen der Arbeitspersonen besser an. In einem flexiblen Arbeitssystem arbeiten die Arbeitspersonen in konjunkturstarken Phasen freiwillig mehr, um in Zeiten mit geringerem Arbeitsanfall die Überstunden abzubauen.

In vielen Unternehmen wurden positive Erfahrungen mit Gleit- und Teilzeitmodellen gesammelt, bei denen vorhandene Arbeitsstellen auf mehrere Personen aufgeteilt werden bzw. diese ihren Tätigkeitsbereich zeitweise tauschen, um einseitigen Belastungen und Ermüdungssymptomen vorzubeugen. Zur Einführung von Arbeitszeitkonten, auf denen die Arbeitszeit angespart und in Form von Freizeit, Urlaub oder früherem Rentenbeginn abgegolten werden kann, liegen ebenfalls Erfahrungen vor (vgl. Knauth et al. 2009).

In der betrieblichen Praxis hat eine flexible Arbeitszeitgestaltung die paradoxe Folge, dass ein Zugewinn an Gestaltbarkeit von Arbeits- und Freizeit keinesfalls pauschal zu einem autonomeren Leben führt, sondern zu einem Gestaltungszwang werden kann. Erfahrungen zeigen, dass bei flexiblen Arbeitsformen der tatsächliche Variationsbereich, den die einzelne Arbeitsperson für sich nutzt, eher gering ist. Vielmehr bilden die Arbeitspersonen individuelle Arbeitszeitroutinen (Gutmann 1997).

Durch die Einführung von Gleitzeitarbeit steigt die durchschnittlich geleistete Arbeitszeit, da von den Kollegen ein Gruppenzwang ausgeht. Keiner will als Letzter zur Arbeit kommen oder als Erster gehen, in der Angst, dass ihm unterstellt wird, er nutze die Freiräume aus. In Normalzeiten wird ungefähr gleich viel gearbeitet, um in Spitzenzeiten noch mehr zu arbeiten. Dies geht vor allem auf die Einstellung zurück, bevorzugt entbehrliche, arbeitszeitfüllende Tätigkeiten zu verrichten, anstatt früher heim zu gehen. Mit der zeitlichen Dauer von Arbeit werden meist auch deren Qualität und die persönliche Leistungsbereitschaft gleichgesetzt. Darüber hinaus steigt mit verkürzten Arbeitszeiten die Angst, an Bedeutung für das Unternehmen zu verlieren.

Die Planung der flexiblen Arbeitszeit richtet sich zunächst nach dem Leistungsversprechen, das ein Unternehmen dem Kunden gegeben hat. Auf dieser Grundlage werden erforderliche Besetzungszeiten und -stärken festgelegt. Die individuellen Arbeitszeitwünsche der Arbeitspersonen werden im Konfliktfall so weit berücksichtigt, wie sie mit betrieblichen Interessen vereinbar sind. Dadurch geht ein Teil der Flexibilität verloren.

Unter den Bedingungen der Wissensökonomie verliert die Arbeitszeit grundsätzlich ihre Funktion, ein Leistungsmaßstab zu sein. Die Arbeitszeit entwickelt sich allmählich von einer Erfassungsgröße zu einer Planungs- und Steuerungsgröße.

4.3.5 Arbeitspausen

Pausen sind Arbeitsunterbrechungen verschiedener Dauer, die zwischen zwei Tätigkeitszeiten auftreten und der Erholung der Arbeitsperson dienen sollen. Als Pausen werden auch Untätigkeiten bezeichnet, die vor bzw. nach einer Tätigkeit auftreten. Kurzpausen sind bezahlte Arbeitsunterbrechungen, die kürzer als 15 Minuten sind, und die von den gesetzlich geforderten Ruhepausen unterschieden werden. Ruhepausen sind Teil der arbeitsgebundenen Freizeit, die sich aber durch den spezifischen Erholungszweck von allen anderen Zeitelementen innerhalb eines Tagesablaufs abgrenzen (Rutenfranz 1985). Innerhalb des Beanspruchungs-Erholungs-Zyklus ist auf einen regenerativen Leistungsausgleich zu achten. Art, Intensität und Dauer der Beanspruchungsphase beeinflussen die regenerierende Wirkung der Erholungsphase erheblich. Ein Missverhältnis von Beanspruchung und Erholung kann nur über eine begrenzte Zeit hinweg ohne Gesundheitsstörungen aufrecht erhalten werden. Setzt sich ein Mensch längerfristig einer unausgeglichenen Belastungssituation aus, beansprucht er seine individuellen Leistungsvoraussetzungen über ein gesundes Maß. Wer Ermüdungssignale durch vermehrte Anstrengung auszugleichen versucht, um einen Leistungsstandard aufrecht zu erhalten, strapaziert die Leistungsfähigkeit und riskiert, dass die steigenden Ermüdungsgrade in einen Zustand der Erschöpfung umschlagen.

Bleibt der notwendige Beginn der Erholungsphase aus, werden durch die andauernde Beanspruchungsphase mehr Reserven verbraucht, als in der Erholungszeit ersetzt werden können. Die mit den Beanspruchungszuständen verbundene Schutzfunktion, die den Menschen vor Überbeanspruchung bewahren soll, wird auf diese Weise missachtet (vgl. Spath et al. 2003a).

Der Erholungswert von Pausen hängt wesentlich von deren Länge und Häufigkeit ab. Er nimmt mit zunehmender Pausenlänge ab. Daher sind Kurz- und Kürzestpausen sehr wirksam. Schaltet der Mensch erst nach einer länger andauernden Beanspruchungsphase auf Erholung um, hat er damit zu rechnen, dass der Erholungsvorgang verzögert verläuft oder eine vollständige Erholung ausbleibt (Hettinger/Wobbe 1993).

Offenkundig legt jede Arbeitsperson zusätzliche Pausen ein, die ggf. durch Nebenarbeiten kaschiert werden. Daher werden Pausenindikationen und Pausenformen abgegrenzt. Folgende Pausenindikationen sind bekannt:

- *Gelegenheit zur Erholung:* Jede Pause trägt in irgendeiner Form zu Erholung bei; aus diesem Grund wird das Argument der Erholung häufig als Begründung für Pausen herangezogen.
- *Verhinderung von Ermüdung:* Pausen können sowohl zur Beseitigung von Ermüdungssymptomen als auch zur Verhinderung von Ermüdung eingesetzt werden. Beide Aspekte sind im Arbeitsalltag nicht immer genau zu unterscheiden. Neben schweren körperlichen Arbeitsbedingungen spielt die Verhinderung von Ermüdung vor allem bei anspruchsvoller geistiger Arbeit eine Rolle.
- *Leistungssteigerung:* Pausen, die Ermüdungen verhindern oder kompensieren, tragen auch zur Gesunderhaltung der Arbeitsperson bei. Indem solche Pausen leistungsteigernd wirken, können sie sich auch im betriebswirtschaftlichen Sinne lohnen. Unter einer lohnenden Pause wird eine Arbeitsunterbrechung verstanden, bei der der Leistungsverlust während der Pause durch eine Leistungssteigerung infolge der Erholungswirkung ausgeglichen wird.
- *Erhaltung eines genügenden Wachsamkeitsniveaus:* Bei Tätigkeiten, die durch eine ständige Informationsaufnahme oder geringe Tätigkeitsinhalte gekennzeichnet sind, führen Fehlbeanspruchungen zu ermüdungsähnlichen Phänomenen der Monotonie oder Sättigung. Offenkundiges Symptom solcher Zustände ist eine Herabsetzung des Wachsamkeitsniveaus, das durch Pausen oder Arbeitswechsel beseitigt werden kann (Rutenfranz 1985).

Praktische Pausengestaltung

Viele Bürotätigkeiten wie Dateneingabe oder Sachbearbeitung verleiten dazu, das Angefangene »eben noch zu Ende zu bringen«. Bei derart intensiver Arbeitstätigkeit ermüdet der Organismus, was in einer flachen Atmung und einem beschleunigten Puls zum Ausdruck kommt. Die Konzentration nimmt ab und die Fehlerhäufigkeit steigt. Für eine regenerierende Pausengestaltung ist es wichtig, dass der Büroarbeiter ein Empfinden für den eigenen Körper entwickelt und bewusst auf Ermüdungssymptome achtet. In diesem Fall soll etwa der Blick vom Bildschirm gewendet und eine Kurzpause eingelegt werden. Bei stark vorbestimmten Arbeiten, wie z.B. Daten- und Texterfassung oder Kommunikationsarbeit im Callcenter, wird empfohlen, die Bildschirmarbeit auf vier Stunden pro Tag mit Unterbrechungen von etwa 10 oder 15 Minuten pro Arbeitsstunde zu begrenzen. Anhaltspunkte zur Festlegung von Erholzeiten finden sich in Tabelle 4.1

Arbeitszeit am Bildschirm	Beeinträchtigungen	Regenerationszeiten
4 Stunden	Sehschärfeminderungen, Farbsinnstörungen	15–35 Min 20 Min
3 Stunden	Sehschärfeminderungen Farbsinnstörungen, Physische Ermüdung, Augenermüdung	10–15 Min
2 Stunden	Akkommodations- und Adaptionsstörungen, Sehschärfeminderungen, Farbsinnstörungen	15 Min
1 Stunde	Sehschärfeminderungen, Farbsinnstörungen	10 Min

Tabelle 4.1 Anhaltspunkte zur Festlegung von Erholzeiten bei Bildschirmarbeit (Köchling 1985)

Pausen sind zweckmäßig in den Tagesablauf zu integrieren. Werden Pausen lediglich zur Verlängerung der Zeiten für die Nahrungsaufnahme und zur Vorverlegung des Arbeitsendes benutzt, verringert sich der Erholungswert dieser Pausenzeiten (Rutenfranz 1985).

4.3.6 Chronobiologische Arbeitzeitgestaltung

Biologische Rhythmen finden sich in sämtlichen Bereichen des menschlichen Organismus. Häufig ist sich der Mensch seiner rhythmischen Prozesse nicht bewusst, wenn sie – wie etwa die Nervenaktionen – nur mittelbar wahrnehmbar sind. Hingegen kennt jeder die Beklemmung bei unregelmäßigem Herzschlag; ebenso die befreiende Wirkung einer ruhigen, tiefen Atmung. Das rhythmische System des menschlichen Organismus unterliegt lang-, mittel- und kurzfristigen Rhythmen (Hildebrandt et al. 1998):

- *Langwellige Rhythmen* liegen u.a. in Form des Circadianrhythmus (d.h. Tagesrhythmus) vor. Sie finden sich überwiegend im Stoffwechsel. Weitere Beispiele für circadiane Rhythmen sind der zeitliche Verlauf von Blutdruck und Körpertemperatur.
- *Mittelwellige Rhythmen*, deren Zyklen Minuten oder Stunden dauern, betreffen vornehmlich die Herzfunktion und die Atmung,

aber auch die Verdauung und den Stoffwechsel. Ferner werden die Aktivitäten des Nervensystems sowie die perzeptiven und geistigen Leistungen durch einen ultradianen Ruhe-Aktivitätszyklus, den »Basic Rest Activity Cycle (BRAC)«, moduliert.
- *Kurzwellige Rhythmen* haben eine Periodendauer von Millisekunden bis Sekunden. Sie sind die Grundlage des Nerven-Sinnessystems sowie der Wahrnehmungs- und Denktätigkeit.

Die biologischen Rhythmen stabilisieren die Funktion des Organismus und unterstützen ihn bei der Regeneration und Gesundung. Hierzu werden die Frequenzen sämtlicher Rhythmen, die in komplexer Weise miteinander verschränkt sind, aufeinander abgestimmt. Diese Synchronisierung geschieht im entspannten Zustand, bevorzugt während des Schlafes.

Sind die biologischen Rhythmen gestört, so fehlt dem Organismus die Fähigkeit zur Regeneration – der Mensch gerät körperlich und psychisch aus dem Gleichgewicht (vgl. Kapitel 2.4.6). Der Ausgleich von Aktivität und Entspannung zeigt sich besonders deutlich an der Schlafarchitektur. Beim Schlaf des gesunden Menschen gibt es eine klare Abfolge von längeren, tief entspannten Ruhigschlafphasen und Traum- und REM-(Rapid Eye Movement-) Phasen, in denen ein chaotischer Zustand dominiert. Wird der Organismus unangemessen beansprucht, so führt dies zur Störung dieser Abfolge.

Die biologischen Rhythmen des Organismus werden durch eine innere Uhr gesteuert. Endogene Zeitgeber sorgen für eine 25-Stunden-Periodizität der inneren Uhr. Je nach Ausprägung der inneren Uhr werden die Menschen in Chronotypen unterschieden: Die »Eulen« gehen bevorzugt spät zu Bett und haben Schwierigkeiten, morgens früh aufzustehen. Die »Lerchen« sind früh morgens aktiv, gehen jedoch früher am Abend zu Bett. Darüber hinaus wird die innere Uhr durch exogene Zeitgeber der natürlichen Umwelt auf eine Periodenlänge von 24 Stunden synchronisiert. Zu den wichtigsten exogenen Zeitgebern gehören neben dem Licht die sozialen Kontakte, die Aktivitätsphasen und der Zeitpunkt der Mahlzeiten (Zulley 1992).

Im circadianen Verlauf unterscheidet man eine ergotrope, leistungsorientierte Phase, die meist von 3 bis 15 Uhr mit Höhepunkt am Vormittag reicht, von einer trophotropen Phase (15 bis 3 Uhr). Hier dominieren Aufbau- und Regenerationsvorgänge. Zwischen 3 und 4 Uhr befindet sich der Organismus in einem absoluten Leistungstief (vgl. Abbildung 4.2). Die nachts erbringbare geistige Leistung eines arbeitenden Menschen entspricht etwa derjenigen nach Alkoholkonsum.

Die innere Uhr sorgt dafür, dass der Mensch zur Nachtzeit (üblicherweise) nicht aktiv ist, sondern den Schlaf für Regenerationsvorgänge nutzt. Personen, denen Rhythmusverschiebungen besonders stark zusetzen, sind praktisch unfähig, zu ungewohnter Zeit anspruchsvolle Tätigkeiten zu verrichten. Ein weiterer relativer Leistungsabfall ist gegen 15 Uhr zu verzeichnen (sog. Nachmittagstief).

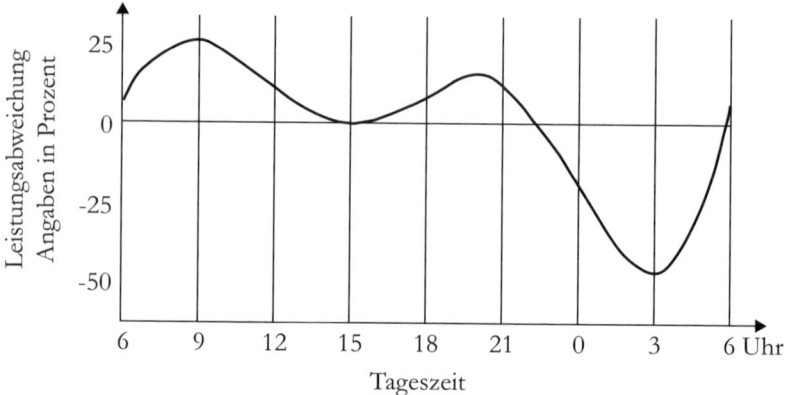

Abbildung 4.2 Schema der physiologischen Leistungsbereitschaft im Tagesverlauf (nach Hildebrandt et al. 1998)

Darüber hinaus werden der tageszeitliche Verlauf der perzeptiven und geistigen Leistungen bzw. die entsprechenden Verhaltensweisen durch den BRAC beeinflusst. Während einer Zeitspanne von etwa 90 Minuten aktiviert der BRAC den Organismus für jeweils etwa 70 Minuten. In dieser Aktivitätsphase fällt es leicht, die Aufmerksamkeit zu fokussieren und konzentriert an einer Aufgabe zu arbeiten. Anschließend folgen etwa 20 Minuten eines rezeptiven Zustands. Hier dominieren kombinative und intuitive Gehirnleistungen. In der passiven Phase werden Anspannungen abgebaut, die Rhythmen neu organisiert, Desynchronisationen ausgeglichen und Ressourcen regeneriert. Dies schafft günstigste Voraussetzungen für die Entfaltung latenter geistiger Fähigkeiten. Empirische Untersuchungen belegen, dass bei regelmäßig entspanntem Organismus die Gedächtnisleistung und das Denkvermögen signifikant ansteigen (vgl. Landeck 1996; Walzl 2007).

Im Arbeitsalltag werden die Tiefs der passiven BRAC-Phasen häufig ignoriert oder durch Koffeingenuss »überlistet«. Regelmäßige Essens-

und Schlafenszeiten werden häufig vermeintlich Wichtigerem geopfert. Während der arbeitende Mensch dadurch Leistungskraft demonstrieren will, erreicht er genau das Gegenteil, in dem er die leistungserhaltende Regeneration des Organismus behindert. Zudem verliert der Organismus allmählich die Fähigkeit, von selbst in seine rhythmische Ordnung zurückzufinden.

Es ist unmöglich, während eines ganzen Arbeitstages dauerhaft körperliche und geistige Hochleistungen zu erbringen. Wirksamer als eine derartige Daueraktivität ist es, die zeitlichen Leistungstiefs innerhalb des circadianen Rhythmus zu respektieren und die Hochpunkte für umso bessere Arbeitsleistungen zu nutzen. Durch eine Einbeziehung der chronobiologischen Phasen (während des Tagesverlaufs) können latente Leistungsressourcen genutzt und Fehlhandlungen verringert werden. Tabelle 4.2 vermittelt einen Überblick eines chronobiologisch idealen Tagesablaufs.

Tageszeit	Empfohlene Tätigkeit
7–8 Uhr	Der Körper liefert Energie für die Tagesarbeit; Weckzeit
10–11 Uhr	Der innere Rhythmus läuft auf Hochtouren; Kreativität, Konzentration und Kurzzeitgedächtnis arbeiten optimal
11–12 Uhr	Energiehöhepunkt, Sehen und Rechnen sind optimal
12–13 Uhr	Die Leistungsfähigkeit sinkt; Zeit für das Mittagessen
13–14 Uhr	Tagestief; erhöhte Schlafbereitschaft des Körpers
14–15 Uhr	Ideale Zeit für die Siesta
15–16 Uhr	Tageshöhepunkt; das Langzeitgedächtnis ist wach
17–18 Uhr	Ideale Zeit für Sport; Organismus ist gut durchblutet
18–19 Uhr	Tagesrückblick; Entspannung für die Nacht

Tabelle 4.2 Ablauf eines Arbeitstages aus chronobiologischer Sicht (nach Zulley/Knab 2000)

Bei der chronobiologischen Gestaltung des individuellen Tagesablaufs ist zu berücksichtigen, ob es sich um einen Morgen- oder Abendtyp handelt, da sich die Aktivitätszeiten je nach Typ um ein bis zwei Stunden verschieben. Das biologische Grundprogramm des Menschen legt die Zeiten von Ruhe und Aktivität relativ exakt fest. Die zeitlichen Elastizitäten lassen sich nicht ohne Weiteres umstellen.

Das gesteigerte Schlafbedürfnis gegen 13 Uhr bedeutet nicht, dass der Mensch hier schlafen muss. Die mittägliche Schlafphase ist weit

weniger stark ausgeprägt als die nächtliche Phase. Vielmehr reicht eine Ruhe- oder Entspannungsphase in diesem Zeitraum zur Erholung aus, um einer anhaltenden Verringerung der Leistungsfähigkeit und verstärkter Müdigkeit entgegenzuwirken (Braun 2007).
Unter Berücksichtigung chronobiologischer Erkenntnisse soll die geistige Arbeit folgenden Anforderungen genügen (Zulley/Knab 2000):
- Zu Beginn des Arbeitstages wird ein Überblick über die Dinge verschafft, die zu erledigen sind. Dies betrifft die Beschaffung von Informationen, die Terminplanung für den Tag und die Ordnung auszuführender Tätigkeiten nach ihrer Wichtigkeit und Dringlichkeit.
- Die geistige Leistungsfähigkeit ist vormittags gegen 11 Uhr am höchsten. Es empfiehlt sich, anspruchsvolle Aufgaben auf diesen Zeitpunkt zu legen, da hier die Konzentrationsfähigkeit besonders gut ist.
- Ab 12 Uhr lässt die Leistungsfähigkeit nach, das Mittagstief beginnt. Diese Zeit kann bevorzugt für Telefonate und kurze Besprechungen genutzt werden.
- Die Mittagspause ist regelmäßig einzuhalten. Nach dem Mittagessen, das nicht zu üppig ausfallen soll, empfiehlt sich eine 20-minütige Ruhe- und Entspannungpause.
- Der frühe Nachmittag ist ideal für Besprechungen und Konferenzen.
- Ab 15 Uhr beginnt das zweite Aktivitätshoch des Tages. Das Langzeitgedächtnis funktioniert besonders gut und die motorische Geschicklichkeit ist hoch.

Ein geschärftes Bewusstsein für die individuelle Beanspruchungssituation führt dazu, den individuellen Arbeitsablauf entsprechend diesen Empfehlungen zu modifizieren.

4.3.7 Zeitsensibilität

Zeitsensibilität erfordert vom arbeitenden Menschen, sich nicht *mehr* zu verausgaben, als dauerhaft verkraftet werden kann (Geißler 1992). Ein wichtiges Kriterium der angemessenen Verausgabung ist die Vielseitigkeit bzw. die Abwechslung der Arbeitstätigkeiten. Zeitsensibilität kann beispielsweise bedeuten, zwischen geistigen und körperlichen, zwischen sitzenden und stehenden, zwischen kommunikativen und nichtkommunikativen, zwischen perzeptiven und rezeptiven Tätigkeiten regelmäßig abzuwechseln. Dies beugt der Gefahr einseitiger Beanspruchung und frühzeitiger Erschöpfung sowie der Verkümmerung von Fähigkeiten vor. Zudem muss sich der Mensch den Aufgaben gewachsen fühlen, um an ihnen selbst wachsen zu können. Dabei geht es um eine Angleichung von objektiven Leistungsanforderungen und subjektiven Leistungsressourcen.

Zeitsensibilität bedeutet darüber hinaus, sich der Komplexität geistig-kreativer Prozesse bewusst zu werden: In Lern- und Kreativitätsprozessen werden Informationen etwa nicht nur gespeichert; vielmehr werden sie mehrfach verarbeitet, und zwar kognitiv, emotional und im praktischen Tätigkeitsvollzug (vgl. Kapitel 2.3.4). Solche Verarbeitungsprozesse erfordern angemessene Zeitstrukturen. In den Ruhephasen, die einen ausreichenden Abstand zur Tätigkeit schaffen, vermag der arbeitende Mensch ein Bewusstsein für quantitative und qualitative Faktoren von Arbeit zu entwickeln und Prioritäten zu setzen. Wenn sich der arbeitende Mensch eine »stille Stunde« einrichtet, kann er den äußeren Anforderungen standhalten und dabei seine Urteilsfähigkeit bewahren.

Ein Mensch, der zu bewusstem Handeln und zur Reflektion fähig ist, pflegt eine weitere zyklische Eigenzeit: Er sucht geschlossene Handlungsepisoden. Arbeitstätigkeiten sollen möglichst so organisiert werden, dass Begonnenes zu Ende geführt werden kann. Aus einer zeitökologischen Perspektive soll alles, was den Fluss der Handlung stört, so gut wie möglich abgewehrt werden. Das Gefühl des »Fertigwerdens« motiviert zum Durchhalten. Das Gefühl des Fertiggewordenseins verschafft die Basis für eine verdiente Entspannung, die auf die anspannte Handlung folgt (Reheis 1998).

Damit der arbeitende Mensch das, was er begonnen hat, auch abschließen kann, ist es nicht nur wichtig, das Ende tatsächlich zu erreichen, sondern auch Anfang und Ende von Aufgaben klar zu definieren. Zeitsensibilität betrifft demnach eine umsichtige Aufgabenplanung. Hierdurch wird vermieden, dass eine Tätigkeit nahtlos in die andere übergeht. Der Übergang zwischen Aufgaben sind Anlässe für Pausen, die dazu dienen können, nach hinten und nach vorne zu blicken. Nur vor einem solchermaßen erweiterten Zeithorizont kann ein Mensch selbstkritisch prüfen, ob eine Aufgabe tatsächlich gelöst ist (Reheis 1998).

Eine zeitsensible Arbeitsplanung dient nicht zuletzt dazu, Pausen zu schaffen und zu schützen, die nicht weiter verplant werden. Neben der individuellen Selbst- und Zielbestimmung sind Pausen unentbehrlich, um das menschliche Grundbedürfnis nach Zeitlosigkeit zu erfahren (Kerber 2002).

5 Führung und Personalentwicklung

5.1 Bedeutung und Verständnis von Führung

Es ist unstritig, dass ein nachhaltiger Unternehmenserfolg vor allem durch eine wirkungsvolle Menschenführung und weniger von Gegebenheiten wie Produkt, Standort oder Kapitalausstattung erreicht wird. Zahlreiche empirische Untersuchungen offenbaren den Einfluss der Führung auf die menschliche Leistung. Indem Führungskräfte die Arbeit ihrer Mitarbeiter organisieren, schaffen sie Rahmenbedingungen für deren Arbeitszufriedenheit, Motivation und Gesundheit. Dabei stützt sich Führung in der Wissensökonomie verstärkt auf informelle Netzwerkstrukturen und nutzt die Prinzipien der Selbstorganisation (Bauer/Mollbach 2009).

Führung beinhaltet die Anwendung derjenigen Mittel, die erforderlich sind, um mit einer Gruppe von Menschen ein gemeinsames Ziel zu erreichen. Führung wird durch eine *Führungskraft* getragen. Die Summe der Verhaltensregeln und Vereinbarungen in einer Gruppe, durch welche die Beziehungen der Mitarbeiter untereinander in verbindliche Formen gebracht sind, ist das *Führungssystem*. Ihm liegt die Unternehmensverfassung als Ordnungsprinzip zugrunde, welches Ausdruck des Organisationswillens der obersten Unternehmensleitung ist. Nach ihrem Grundverständnis lassen sich *autoritäre* und *kooperativ-partizipative* Führungsysteme unterscheiden.

Führungsmittel sind jene Instrumente, die von einer Führungskraft eingesetzt werden, um auf das Verhalten oder die Leistungsbereitschaft der Mitarbeiter gezielt einzuwirken. Der Einsatz von Führungsmitteln spielt sich immer als eine beabsichtigte Einflussnahme der Führungskraft auf ihre Mitarbeiter ab. Sein übergeordneter Zweck und seine einzige Legitimation ist die Erreichung der Unternehmensziele.

Führungsaufgaben sind originäre, nicht delegierbare Aufgaben einer Führungskraft. Da Aufgabe und Mitteleinsatz zuweilen identisch sind, können Zielsetzung, Information, Delegation und Kontrolle sowohl als Führungsaufgaben als auch als Führungsmittel verstanden werden.

Führung ist nicht nur eine Frage des Einsatzes von Führungsmitteln. Basis von Führung ist eine im Unternehmen entwickelte, wertorientierte und vertrauensvolle *Führungskultur*, die dem Einzelnen angemessene Handlungsfreiräume zur Persönlichkeitsentwicklung und Leistungsentfaltung einräumt.

5.2 Führungskompetenzen

Eine Führung, die langfristig die Erfüllung anspruchsvoller Unternehmensziele unterstützt, stärkt das eigenständige Denken und Handeln der Mitarbeiter auf allen Unternehmensebenen. Derart menschengerechte Führung beruht auf vier Kompetenzfeldern (Stadler 2009):

- Erstens die *Achtsamkeit* als Gespür für unterschiedliche Perspektiven und Werthaltungen. Mitarbeiter sind besser motiviert, wenn sie sich in die betriebliche Gemeinschaft eingebunden fühlen. Führungskräfte müssen erkennen, wo Mitarbeiter emotional und gedanklich stehen und was sie motiviert.
- Zweitens die *Urteilsfähigkeit,* um Wesentliches von Unwesentlichem zu unterscheiden, Sinn zu erschließen und Richtung zu weisen. Um in diesem Prozess die Mitarbeiter in ihrer Denk- und Handlungsfähigkeit herauszufordern, gilt es, ihnen Zutrauen zu schenken und die eingeforderten Werte selbst zu verkörpern.
- *Authentizität* ist die dritte Wertekompetenz. Dazu gehören Selbstdisziplin und ein hohes Maß an Selbstführung. Menschen orientieren sich an Menschen – was das Bild des *Handwerksmeisters* zum Ausdruck bringt: Er macht sich selbst zum Maßstab für gutes Arbeiten.
- Die vierte Wertekompetenz wird als *Rückbindung* bezeichnet. Führungskräfte, die Mitarbeiter mit ihrem ganzen Können und Wollen an ein Unternehmen binden, setzen große Kräfte frei. Untrügliches Zeichen gelungener Führung ist die Lernkurve der Mitarbeiter. Die wesentliche Führungsaufgabe ist demnach, Chancen zu eröffnen, so dass jeder Einzelne seine Fähigkeiten bestmöglich in die betriebliche Gemeinschaft einbringen kann.

Grundsätzlich wird zwischen *Mitarbeiterführung* und *Gruppenführung* unterschieden. Die Mitarbeiterführung bezieht sich auf das Individuum, seine Motive und die Entfaltung dieser Motive durch die Arbeit. Die Gruppenführung bezieht sich auf die Führung von Gruppen als Ganzes und deren zielgerichtetes, kooperatives Handeln. Menschengerechte Führung von Individuen und Gruppen beruht auf den Urmotiven für Leistung sowie auf den Strukturen und Verhaltensweisen von sozialen Gruppen (von Cube 2010). Menschengerechte Führung schafft Herausforderung und Anerkennung. Bei der Gruppenführung geht es darum, das gemeinsame Handeln zu optimieren. Eine erfolgreiche Führung orientiert sich hierzu an bewährten Prinzipien.

5.3 Führungsprinzipien

5.3.1 Förderung der Entwicklungsfähigkeit

Arbeit wirkt motivierend, wenn Mitarbeiter durch die Bewältigung sinnerfüllter und angemessener Herausforderungen einen Erfolg erleben. Motivation, Leistungsfähigkeit und Herausforderungsniveau einer Arbeitsperson bedingen sich wechselseitig. Durch eine erfolgreiche Bewältigung neuer Aufgaben verändert sich das Herausforderungsniveau der Person; sie gewinnt an Wissen, Können und Erfahrung und verlangt regelmäßig neue Herausforderungen (Csikszentmihalyi 1992).

Menschengerechte Führung sorgt dafür, dass überfordernde, aber auch unterfordernde Arbeitsbedingungen vermieden werden, um Leistungspotenziale zu entfalten und durch eine persönliche Entwicklung günstige Bedingungen für Gesundheit zu schaffen.

Entwicklungsprozesse sind stets an Zielen orientiert, die ihnen erst Sinn und Zusammenhang verleihen. Individuelles Handeln bekommt Sinn, wenn eine das Handeln bestimmende, zielführende Absicht vorliegt. Folglich orientiert sich menschengerechte Führung an übergeordneten Zusammenhängen, so dass das Handeln mit der Gruppe zu einem von allen getragenen Ziel führt – sei es etwa, die betriebliche Zukunftsfähigkeit zu sichern oder die individuelle Lebensqualität zu verbessern.

Zielorientiertes Führen bedeutet demnach, die Arbeitsgruppe im Sinne einer Entwicklung von Zukunftschancen in Bewegung zu setzen; d.h. Ziele setzen, Chancen wahrnehmen, Möglichkeiten erkennen, Risiken eingehen und Visionen aufstellen. Zur Führung gehört auch die Durchführung dieser Ideen, das Aufstellen von Strategien, Organisationsformen und Abläufen (von Cube 2010). Da sich die Situation einer Arbeitsgruppe nur selten abrupt ändern lässt, sind Zielvorstellungen und Entwicklungsmöglichkeiten zeitlich angemessen zu koordinieren.

Letztlich wird Führung am Erfolg gemessen: Führen ist ein Prozess mit positiver Rückkopplung. Auf Dauer identifizieren sich Mitarbeiter nur mit einer erfolgreichen Arbeitsgruppe. Erfolgreiches Führen führt zur Identifikation der Mitarbeiter und zum erhöhten Leistungseinsatz; dies stärkt im Umkehrschluss die Führung der Gruppe. Das Motivationspotenzial einer Führungskraft liegt demnach nicht in ihrer hierarchischen Macht, sondern im erfolgreichen Handeln. Beim erfolglosen Führen findet hingegen eine zum Niedergang führende Rückkopplung statt (Covey 2008).

5.3.2 Ausgleich von Einzelinteressen

Betriebliche Ziele lassen sich mittels Strategien erreichen, die nachvollziehbare Lösungswege aufzeigen. Zur Strategieentwicklung ist es zweckmäßig, die betroffenen Mitarbeiter einzubeziehen, da sie über entsprechende Erkenntnisse und Erfahrungen verfügen. Hierzu muss Führung die Mitarbeiter mit den betrieblichen Herausforderungen vertraut machen und sie an die Problemlösung heranführen. Führen heißt demnach, kooperativ mit einer Arbeitsgruppe zu handeln.

Kennzeichen von Kooperation ist es, Mitarbeiter über Ereignisse und Vorhaben im Unternehmen zu informieren und sie bei Entscheidungen einzubeziehen. Der Unterschied zwischen *Führung* und *Kooperation* besteht darin, dass Führen eine besondere Qualifikation erfordert, über die Mitarbeiter zumeist nicht verfügen. Eine verantwortliche Mitentscheidung der Mitarbeiter bei der Zielsetzung ist zweckmäßig, sofern sie in deren Kompetenzbereich liegt, und wenn in den Arbeitsgruppen geeignete Handlungsfreiräume existieren. Das bedeutet nicht, dass einzelne Mitarbeiter keine Führungskompetenz erwerben könnten (vgl. Malik 2006).

Kooperatives Handeln ist ein zentraler Bestandteil eines zeitgemäßen Führungsverständnisses. Kooperation bietet die Chance, sowohl die Akzeptanz von Handlungserfordernissen bei Führungskräften und Mitarbeitern zu verbessern, als auch die konkrete Durch- und Umsetzung gemeinsam entwickelter Handlungsstrategien zu erhöhen. Kooperation bündelt die verfügbaren Ressourcen und verstärkt dadurch das innovative Potenzial im Unternehmen.

Kooperation erfordert eine Koordination von Einzelverhalten, so dass die Arbeitsgruppe zu einem gemeinsam getragenen Handeln kommt. Kooperation setzt einen begründeten Interessenausgleich der Beteiligten voraus, der sich in folgenden Einstellungen und Verhaltensweisen manifestiert (von Cube 2010):

- *Zuverlässigkeit:* Zuverlässige Verhaltensweisen, die sich z. B. auf eindeutige Vereinbarungen über die Arbeitsweise beziehen, fördern das gemeinsame Handeln in einer Gruppe.
- *Gewissenhaftigkeit:* Ein gemeinsames Handeln innerhalb einer Gruppe erfordert eine gewissenhafte Kommunikation, so dass Informationen nicht verfälscht oder selektiv vorenthalten werden.
- *Gerechtigkeit:* Gerechtigkeit bezeichnet den Sachverhalt, dass eine höhere Leistung durch höhere Anerkennung belohnt wird. Gerechtigkeit im Sinne einer angemessenen Belohnung ist Voraussetzung für die Gesamtleistung jeder Gruppe. Es wäre demnach

unangemessen, Anerkennungsstrukturen aufzuheben. Mit dieser Aufhebung entfiele auch die Gerechtigkeit, d.h. die Möglichkeit der Anerkennung höherer Leistung.

Zuverlässigkeit, Gewissenhaftigkeit und Gerechtigkeit zielen auf einen Ausgleich individueller Fähigkeiten und Interessen in der Gemeinschaft. Sie erfordern ein gegenseitiges Vertrauen der Gruppenmitglieder. Gruppenarbeit vermag nur in einem Klima des gegenseitigen Vertrauens zur Leistung zu motivieren. Für die Führung folgt daraus, dass Gruppen auf einer Vertrauensbasis zusammenzusetzen und Vertrauen und Zuverlässigkeit durch längerfristige Zusammenarbeit zu stärken sind.

Vertrauen beruht auf Erfahrung und zwischenmenschlicher *Anerkennung*. Anerkennung bedeutet Erhöhung von Ansehen und Macht nach erbrachter fachlicher, moralischer oder sozialer Leistung. Anerkennung ist eine permanente Führungsaufgabe. Mitarbeiter, die über längere Zeit keine Anerkennung erfahren haben, empfinden dies als Defizit. Das Anerkennen von Mitarbeitern dient nicht nur der Motivation, sondern trägt auch maßgeblich zur Lenkung einer Gruppe bei. Anerkennung für Leistung lenkt diese zum Nutzen der Gruppe. Anerkannte Mitarbeiter lassen ihre Aggression nicht an Kollegen aus, wodurch sich die Arbeitsbeziehungen verbessern (von Cube 2010).

Herausforderung und Anerkennung können sich ergänzen: Erhält der Mitarbeiter interessante Aufgaben, erweiterte Handlungsfreiräume und mehr Verantwortung, so erlangt er mit der Herausforderung zugleich auch Anerkennung.

5.3.3 Förderung von Eigeninitiative

Führungsaufgaben lassen sich gut erfüllen, wenn sich leistungsmotivierte Mitarbeiter mit der Arbeit identifizieren. Es widerspräche jedoch der Auffassung von Menschenwürde, die Mitarbeiter lediglich als eine strategische Größe anzusehen – selbst wenn sie durch die Arbeit ein hohes Maß an Selbstverwirklichung erfahren. Vielmehr hat der Mitarbeiter als autonome Persönlichkeit selbst den Rang eines Führungszieles zu beanspruchen (Edding 1997). Hierzu gilt es, die Eigeninitiative des Einzelnen zu respektieren und zu fördern.

Eine zentrale Führungsaufgabe besteht demzufolge darin, die besonderen Fähigkeiten der Mitarbeiter zu erkennen und diese in angemessenen Handlungsfreiräumen optimal zur Entfaltung zu bringen. Handlungsfreiräume bieten den Vorteil, dass der Mitarbeiter seine Stärken einsetzt und entwickelt. Sie können mit dem Nachteil verbunden sein, dass der Mitarbeiter aus Mangel an Qualifikation und Erfahrung die Freiräume nicht nutzt. Daher sind Handlungsfreiräume sorgfältig einzurichten (vgl. Stadler/Spieß 2002). Die individuellen Leistungsvoraussetzungen lassen sich in der praktischen Tätigkeit ermitteln, in der sich Stärken und Schwächen offenbaren.

5.4 Führungsstile

Die Ausführungen veranschaulichen, wie das Führungsverhalten die Leistung und die Gesundheit der Mitarbeiter, und mithin deren Arbeitsqualität beeinflusst.

In empirischen Untersuchungen identifizierten Westermayer/Wellendorf (2000) die Zusammenhänge von Führungsstil und Krankenstand der Mitarbeiter. Dabei offenbarte sich, dass eine umfassende Kontrolle in Verbindung mit ungerechtem Verhalten in Form von gezielter Ungleichbehandlung von Mitarbeitern den Krankenstand erhöhte.

Als Ergebnis weitergehender Untersuchungen formulierte Westermayer (2002) empirisch begründete Hypothesen über ein gesundheitsförderliches Führungsverhalten. Er unterscheidet vier Führungstypen:

- *Kooperativ-partizipativer Führungstyp:* Er zeichnet sich durch eine starke Mitarbeiterorientierung aus. Den Mitarbeitern werden ein hohes Vertrauen entgegengebracht und große Handlungsfreiräume gewährt, um ihre Arbeit eigenständig durchzuführen. Die Mitarbeiter werden fair behandelt, keiner wird bevorzugt.
- *Kooperativ-autoritärer Führungstyp:* Er ergänzt die Mitarbeiterorientierung durch eine Aufgabenorientierung. Den Mitarbeitern werden klare Maßgaben vermittelt, wie sie ihre Arbeit durchführen sollen. Die Mitarbeiter wissen, woran sie sind (sog. »Lesbarkeit«).
- *Misstrauisch-autoritärer Führungstyp:* Dieser zielorientierte Führungstyp behandelt seine Mitarbeiter zuweilen ungerecht und bevorzugt einzelne Mitarbeiter. Eine starke Kontrolle offenbart das Misstrauen gegenüber den Mitarbeitern.
- *Ungreifbarer Führungstyp:* Der Führungstyp ist für die Mitarbeiter schwer einzuschätzen (d.h. »schlechte Lesbarkeit«), da er seine Persönlichkeit nicht zeigt und dadurch ein Vakuum schafft, wo Verantwortung und Autorität stehen sollten.

Diese Typologie relativiert die traditionelle Gegenüberstellung von autoritärem und kooperativem Führungsstil. Die für ein gesundes Führungsverhalten naheliegende Unterscheidung bezieht sich weniger auf die Dimension »autoritär« versus »kooperativ«, sondern vielmehr auf die Dimension »lesbar« versus »nicht lesbar«. »Lesbarkeit« steht für verschiedenste Führungsstile, die sowohl autoritär als auch kooperativ sein können. Lesbarkeit bewirkt bei den Mitarbeitern ein Gefühl von Verlässlichkeit und Vertrauen. Die Führungskraft offenbart darüber hinaus ihre Grundwerte. Sie zeigt, dass ihr die Mitarbeiter nicht gleichgültig sind, und dass die Arbeitsleistung der Mitarbeiter für das Erreichen der Unternehmensziele wichtig ist. »Lesbare« Führungskräfte geben ihren Mitarbeitern nicht nur eine klare Rückmeldung zu ihrem Verhalten, sondern betrachten und beschreiben dieses Verhalten auch stets im Kontext des Entwicklungspotenzials des Mitarbeiters (Westermayer 2002).

Kontrollorientiertes Führungsverhalten in Verbindung mit ungerecht empfundener Bevorzugung einzelner Mitarbeiter hingegen begünstigen gesundheitliche Störungen. Dies betrifft nicht nur den »misstrauisch unfairen-überkontrollierenden« Führungsstil; auch der »nichtlesbare« Führungsstil – bei denen Mitarbeiter nicht wissen, woran sie sind, obwohl Verhaltensweisen und Kommunikation durchaus freundlich und kooperativ erscheinen – stehen den Gesundheitsprinzipien entgegen. Das Unterlassen von Führung scheint ähnlich gesundheitsschädigend zu sein wie eine Führung nach dem »misstrauisch-autoritären« Stil, während transparente und konsequente, »lesbare« Führung die gesundheitlichen Bedingungen (z.B. Kohärenzgefühl) begünstigt. Engagierte, nachvollziehbare und zielorientierte Mitarbeiterführung wirkt demnach förderlich auf die Gesundheit und das Befinden der Mitarbeiter (Westermayer 2002).

5.5 Sozialkompetenz als Führungsqualifikation

Eine wirksame Führung von arbeitenden Menschen setzt Wissen über Motivation und Emotionen, über geistige Leistung, Analyse und Urteilsbildung voraus. Angesichts der zahlreichen Führungsaufgaben – wie Herstellung von Gruppeneinheit, Ausrichten auf ein gemeinsames Ziel und leistungsorientierte Strukturierung – wird ersichtlich, dass ihre Bewältigung eine qualifizierte Sozialkompetenz erfordert. Unter sozialer Kompetenz werden im allgemeinen Kommunikationsfähigkeit, Kooperationsfähigkeit, Gewissenhaftigkeit, Konfliktfähigkeit, Vertrauensbereitschaft und Solidarität verstanden. Dabei handelt es sich um Fähigkeiten und Einstellungen, die für alle Gruppenmitglieder gelten. Für Führungskräfte reichen diese sozialen Kompetenzen allerdings nicht aus: Sie müssen darüber hinaus

Gemeinsamkeit herstellen und erhalten, Ziele setzen, für die Einhaltung von Gruppenregeln sorgen und mit der Arbeitsgruppe handeln.

5.6 Führen im Veränderungsprozess

Die Einführung neuer Bürokonzepte ist in einen Veränderungsprozess eingebettet, der durch ein *Veränderungsmanagement* (engl.: Change Management) gelenkt wird. Das Veränderungsmanagement fasst alle Aufgaben, Maßnahmen und Tätigkeiten zusammen, die eine bereichsübergreifende und inhaltlich weitreichende Veränderung in einer Organisation bewirken sollen, um neue Strategien, Strukturen, Systemen, Prozesse oder Verhaltensweisen umzusetzen. Die Ursprünge des Veränderungsmanagements liegen in der Organisationsentwicklung; in der Vergangenheit prägten Konzepte wie »Business Process Reengineering«, »Total Quality Management« und »Kaizen« das Vorgehen.

Das Veränderungsmanagement wird häufig als eine zeitlich befristete Maßnahme betrachtet. Da sich Unternehmen einer ständigen Veränderung unterziehen müssen, um sich am Markt nachhaltig erfolgreich zu positionieren, handelt es sich beim Veränderungsmanagement jedoch eher um eine dauerhafte Maßnahme, um die Entwicklungsfähigkeit einer Organisation und die Ausgleichs- und Selbstregulationsfähigkeit der dort tätigen Menschen beständig zu fördern. Hierzu lässt sich der Veränderungsprozess in drei Phasen gliedern (vgl. Doppler/Lauterburg 2005):

- Ausgangspunkt der ersten Phase ist die Einsicht, dass die Erwartungen nicht mehr der Realität entsprechen. Die Notwendigkeit einer Veränderung tritt langsam als Möglichkeit ins Bewusstsein; tradierte Verhaltensweisen werden in Frage gestellt. Wird ein Sinn erkannt, kann die Bereitschaft zur Veränderung wachsen. Das Ziel dieser Phase besteht darin, die nach Veränderung strebenden Kräfte zu bündeln und zu stärken.
- In der zweiten Phase werden Lösungen generiert, neue Verhaltensweisen erprobt und das Problem in Teilprojekten gelöst. Indem der Status Quo verlassen wird, vollzieht sich eine verändernde Bewegung hin zu einem neuen Gleichgewicht.
- Ziel der dritten Phase ist die Konsolidierung der veränderten Einstellungen und Verhaltensweisen. Der durch Veränderungen erreichte Zustand bedarf einer gewissen strukturellen Stabilisierung innerhalb des Gesamtsystems.

Der gewohnheitsmäßige Mensch steht Veränderungen in der Regel skeptisch gegenüber. Veränderungen sind mit Unsicherheit über die Zukunft verbunden und werden als Risiken wahrgenommen. Das Veränderungsmanagement trägt dieser menschlichen Einstellung Rechnung. Die Betroffenen werden frühzeitig auf die anstehenden Veränderungen durch umfassende und angemessene Information vorbereitet, um den Sinn der Veränderungsmaßnahmen zu vermitteln und ihre Zuversicht zu stärken. Je ausgeprägter die Zuversicht in zukünftige Entwicklungen ist, umso eher sind Menschen zur Veränderung bereit. Ist diese Bereitschaft nicht vorhanden, können Widerstände aus der Belegschaft das Veränderungsprojekt zum Scheitern bringen (Gairing 2008).

Veränderungsprozesse werden durch Führungskräfte oder sog. »Change Agents« unterstützt. Sie verfügen über einschlägige Kompetenzen im Konflikt- und Projektmanagement oder sind als Berater bzw. Kommunikationstrainer tätig. Häufig werden auch externe Berater in den Veränderungsprozess einbezogen, da diese die persönlichen Befindlichkeiten im Unternehmen distanzierter betrachten können.

5.7 Einbeziehung der Personalentwicklung

Die Innovations- und Wandlungsfähigkeit eines Unternehmens setzt eine Entwicklung der individuellen Fähigkeiten voraus. Es ist Aufgabe der Personalentwicklung, die Fähigkeiten und Entwicklungspotenziale einer Arbeitsperson zu erkennen und zu fördern. Indem sich der arbeitende Mensch lernend mit der Zukunft auseinandersetzt, erwirbt er neue Einsichten, Verhaltensweisen und Fähigkeiten. Von den Fähigkeiten der Arbeitspersonen und ihrer Bereitschaft, sich in die Organisation einzubringen, hängen die konkreten Entwicklungsschritte ab, mit denen ein Unternehmensziel verwirklicht werden kann. Insofern hat Personalentwicklung einen erheblichen Einfluss auf den Unternehmenserfolg. Es empfiehlt sich daher, sie in die strategischen Überlegungen und in die tägliche Führungspraxis einzubeziehen (Hemming 2003).

Die *Personalentwicklung* umfasst alle Maßnahmen zur Erhaltung und Verbesserung der Qualifikation der Mitarbeiter. Hierzu regt sie deren Lernbereitschaft und -fähigkeit unterstützend an. Indem die Mitarbeiter ihre beruflichen Potenziale entwickeln, können sie Aufgaben übernehmen, die über ihr bisheriges Tätigkeitsbild hinausgehen. Gesundheit wird als Indikator eines eigenständigen Entwicklungsprozesses betrachtet, der nach einer ausgeglichenen Lebens- und Arbeitsweise strebt (vgl. Kapitel 2.4.6). Diese Definition begründet den fachlichen Zusammenhang zwischen betrieblicher Gesundheitsförderung und Personalentwicklung. Ihre Schnittmengen legen nahe, Maßnahmen und Handlungsfelder von Personalentwicklung und betrieblicher Gesundheitsförderung konsequenter zu integrieren. Dies unterblieb bislang weitgehend, da den Bereichen ein abweichendes professionelles Selbstverständnis zugrunde liegt. Gesundheitsförderung und Personalentwicklung sind in der Regel in unterschiedlichen Verantwortungsbereichen angesiedelt und getrennt organisiert. Dennoch kann eine Integration der beiden Bereiche zu erheblichen Synergieefeekten führen: Für die Personalentwicklung sind Motivation, Wohlergehen sowie Einsatz- und Leistungsbereitschaft der Arbeitspersonen von zentraler Bedeutung. Die Gesundheitsförderung stellt darüber hinaus geeignete Konzepte, Methoden und Instrumente zur Verfügung, die zu ausgeglichenen, entwicklungsfähigen Arbeitsweisen führen.

Im betrieblichen Alltag lassen sich gesundheitliche Themen dort lösen, wo sie entstehen. Gesunde Arbeit ist demnach als partizipative Führungsaufgabe wahrzunehmen, die sich nur bedingt an externe Spezialisten delegieren lässt. Die Gesundheitsthematik kann beispielsweise zum Gegenstand von Zielvereinbarungen für Führungskräfte sein. Diese wiederum beziehen das Thema Gesundheit in die jährlichen Mitarbeitergespräche ein. Gesundheit wird somit zu einer Führungsaufgabe und zum Bestandteil der Unternehmenskultur.

Damit Führungskräfte dieser verantwortlichen Aufgabe nachgehen können, bedürfen sie einer entsprechenden Qualifikation. Sie müssen beispielsweise in der Lage sein, Anzeichen innerer Kündigung, Sucht oder Burn-out wahrzunehmen und angemessene Gegenmaßnahmen einzuleiten. Im Zuge der Gesundheitsförderung gilt es, Themen wie Leistungsüberforderung, Stress, Mobbing, kollegiale Unterstützung und Gruppenkonflikte etc. anzusprechen und qualifiziert zu behandeln. Die Personalentwicklung vermag eine gesunde Führung zu unterstützen, indem sie Fortbildungsangebote zu diesen Themen schafft. Grundlage für eine aufgabenbezogene Integration von Personalentwicklung und betrieblicher Gesundheitsförderung ist ein entwicklungsorientiertes Verständnis von Gesundheit.

6 Raum- und Arbeitsplatzgestaltung

An einem Büroarbeitsplatz werden Planungs-, Entwicklungs-, Beratungs-, Leitungs- und Verwaltungstätigkeiten sowie unterstützende Funktionen ausgeführt. Dabei werden Informationen erzeugt, bearbeitet, ausgewertet, empfangen oder weitergeleitet. Mithin richtet sich die Ausstattung des Arbeitsplatzes nach den spezifischen Anforderungen der Tätigkeit sowie der Aufgabenstellung.
Die Ausstattung eines Büroarbeitsplatzes soll aktuellen Erkenntnissen der Arbeitsplatzgestaltung entsprechen (vgl. Abbildung 6.1). Dies bedeutet in der Regel: Flächenwirtschaftliche Einzelarbeitsplätze, geringe Verkehrsflächenanteile, Möglichkeiten zum Sitzen und Stehen am Arbeitsplatz, Einsatz leistungsfähiger Informationstechnik und Netzwerkanschluss (Rieck 2010). Ferner wird eine papierarme Arbeitsweise angestrebt.

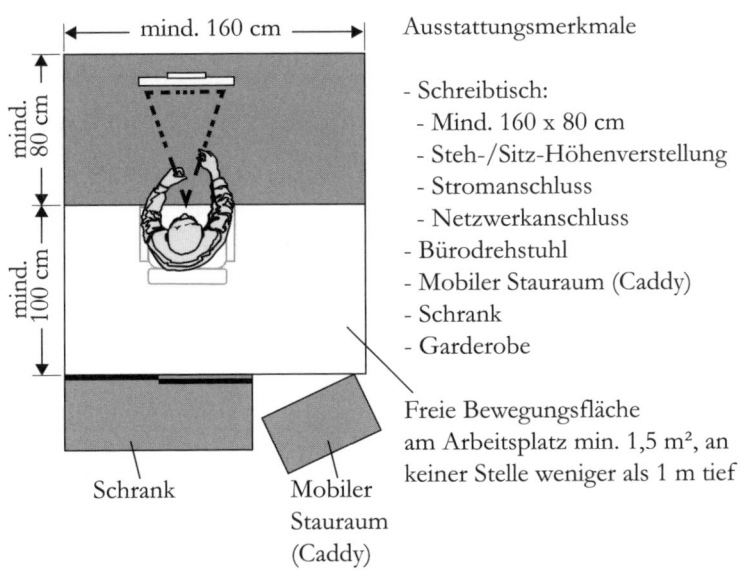

Abbildung 6.1 Ausstattungsmerkmale eines Büroarbeitsplatzes

Die räumliche Umgebung wird vornehmlich durch die Faktoren Beleuchtung, Klima und Akustik beeinflusst. Diese Umgebungsfaktoren werden gezielt zu Zwecken der Arbeitsgestaltung eingesetzt. Sie können aber auch zu unerwünschten Wirkungen führen, so dass eine

Reduzierung ihrer Intensität, Einwirkungsdauer und -häufigkeit entsprechend den physiologischen Reaktionsweisen des menschlichen Organismus angestrebt wird (vgl. Kirchberg et al. 1997).
Gesundheitliche Störungen am Büroarbeitsplatz sind vornehmlich auf erzwungene Körperhaltungen und unausgeglichene Körperbewegungen zurückzuführen. Sie betreffen vor allem den Stütz- und Bewegungsapparat. Hier können chronisch-degenerative Erkrankungen wie z. B. Sehnenscheidenentzündungen, Muskelverspannungen und Bandscheibenverschleiß auftreten (vgl. Kapitel 2.4.4). Sie lassen sich durch den Einsatz technischer Arbeits- und Hilfsmittel weitgehend vermeiden. Statische Körperhaltungen führen zu muskulärer Anspannung und rascher Ermüdung der Extremitäten, da die Blutzirkulation beeinträchtigt wird. Derartige Zwangshaltungen werden durch eine eingeschränkte Bewegungsfreiheit und eine räumliche Fehldimensionierung des Arbeitsplatzes begünstigt. Abhilfe schafft eine ergonomische Arbeitsplatzgestaltung, die sich an einer anatomisch günstigen Körperhaltung und an optimalen Sichtbedingungen orientiert. Zudem wird eine dynamische Körperbelastung durch wechselnde Arbeitshaltungen empfohlen.
Im Folgenden werden Kriterien zur Auswahl und Nutzung von Büromöbeln sowie zur Flächengestaltung benannt. Ferner werden Grundlagen der Umgebungsgestaltung ausgeführt.

6.1 Möblierung des Büroarbeitsplatzes

6.1.1 Dynamisches Sitzen und Sitz-Steh-Dynamik

Für gesundes Sitzen ist die Dynamik ausgesprochen wichtig. Im Laufe eines Arbeitslebens verbringt ein Büroarbeiter etwa 80.000 Stunden auf einem Bürostuhl. Während dieser Zeit werden die Bandscheiben – je nach Sitzhaltung – um 40–100 Prozent stärker belastet als im Stehen.
Bei angemessener Sitzhaltung werden die Gelenke und Muskeln im Hüft- und Beinbereich entlastet. Ein regelmäßiges Wechseln der Sitzhaltung reduziert die Ermüdung der am Sitzen beteiligten Muskelgruppen an Gesäß, Bauch, Rücken und Hals. Zur Entlastung der Wirbelsäule eignen sich bevorzugt Stühle mit hoher und in der Neigung verstellbarer Rückenlehne. Bürostühle, deren Rückenlehnen entsprechend der Form der Wirbelsäule gestaltet sind und die sich mit der Sitzposition neigen, unterstützen ein dynamisches Sitzen (vgl. Abbildung 6.2).

Abbildung 6.2 Dynamische Sitzmöbel (Abdruck mit Genehmigung von Wilkhahn und Interstuhl)

Bei Bürostühlen mit Synchronmechanik neigt sich die Rückenlehne unter Druck nach hinten, während sich die Sitzfläche leicht anhebt. Durch die Synchronmechanik passt sich die Lehnenneigung automatisch dem Gewicht des Nutzers an – unabhängig davon, ob dieser 50 oder 100 Kilogramm wiegt (Braun 2009b).
Für kurzzeitigen Gebrauch können Sitze ohne Rückenlehne – wie Kniestühle oder Sitzbälle – eingesetzt werden. Sitzbälle bieten den Vorteil, dass sie in Arbeitspausen als Gymnastikgeräte verwendbar sind (Wittig 2000).
Bei allen Vorzügen ergonomischer Sitzmöbel darf nicht vergessen werden, dass das Sitzen keine natürliche Körperhaltung darstellt. Wird mehr als die Hälfte der Arbeitszeit sitzend am Arbeitsplatz verbracht, so steigt das Risiko gesundheitlicher Beeinträchtigungen stark an. Falls möglich, soll abwechselnd im Sitzen und im Stehen gearbeitet werden. Hierzu gibt es vielfältige Möglichkeiten, um die ungesunde Bewegungsarmut zu überwinden. So sollen bereits bei der Layoutplanung eines Arbeitsplatzes ausreichende Bewegungsmöglichkeiten berücksichtigt werden. Für ein zeitweises Arbeiten im Stehen eignen sich höhenverstellbare Arbeitstische oder Stehpulte. Außerdem soll der Tätigkeitsablauf animieren, von Zeit zu Zeit aufzustehen und sich an andere Arbeitsorte zu bewegen.

6.1.2 Arbeitstisch

Arbeitsflächen

Arbeitsflächen – die Oberflächen der Arbeitstische – müssen ausreichend groß sein, um die Arbeitsmittel angemessen anzuordnen. Dabei richtet sich die Flächengröße nach dem Umfang und der Abmessung der Arbeitsmittel, die für die Tätigkeit erforderlich sind. Arbeitsmittel sollen nicht über die Arbeitsfläche hinausragen.

Arbeitsflächen sollen mindestens 160 cm breit und an keiner Stelle weniger als 80 cm tief sein; ihre Fläche soll mindestens 1,28 m² betragen. Diese Fläche kann sich aus mehreren Flächen zusammensetzen. Bei Tischkombinationen ist eine ungeteilte Arbeitsfläche von mindestens 80 cm Breite anzustreben. Diese Breite darf durch untergestellte Container nicht eingeschränkt werden. Für Unterstellcontainer, die eine Breite von 40 cm haben, sind Arbeitstische mit einer Breite von mindestens 120 cm vorzusehen (DIN EN ISO 9241-5).

Für Arbeitstätigkeiten, bei denen ein Bildschirmgerät benötigt wird, oder bei denen großformatige Projektunterlagen eingesehen werden müssen, reicht diese Arbeitsfläche meist nicht aus. Für derartige Mischtätigkeiten eignen sich größere Arbeitsflächen.

Für Tätigkeiten, die nur ein Bildschirmgerät oder wenige Unterlagen erfordern, z.B. im Callcenter, können Arbeitstische mit einer Breite von 120 cm eingesetzt werden.

Anordnung der Arbeitsmittel auf der Arbeitsfläche

Je nach Schwerpunkt der Arbeitstätigkeit sollen häufig genutzte Unterlagen sowie Bildschirm und Tastatur zentral auf der Arbeitsfläche angeordnet werden. Alle anderen, seltener genutzten Arbeitsmittel können seitlich aufgestellt werden.

Um die Handballen auf der Arbeitsfläche abzustützen, ist ein ausreichender Abstand des Eingabemittels (z.B. Tastatur, Maus) zur Tischvorderkante von 10–15 cm vorzusehen.

Der Bildschirm soll nicht erhöht auf dem Arbeitstisch stehen. Bei entspannter Körperhaltung liegt der Fixierlinienwinkel bei etwa 35° unter der Horizontalen; die optimale Anordnung für das wichtigste Sehobjekt liegt innerhalb von ±15° in vertikaler und horizontaler Richtung von dieser Fixierlinie (DIN EN ISO 9241-5). Die Oberkante des Bildschirms befindet sich – je nach Größe des Bildschirms – unter der Augenhöhe (vgl. Abbildung 6.3). Hierdurch müssen die Augenlider nicht allzu weit geöffnet werden.

Raum- und Arbeitsplatzgestaltung

Abbildung 6.3 Aufstellung des Bildschirms (Abdruck mit Genehmigung von Interstuhl)

Beinraum
Damit die Arbeitsperson unterschiedliche Sitzpositionen einnehmen und dabei die Beine ungehindert bewegen kann, benötigt sie einen ausreichend freien Beinraum unter dem Arbeitstisch. Er muss im vorderen Bereich mindestens 60 cm breit und 65 cm, besser 69 cm hoch sein. Er darf nicht eingeschränkt oder beispielsweise durch Rechner verstellt werden (DIN EN 527-1).

Arbeitshöhe und Höhenverstellung
Arbeitstische sollen höhenverstellbar sein, damit die Arbeitspersonen alternativ im Sitzen und im Stehen arbeiten können. Damit auch unterschiedliche Körpergrößen berücksichtigt werden können, soll der Verstellbereich von 68–118 cm, besser noch von 62–120 cm, reichen.
Der Einsatz von höhenverstellbaren Arbeitstischen ist erforderlich, wenn unterschiedliche Personen an einem Arbeitsplatz arbeiten, z. B. bei Desk Sharing.
Die ideale Höhe eines festen Arbeitstisches beträgt 72 cm. Zweckmäßigerweise wird diese Höhe für einen ständigen Nutzer am Arbeitsplatz entsprechend seiner Körpergröße angepasst, z. B. durch höhenverstellbare Elemente am Untergestell.

Sicherheitstechnische Merkmale
Arbeitstische müssen standsicher und stabil sein. Sie dürfen bei einseitiger Belastung nicht kippen (z. B. beim Sitzen auf der Tischkante) und nicht schwingen (z. B. durch Anstoßen oder bei Schreibarbeiten). Um Verletzungen zu vermeiden, müssen Ecken und Kanten der Arbeitstische gerundet sein. Sie dürfen keine Quetschstellen aufweisen. Elektrische Leitungen müssen in Arbeitstischen so verlegt sein, dass sie nicht ohne Weiteres zu beschädigen sind. Auch weitere mögliche Ursachen für Beschädigungen an der Elektroinstallation sind zuverlässig zu vermieden (E DIN EN 527-3). Das von unabhängigen Prüfstellen vergebene »GS-Zeichen« dokumentiert, dass alle relevanten sicherheitstechnischen und ergonomischen Mindestanforderungen eingehalten sind.

6.1.3 Bürostuhl

Höhenverstellung
Damit der Bürostuhl für Nutzer mit unterschiedlichen Körpergrößen eine ergonomische Sitzhaltung ermöglicht, muss er in der Höhe von 40–51 cm, besser noch bis 53 cm, verstellbar sein (DIN EN 1335-1).

Sitz
Der Sitz eines Bürostuhles darf nicht zu tief sein, damit sich auch kleine Nutzer gut anlehnen können. Hingegen muss der Sitz für größere Nutzer tief genug sein, damit die Oberschenkel ausreichend aufliegen. Die Sitztiefe soll im Bereich von 40–42 cm verstellbar sein (DIN EN 1335-1).
Die Sitzflächenvorderkante soll gerundet sein. Die Polsterung und der Bezug des Bürostuhles sollen derart beschaffen sein, dass Wärme- und Feuchtigkeitsstaus im Sitz- und Rückenlehnenbereich vermieden werden. Beim Setzen ist das Körpergewicht des Nutzers federnd abzufangen. Viele moderne Bürostühle vereinen diese funktionellen Anforderungen mit einem ästhetisch ansprechenden Design (vgl. Knoll 2007).

Rückenlehne
Die Rückenlehne des Bürostuhles soll die natürlich geformte Wirbelsäule bei verschiedenen Sitzhaltungen abstützen. Sie kann höhenverstellbar oder fest sein. Die Rückenlehnenoberkante soll bis in den Bereich der Schulterblätter reichen und die Lehnenwölbung die Wirbelsäule in ihrem unteren bzw. mittleren Bereich abstützen. Die Rückenlehne soll mindestens um 15° nach hinten neigbar sein.

Verstellmechanismen zwischen Sitz und Rückenlehne

Ein guter Bürostuhl unterstützt ein dynamisches Sitzen. Hierzu soll die Rückenlehne den Rücken des Nutzers sowohl in der aufrechten als auch in der zurückgelehnten Sitzposition im Lendenbereich abstützen. Um dem Rücken des Nutzers zu folgen, muss sich sich Rückenlehne permanent neigen. Dieser Neigungsmechanismus soll an das Körpergewicht des Nutzers anpassbar und arretierbar sein. Günstiger ist jedoch ein Synchronmechanismus. Mit der Neigung der Rückenlehne verändert sich hier auch die Neigung der Sitzfläche; dadurch stellt sich ein günstiger Sitzöffnungswinkel zwischen Rumpf und Beinen ein.

Armstützen

Armstützen entlasten die Schulter- und Nackenmuskulatur. Feste Armstützen sollen nach vorne geneigt sein, damit jeder Nutzer nahe am Arbeitstisch heranrücken kann. Eine optimale Anpassung ermöglichen höhen- und breitenverstellbare Armstützen.

Sicherheitstechnische Merkmale

Ein Bürostuhl muss über mindestens fünf Rollen verfügen, damit er auch bei maximaler Ausladung der Rückenlehne kippsicher ist. Das Untergestell des Bürostuhls darf nicht so weit ausladen, dass es eine Stolperfalle darstellt (DIN EN 1335-2).
Damit der Bürostuhl beim Hinsetzen nicht wegrollt, müssen sich die Rollen für den Fußbodenbelag eignen. Für weiche Fußbodenbeläge (z.B. Teppichboden) werden harte Rollen, für harte Fußbodenbeläge (z.B. Linoleum) weiche Rollen eingesetzt. Sämtliche Rollen eines Stuhles müssen identische Eigenschaften aufweisen. Harte Stuhlrollen sind einfarbig, weiche Rollen hingegen zweifarbig ausgeführt.
Am Bürostuhl dürfen keine (Quetsch-) Stellen auftreten, an denen sich die Nutzer verletzen können.

Unterweisung der Nutzer

Ein guter Bürostuhl ist mehrdimensional verstellbar, z.B. für die Höhenverstellung und die Tiefe des Sitzes, die Rückenlehnenneigung oder die Höhe der Armstützen. Es ist wichtig, dass die Nutzer diese Einstellmöglichkeiten kennen. Voraussetzung der zweckmäßigen Nutzung eines Bürostuhles ist, dass seine Verstelleinrichtungen sinnfällig gestaltet und auch im Sitzen günstig erreichbar sind. Bürostühle sollen daher über eine Gebrauchsanweisung verfügen.
Zudem sind die Nutzer über eine ergonomische Sitzhaltung zu unterweisen. Dabei ist folgendes zu beachten:

- Der Sitz des Bürostuhls soll in der Höhe so eingestellt werden, dass das Winkelmaß zwischen den Ober- und Unterschenkeln etwa 90° beträgt.
- Der Arbeitstisch soll in der Höhe so eingestellt werden, dass die Arme beim Arbeiten locker herab hängen und sich zwischen Ober- und Unterarm ebenfalls ein Winkel von etwa 90° ergibt.

Die Nutzer sollen zudem über das dynamische Sitzen und die Bedeutung wechselnder Körperhaltungen unterwiesen werden.

6.1.4 Fußstütze

An nicht höhenverstellbaren Arbeitstischen (z.B. bei Mehr-Personen-Nutzung) können Fußstützen den Ausgleich zwischen Tischhöhe und Fußboden herstellen und damit eine ergonomisch günstige Sitzhaltung fördern. Dies betrifft insbesondere kleinere Personen, die ihre Füße beim Sitzen ganzflächig auf einer Fußstütze positionieren können. DIN 4556 stellt folgende Anforderungen an Fußstützen:

- Die Größe der Stellfläche soll ausreichend dimensioniert sein (d.h. mindestens 45 cm breit, mindestens 35 cm tief), damit sich die Füße aufstellen und sich wechselnde Sitzpositionen einnehmen lassen.
- Der Belag soll rutschfest für die Füße sein; ein sicherer Stand auf dem Fußboden ist zu gewährleisten.
- Die Höhe der Vorderkante beträgt 5 cm.
- Die Höhe ist bis mindestens 11 cm über dem Fußboden verstellbar.
- Die Stellfläche ist mindestens zwischen 5° und 15° neigbar.

Die Verstelleinrichtungen müssen einfach zu handhaben sein und dürfen sich nicht unbeabsichtigt verstellen. Höhe und Neigung sollen unabhängig voneinander zu regulieren sein.
Sitzarbeitsplätze mit Arbeitsmitteln, die über einen Fußschalter gesteuert werden, z.B. Abspielgeräte von Diktatbändern, erfordern spezielle Fußstützen. Diese haben eine Aussparung für einen Fußschalter. Er muss unverrückbar, flächenbündig und funktionsgerecht in den dafür vorgesehenen Platz eingepasst werden können.
Fußstützen stellen grundsätzlich eine Hilfslösung dar. Indem sie die Fußstellung vorgeben, schränken sie die Bewegungsfreiheit ein und erschweren dadurch ein dynamisches Sitzen. Aus diesem Grund sind höhenverstellbare Arbeitstische dem Einsatz einer Fußstütze vorzuziehen.

6.1.5 Schränke und Regale

Wenngleich seit geraumer Zeit das »papierarme Büro« proklamiert wird, werden wohl auch zukünftig Schränke und Regale zur Aktenablage erforderlich und erwünscht sein.

Schränke sind als Schiebetürenschränke, Schränke mit Rollläden, Flügeltürenschränke oder Schränke mit Auszügen ausgeführt. Zur Nutzung dieser Schränke werden unterschiedliche Flächenanteile benötigt. Schiebetürenschränke und Schränke mit Rollläden benötigen den geringsten Flächenanteil.

Schränke werden in standardisierten Höhen und Breiten angeboten. Sog. »Side- bzw. Lowboards« werden meist rückwärtig an den Arbeitsplätzen aufgestellt und sind diesen zugeordnet. Höhere Schränke werden von mehreren Büroarbeitern genutzt.

Auf Unterlagen oder Bücher in Regalen haben die Büroarbeiter schnellen Zugriff. Regale haben eine geringere Bautiefe als gleichartige Schränke. Der Nachteil von Regalen ist, dass sie wegen der Einsicht auf Unterlagen und Bücher einen unruhigen Raumeindruck vermitteln können. Zudem wird die sog. »dritte Ebene«, d. h. Ablagen und kleinere Regale unmittelbar über dem Arbeitstisch, kritisch beurteilt. Sie schränkt meist die Aufstellung des Bildschirms auf dem Arbeitstisch ein und regt die Arbeitspersonen nicht zum Haltungswechsel an.

Schränke und Regale sind gegen Umkippen zu sichern. Dies wird durch ein hohes Eigengewicht erreicht. Für Auszüge können auch Gegengewichte oder Auszugssperren erforderlich sein. Ggf. sind Schränke und Regale an Wänden zu befestigen.

6.1.6 Bürocontainer

Bürocontainer eignen sich zum Verstauen von Arbeitsunterlagen und persönlichen Gegenständen. Sie können mit Rollen ausgestattet sein und werden meist unter dem Arbeitstisch angeordnet. Feststehende Bürocontainer werden neben dem Arbeitstisch aufgestellt.

Für Arbeitsplätze mit *Desksharing* werden auch spezielle Bürocontainer, sog. »Caddies«, angeboten. Die Büroarbeiter können ihren persönlichen Caddy auf Rollen an ihren jeweiligen Arbeitsplatz mitnehmen. Derartige Bürocontainer können auch für Arbeiten im Stehen ausgeführt sein. Sie sollen dann eine Arbeitsflächenhöhe von 105 cm und einen ausreichend freien Fußraum haben. Je nach Fußbodenbelag sind harte oder weiche Rollen auszuwählen. Bewährt haben sich große Rollen, die einen geringeren Rollwiderstand haben, wodurch auch schwere Caddies leicht zu rollen sind. Die Rollen müssen über eine Arretierung verfügen.

6.1.7 »Information Worker's Workplace«

Der »Information Worker's Workplace (IWWP)« verbindet Anforderungen für kreatives und kommunikatives Arbeiten sowohl in virtuellen Besprechungen als auch bei Präsenzmeetings und stellt als Forschungsprototyp eine Referenz für den Büroarbeitsplatz der Zukunft dar. Ansinnen ist es, durch eine funktionale Visualisierungstechnnik und eine leistungsfähige informationstechnische Infrastruktur die Kommunikation zwischen Wissensarbeitern optimal zu unterstützen. Hierzu kann der IWWP sowohl für Einzelarbeit als auch für Teamarbeit (d. h. Präsenzmeetings oder Web Conferencing) genutzt werden (Kern et al. 2007).

Die Infrastruktur des IWWP umfasst drei hochauflösende Flachbildschirme, die eine flexible und simultane Darstellung von vielfältigen Rechnerapplikationen ermöglicht (vgl. Abbildung 6.4). Die parallele und überlagerungsfreie Anordnung von mehreren Anwendungsfenstern (z. B. für Email, Textbearbeitung und Referenzdokumente) erleichtert die Orientierung und erübrigt zeitraubende Such- oder Scrollvorgänge.

Abbildung 6.4   Information Worker's Workplace (IWWP)

Der Information Worker's Workplace eignet sich vornehmlich für non-territoriale Bürokonzepte. Zur Inbetriebnahme meldet sich der Nutzer per digitaler Chipkarte am Arbeitsplatz an und gelangt in sein persönliches Nutzerprofil; dieses umfasst beispielsweise die anthropometrische Anpassung der Tischhöhe, eine Rufumleitung auf »Voice over IP«-Telefonie und eine personalisierte Tastenbelegung.
Durch Drehen der asymmetrischen Tischplatte lässt sich der Einzelarbeitsplatz rasch in einen Teamarbeitsplatz für bis zu drei Personen verwandeln. Bei Teambesprechungen wird jeder Person ein eigener Bildschirm zugewiesen, so dass die Visualisierungstechniken auch im Team optimal zur Anwendung kommen.
Der »Information Worker's Workplace« führt leistungsfähige Informationstechnologien in einer zweckmäßigen Infrastruktur für Wissensarbeit zusammen und trägt hierdurch zu einer effizienten Arbeitsweise bei.

6.2 Raumflächen am Arbeitsplatz

Gute Arbeit benötigt Platz. Um anfallende Arbeitsaufgaben effizient erledigen zu können, ist eine ausreichende Raumfläche vorzusehen. Arbeitsplatz und -umgebung dürfen die Büroarbeiter bei ihren natürlichen Bewegungsabläufen nicht behindern und sollen wechselnde Arbeitshaltungen ermöglichen. Zudem sollen genügend breite Verkehrswege einen ungehinderten Zugang zu den Arbeitsorten gewähren (Neumann 2008).
Für Bildschirmarbeitsplätze richtet sich der Flächenbedarf nach der Art der Tätigkeit, der Funktionalität, der Anzahl der Arbeitsplätze im Raum sowie der Ausstattung mit Arbeitsgeräten. Ein Büroraum muss mindestens über ein Fenster bzw. eine Sichtverbindung nach außen verfügen. Ein idealer Arbeitsplatz ermöglicht sowohl ein kommunikatives als auch ein konzentriertes Arbeiten. Hierzu ist ein störungsarmer Rückzugsraum unabdingbar.
Nachfolgend werden die maßlichen Anforderungen an Raumflächen erörtert. Zudem werden Regeln zur günstigen Aufstellung von Mobiliar benannt.

6.2.1 Maßliche Anforderungen an Raumflächen

Arbeitsräume müssen eine ausreichende Grundfläche aufweisen, so dass die Büroarbeiter ohne Beeinträchtigung ihrer Sicherheit und Gesundheit die Arbeit verrichten können. Büroflächen werden nach DIN 4543-1 unterteilt in:

- Möbelstellflächen,
- Arbeitsflächen,
- Benutzerflächen,
- Möbelfunktionsflächen und
- Verkehrswegeflächen (einschließliche Sicherheitsabstände).

Die Bedeutung und die Mindestmaße dieser Flächen werden nachfolgend anhand eines idealtypischen Bürogrundrisses erläutert (vgl. Abbildung 6.5).

Stellflächen

Stellflächen sind die Flächen, die Möbel (z. B. Arbeitstische, Bürostühle, Schränke) und Einrichtungsgegenstände (z. B. Pflanzenkübel) überdecken.

Arbeitsflächen

Arbeitsflächen sind Flächen in Höhe des Arbeitstisches, die mindestens 80 cm tief sind (vgl. Kapitel 6.1.2).

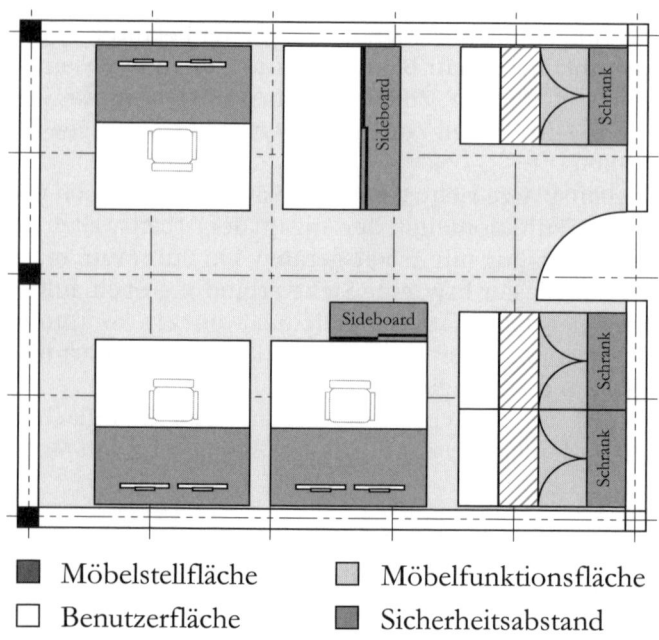

Abbildung 6.5 Idealtypischer Bürogrundriss mit Flächenbezeichnung

Benutzerflächen

Die Benutzerfläche an persönlichen Arbeitsplätzen muss mindestens 1m tief sein. An Arbeitsplätzen, die nur gelegentlich benutzt werden z.B. an Besprechungs- und Besucherplätzen sowie an Steharbeitsplätzen und an Schränken, muss sie eine Tiefe von 80 cm aufweisen. An Besprechungs- und Besucherplätzen, die über einen ausreichenden Beinraum verfügen, kann sie auf 60 cm verringert werden.
An Schränken mit Auszügen ergibt sich die Benutzerfläche aus der Auszugstiefe zuzüglich einem Sicherheitsabstand von 50 cm.
Benutzerflächen an den Arbeitsplätzen dürfen nicht verstellt und von anderweitigen Benutzerflächen bzw. von Verkehrswegeflächen überlagert werden. In die Benutzerflächen dürfen keine Möbelfunktionsflächen von allgemein genutzten Schränken ragen. Dies gilt nicht für Schränke am persönlich zugeordneten Arbeitsplatz.

Möbelfunktionsflächen

Damit sich Türen und Auszüge von Schränken problemlos öffnen lassen, sind entsprechend große Möbelfunktionsflächen einzuplanen. Die Möbelfunktionsfläche entspricht der Projektionsfläche, über der die Möbelteile geöffnet werden. So benötigen z.B. Schiebetürenschränke keine Möbelfunktionsfläche, Flügeltürenschränke eine Möbelfunktionsfläche von der Tiefe der Schranktüren, und Schränke mit Auszügen eine Möbelfunktionsfläche von der Tiefe der Auszüge.

Verkehrswegeflächen

Die Breite der Verkehrswege richtet sich nach der Personenzahl, die sie benutzen. Sie reichen von 80 cm (bei wenigen Benutzern) bis über 200 cm bei mehreren hundert Benutzern täglich. Verbindungsgänge zu persönlichen Arbeitsplätzen sind idealerweise mindestens 60 cm breit. Fenster und Türen müssen ungehindert zugänglich sein, um Quetsch- und Scherstellen zu vermeiden. Ihre Zugänge sollen eine Mindestbreite von 50 cm aufweisen.

6.2.2 Ermittlung des Flächenbedarfs

Planung oder Auswahl geeigneter Büroobjekte erfordern es, den Flächenbedarf für eine bestimmte Anzahl von Arbeitsplätzen abzuschätzen. Es ist davon auszugehen, dass die Fläche eines üblich möblierten Arbeitsplatzes mit anteiligen Verkehrsflächen ca. 8–10 m^2 beträgt. Aufgrund des höheren Verkehrsflächenbedarfs und der größeren Störwirkungen sind in Großraumbüros 12–15 m^2 einzuplanen.

Die Aufstellung von Arbeitsmitteln erfordert eine unverstellte Bewegungsfläche von mindestens 1,5 m², die nicht weniger als 1 m breit oder tief sein soll. Ferner sind lichte Raumhöhen zu beachten, die bei Büroräumen mindestens 2,50 m betragen sollen.

6.2.3 Räumliche Anordnung der Arbeitsplätze

Die räumliche Anordnung der Arbeitsplätze richtet sich vorrangig nach den Arbeitsabläufen, der Zusammenarbeit und den Kommunikationsformen im Büro. Eine günstige Raumanordnung trägt dazu bei, dass die Büroarbeiter ihre Arbeit möglichst effektiv und störungsfrei erledigen können (vgl. Windlinger/Zäch 2007).

Gute Arbeitsplätze verfügen über eine Sichtverbindung nach außen und ausreichendes Tageslicht. Sie sind entlang der Fensterfront und weniger in der Raumtiefe angeordnet. Verläuft die Blickrichtung parallel zur Fensterfront, so werden Blendungen und Spiegelungen auf dem Bildschirm durch das Tageslicht so gering wie möglich gehalten.

Bei der Anordnung von Arbeitsplätzen ist die Privatsphäre der Büroarbeiter zu wahren. Beispielsweise sollen rückwärtige Türen vermieden werden. Viele Büroarbeiter fühlen sich in ihrer Privatsphäre gestört, wenn ihre Arbeitsplätze vollständig einsehbar sind. Die meisten Menschen empfinden eine Distanz von weniger als 50 cm zu anderen Personen als unangenehm. Um günstige Bedingungen für ein störungsfreies Arbeiten oder Telefonieren zu schaffen, können Arbeitsplätze ggf. mit schallabsorbierenden Raumgliederungselementen abgegrenzt werden (vgl. Kapitel 6.3.3).

Nicht zuletzt trägt auch die Anordnung von Arbeitsplätzen zum ästhetischen Gesamtbild des Büroraumes bei. Geometrisch regelmäßig angeordnete Arbeitsplätze werden häufig als harmonisch empfunden (Neumann 2008).

6.3 Arbeitsumgebung: Beleuchtung, Klima und Akustik

Die Umgebungsfaktoren Beleuchtung, Klima oder Lärm wirken unmittelbar auf das Befinden des arbeitenden Menschen und seine Leistungsfähigkeit ein (vgl. Rieck 2010). Umgebungsbedingte Störungen lassen sich durch eine fachkundige Planung der Arbeitsumgebung vorausschauend vermeiden. Nachfolgend werden zentrale Faktoren für die Beleuchtung, das Klima und die Akustik erläutert, und Hinweise für die Planung der Arbeitsumgebung im Büro gegeben.

6.3.1 Beleuchtung

Die weitaus meisten Informationen aus seiner Außenwelt nimmt der Mensch über den visuellen Sinn wahr. Voraussetzung für eine visuelle Informationsaufnahme ist eine angemessene Beleuchtung. Hierdurch lässt sich die Beanspruchung der Augen reduzieren und die Arbeitsleistung erhöhen. Für eine angemessene Arbeitsplatzbeleuchtung sind ein ausreichend hohes Helligkeitsniveau, eine harmonische Helligkeitsverteilung, eine größtmögliche Blendungsbegrenzung sowie eine gute Kontrastwiedergabe bedeutsam. Die Beleuchtung soll sich dabei an der jeweiligen Tätigkeit sowie an den Umfeldbedingungen des Arbeitsplatzes orientieren. Eine günstige Arbeitsplatzbeleuchtung wird oftmals durch einen natürlichen Lichteinfall und eine ergänzende künstliche Beleuchtung erzielt (Bullinger 1994).

Ein Mangel an Tageslicht kann zu Beschwerden wie Kopfschmerzen, Konzentrationsschwäche und Depressionen führen. Obwohl die medizinische Forschung in diesem Bereich noch in den Anfängen steckt, ist unumstritten, dass natürliches Licht eine unabdingbare Voraussetzung für das menschliche Wohlbefinden darstellt (Rieck 2010). Herkömmliche Glühlampen und Leuchtstoffröhren geben nur einen Bruchteil des Sonnenlichtspektrums wieder. Dennoch gibt es Möglichkeiten, gesundheitliche Beeinträchtigungen durch den Einsatz von Tageslicht-Vollspektrumlampen zu vermeiden; diese Lampen kommen dem Lichtspektrum der Sonne recht nahe (Martin 2007).

Tageslicht

Tageslichtbeleuchtung beeinflusst die Leistungsfähigkeit des Menschen und sein Befinden. Tageslicht steuert die innere Uhr und reguliert mithin die vegetativen Prozesse und die Funktionen des Organismus (Spath et al. 2003a). In Verbindung mit einer Sichtverbindung ist das Tageslicht ein bedeutendes Bindeglied zur natürlichen Umgebung. Das Tageslicht vermittelt Informationen über die Jahres- und Tageszeit sowie die Witterung. Der Gesetzgeber trägt dem Rechnung, indem er in der Arbeitsstättenverordnung festlegt, dass Arbeitsstätten möglichst ausreichend Tageslicht erhalten müssen.

Der Tageslichteinfall wird vor allem von der Größe, Anordnung und Beschaffenheit der Fenster oder anderer Tageslichtöffnungen (z. B. Dachoberlichter) beeinflusst. Folgende Aspekte sind nach DIN 5034 bzw. DIN EN 12464-1 zu beachten:

- Die Fläche der Fenster soll 10–20 Prozent der Raumgrundfläche betragen.

- Verbauungen an der Fensterfassade, niedrige Sturzunterkanten, Ausrichtungen der Arbeitsräume hin zu Innenhöfen, Atrien, Lichtschächten sowie nahe Gebäude und Bäume vermindern den Tageslichteinfall.
- Nur Fensterflächen oberhalb der Arbeitsebene (d.h. Höhe der Tischflächen) tragen zur horizontalen Beleuchtungsstärke bei. Daraus ergibt sich eine zweckmäßige Brüstungshöhe für Büroräume von 85–95 cm.
- Der Lichttransmissionsgrad (d.h. Lichtdurchlässigkeit) der Verglasung soll je nach Fensterflächengröße zwischen 50 und 70 Prozent liegen. Eine Verschmutzung der Verglasung mindert den Tageslichteinfall.
- Der Tageslichteinfall nimmt exponentiell mit der Entfernung vom Fenster ab. In einseitig befensterten Räumen reicht das Tageslicht an Arbeitsplätzen, die tiefer als 6 m im Raum angeordnet sind, meist nicht mehr aus.
- Die Fenster sollen an einer Fensterfront oder zwei gegenüberliegenden Fensterfronten angeordnet sein. Über Eck angeordnete Fensterfronten können bei der Bildschirmarbeit zu Blendungen führen.
- Um Blendungen durch das Tageslicht und eine Aufheizung der Räume im Sommer zu vermeiden, sind wirksame Sonnenschutzvorrichtungen an den Fenstern vorzusehen.

Künstliche Beleuchtung

Nicht zu jeder Tages- und Jahreszeit reicht das natürliche Licht aus, um die Arbeitsplätze ausreichend zu beleuchten. Arbeitsräume müssen daher mit einer künstlichen Beleuchtung ausgestattet sein. Die künstliche Beleuchtung soll nicht nur für die Sehaufgabe ausreichendes Licht in guter Qualität zur Verfügung stellen, sondern auch zum Wohlbefinden beitragen. Hierzu gilt es, diverse lichttechnische Gütemerkmale zu berücksichtigen:

- *Beleuchtungsstärke:* An Büroarbeitsplätzen muss die horizontale Beleuchtungsstärke im Mittel mindestens 500 Lux betragen. Diese mittlere Beleuchtungsstärke gilt nicht für den gesamten Raum, sondern kann sich auf die Arbeitsbereiche beschränken. Im restlichen Raumbereich – dem Umgebungsbereich – soll die Beleuchtungsstärke im Mittel mindestens 300 Lux betragen. Für Sehaufgaben wie Lesen von Papiervorlagen oder für ältere Personen kann eine zusätzliche Arbeitsplatzleuchte (z.B. Tischleuchte) zweckmäßig sein. Diese Leuchte soll eine Fläche von 60 x 60 cm mit mindestens 750 Lux erhellen.

- *Blendung:* Bei Blendung wird zwischen Direkt- und Reflexblendung unterschieden. Störende Direktblendung kann durch helle Flächen – z.b. von Leuchten, Fenstern oder beleuchteten Raumflächen – im Gesichtsfeld auftreten und ist zu begrenzen. Die Blendungsbegrenzung der Leuchten hinsichtlich der Direktblendung wird durch den »Unified Glare Rating (UGR)«-Wert gekennzeichnet. Der UGR-Wert für Leuchten an Bildschirmarbeitsplätzen darf nicht größer als 19 Einheiten sein. Reflexblendung entsteht durch Störlichtquellen (z.b. Fenster, Leuchten) insbesondere auf dem Bildschirm. Reflexionen auf dem Bildschirm können den Kontrast mindern und dadurch die Bildschirmanzeige verschlechtern. Um dies zu vermeiden, müssen Leuchten an Bildschirmarbeitsplätzen auch hinsichtlich einer Reflexblendung begrenzt sein. Ihre Leuchtdichte darf im relevanten Bereich 1.000 cd/m^2 (entspiegelte Bildschirme) bzw. 200 cd/m^2 (glänzende Bildschirme in Negativdarstellung) nicht überschreiten. Auf nicht entspiegelte Bildschirme soll bei Bürotätigkeiten verzichtet werden. Um eine Blendung durch Tageslicht weitgehend zu vermeiden, soll die Blickrichtung an den Arbeitsplätzen möglichst parallel zur Hauptfensterfront verlaufen. Eine Aufstellung von Bildschirmen vor den Fenstern kann wegen der großen Leuchtdichteunterschiede zwischen Bildschirm und Fensterfläche zur Direktblendung führen. In Räumen mit Bildschirmarbeitsplätzen müssen geeignete Sonnenschutzvorrichtungen an den Fenstern angebracht sein, um Blendeinflüsse des Tageslichtes zu begrenzen.
- *Lichtfarbe und Farbwiedergabe:* Die Lichtstimmung in einem Raum wird u.a. durch die Lichtfarbe und Farbwiedergabe der Lampen bestimmt. Die Farbwiedergabe beschreibt, ob die Farben durch die Beleuchtung möglichst naturgetreu wiedergegeben werden. Die Lichtfarbe ist ausschlaggebend dafür, ob das Licht warm, neutral oder kühl wirkt (vgl. Abbildung 6.6).
- *Flimmerfreie Beleuchtung:* Eine flimmerfreie Beleuchtung wirkt weniger ermüdend. Flimmern wird durch elektronische Vorschaltgeräte vermieden, die zudem den Energieverbrauch senken.
- *Beleuchtungsarten*: Je nach Abgabe des Lichts durch die Leuchten wird in Direkt-, Direkt-/Indirekt- und Indirektbeleuchtung unterschieden. Bei der Direktbeleuchtung wird das Licht direkt von der Leuchte auf den Arbeitsplatz gestrahlt. Nachteil der Direktbeleuchtung ist, dass die Decke dunkel erscheint und das Blendrisiko hoch ist. Bei der Indirektbeleuchtung wird das Licht der Leuchte an eine Raumbegrenzungsfläche (z.B. Decke) gestrahlt und von

dort in den Raum reflektiert. Dadurch wird ein angenehmer Helligkeitseindruck im Raum erzeugt und die Blendwahrscheinlichkeit reduziert. Indirektes Licht erscheint jedoch diffus. Außerdem ist die Energieeffizienz geringer. Die Direkt-/Indirektbeleuchtung (z. B. Pendelleuchten, Stehleuchten oder Tischleuchten) vereint die Vorteile der Direktbeleuchtung und der Indirektbeleuchtung und mindert deren Nachteile.

- *Anpassbarkeit an individuelle Bedürfnisse*: Hierzu tragen z.B. Arbeitsplatzleuchten bei, die einzeln geschaltet bzw. gedimmt werden können. Steuerbare Beleuchtungsanlagen ermöglichen, dass verschiedene Lichtsituationen je nach Tätigkeit, Tageszeit oder Befinden aufgerufen werden.
- *Steuerbarkeit*: Durch Veränderung von Beleuchtungsstärke, ggf. in Verbindung mit Sonnenschutzvorrichtungen, Lichtfarbe und Lichtrichtung lassen sich unterschiedliche Lichtsituationen erzeugen. Laufen verschiedene Lichtsituationen hintereinander ab, spricht man von dynamischem Licht.
- *Flexibilität*: Variable Raumnutzungskonzepte erfordern flexible Beleuchtungskonzepte. Um z.B. Leichtbauwände einfach versetzen zu können, werden Leuchten senkrecht zur Fensterfassade angeordnet. Leuchten mit lichtlenkenden optischen Strukturen sorgen dafür, dass unter keinen Umständen störende Blendung am Arbeitsplatz entsteht. Mobile Leuchten (wie z.B. Steh- und Tischleuchten) eignen sich vor allem für variabel angeordnete Arbeitsplätze.
- *Ästhetik*: Die Gestalt und die Art der Leuchten sowie ihre Anordnung sollen das Erscheinungsbild des Büroraumes und des Gebäudes nach außen hin unterstützen.
- *Energieeffizienz*: Beleuchtungsanlagen sollen energieeffizient sein. Nach der Energieeinsparverordnung ist der Energieverbrauch von Beleuchtungsanlagen bereits bei der Gebäudeplanung zu berücksichtigen.

Abbildung 6.6 Dynamische Beleuchtung (d.h. variierende Lichtfarbe und Beleuchtungsniveau) am Büroarbeitsplatz (Abdruck mit Genehmigung von Philips)

Integration von Beleuchtungs- und Displaytechnik

Neue technologische Entwicklungen führen zu einem vermehrten Einsatz von Leuchtdioden (LED) zu Beleuchtungszecken. Für ihre Anwendung sprechen vorteilhafte Eigenschaften, wie geringer Raumbedarf, hohe Leuchtdichten, Frequenz- bzw. Farbvariabilität, lange Lebensdauer und hohe Energieeffizienz. In Verbindung mit Displaytechnologien ergeben sich neuartige Visualisierungsformen, wie etwa »Lichttapeten«, auf denen bedarfsweise auch Informationen darstellbar sind. In Verbindung mit adaptiven optischen Systemen können so beliebige Flächen eines Raumes – von den Wänden bis hin zu den Möbeln – zu Licht- und Informationsquellen mutieren (Spath et al. 2008).

Derart zukunftsweisende Beleuchtungs- und Anzeigesystemen sollen günstige Leistungsvoraussetzungen für geistige Arbeit schaffen und zur Gesunderhaltung des arbeitenden Menschen beitragen. Neben Aspekten einer optimalen Sehleistung soll die Beleuchtung den Organismus aktivieren, damit eine Tätigkeitsausführung nicht allzu früh zu ermüdungsbedingten Aufmerksamkeitsdefiziten führt.

Wesentlich für innovative Lichtkonzepte ist, dass Beleuchtung nicht als statische, möglichst gleichmäßige Installation in einen Raum und seinen begrenzenden Flächen aufgefasst wird. Die Beleuchtung wird vielmehr als ein dynamisches Design eines visuellen Raumklimas verstanden. Die Dynamisierung von lichttechnischen Systemen umfasst die zweckmäßige Variation von Lichtintensität, Lichtfarbe und Lichtverteilung unter Einbeziehung des natürlichen Tageslichts.

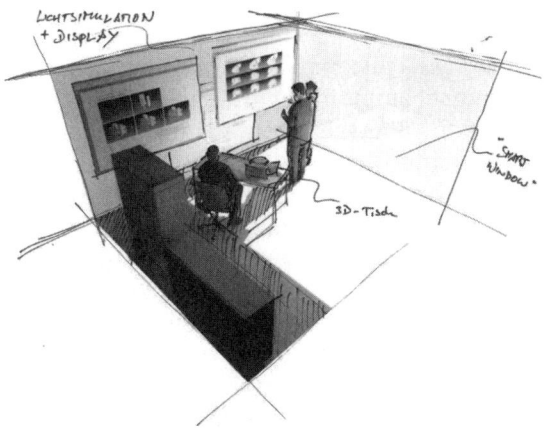

Abbildung 6.7: Konzeptskizze des »n-Lightenend Workplace« am Fraunhofer IAO

Ein derartiges Arbeitsplatzkonzept wird mit dem »n-Lightened Workplace« am Fraunhofer IAO prototypisch realisiert (vgl. Abbildung 6.7). Die modularen Wandflächen des n-Lightened Workplace können wahlweise als Displays, Leuchtflächen oder passiven Flächen verwendet werden. Die Modularität ermöglicht eine rasche Integration neuer Displaytechnologien in das Gesamtsystem. Hinzu kommen Punktlichtquellen, die automatisch positionierbar sind und damit einzelne Gegenstände visuell betonen. Alle Komponenten des n-Lightened Workplace, werden über ein zentrales System gesteuert; dieses ermöglicht die anwendungsgerechte, dynamische Darstellung einer optimalen, partiell auch vom Benutzer wählbaren Lichtsituation im Raum. Der n-Lightened Workplace ist ein Kernelement des »Light-Fusion«-Konzeptes, mit dem Fraunhofer IAO innovative Akzente für die Büro- und Arbeitsgestaltung setzt.

6.3.2 Klima

Das körperliche Befinden am Arbeitsplatz wird maßgeblich durch das Klima und dessen vielfältige Wechselwirkungen mit dem menschlichen Organismus bestimmt. Die Klimafaktoren, die Kleidung und die Art der körperlichen Aktivität beeinflussen das Klimaempfinden. Das Behaglichkeitsempfinden ist individuell unterschiedlich. Es hängt von Aktivitätsgrad, Bekleidung und Aufenthaltsdauer im Raum ab und unterliegt tages- und jahreszeitlichen Schwankungen. Einflüsse resultieren zudem aus der Disposition der Arbeitsperson, ihrem Geschlecht, ihrem Körpergewicht und ihrem psychischen Befinden (LASI 1999):

Physikalische Faktoren

- *Raumtemperatur*: Die Lufttemperatur in Büroräumen muss mindestens 20 °C betragen. Empfohlen wird eine Lufttemperatur bis 22 °C; sie soll 26 °C nicht überschreiten. Bei darüber liegenden Außentemperaturen ist in Ausnahmefällen eine höhere Lufttemperatur zulässig. Die Raumtemperatur soll eher niedrig gewählt werden, wobei der Ausgleich durch Kleidung erfolgen kann. Um zu hohen Raumtemperaturen vorzubeugen, sind baulich-technische Maßnahmen (z. B. isolierende Bauweise, keine großflächige Verglasungen, Kühldecken, Baukerntemperierung) sowie geeignete Sonnenschutzvorrichtungen zweckmäßig vorzusehen. Ebenso ist eine allzu starke Wärmebelastung durch eine hohe Arbeitsplatzdichte und elektrische Geräte, wie Bildschirme, Rechner und Beleuchtung zu vermeiden.

- *Luftfeuchte*: Im Winter soll die relative Luftfeuchte nicht mehr als 50 Prozent betragen, da ansonsten eine Schimmelpilzbildung begünstigt wird. Andererseits soll die relative Luftfeuchte über 40 Prozent liegen, um elektrostatische Aufladungen zu vermeiden. Technische Anlagen zur Befeuchtung der Luft sind aufwendig. Ihr Einsatz empfiehlt sich nur, wenn dies aus technischen Gründen unabdingbar ist.
- *Luftgeschwindigkeit*: Für Lufttemperaturen zwischen 20 °C und 22 °C soll die Luftgeschwindigkeit im Bereich von 0,1–0,15 m/s liegen. Bei höheren Lufttemperaturen sind höhere Luftgeschwindigkeiten angenehm, etwa 0,2 m/s bei 26 °C.

Aufgrund des individuellen Klimaempfindens ist es in großen Büroräumen nahezu unmöglich, für alle Büroarbeiter ein angemessenes Raumklima zu schaffen. Gefragt sind daher individuelle und arbeitsplatzbezogene Einstellmöglichkeiten für Heizung und Lüftung. Büroräume sollen vorrangig über Fenster belüftet werden. In der Praxis hat sich gezeigt, dass bei Fensterlüftung die Büroarbeiter weniger Beschwerden äußern als bei klimatisierten Büroräumen. Erfordert die räumliche Situation z. B. in Großraumbüros den Einsatz von raumlufttechnischen Anlagen, so sind diese regelmäßig zu reinigen, zu warten und instandzusetzen, um nicht zu verkeimen (Köck/Ohl 1986).

Veraltete Klimaanlagen belasten die Büros häufig durch hohe Staubkonzentrationen. Aber auch in frisch renovierten Bürogebäuden tritt zuweilen das *Sick-Building-Syndrom* auf. Ursächlich hierfür sind u.a. erhöhte Luftschadstoffkonzentrationen. So können Stoffe wie Formaldehyd und Toluol, die aus Lacken, Wandfarben oder Faserstiften ausdünsten, zu Unwohlsein, Augenbrennen, Kopfschmerzen und Allergien führen (Braun 2009b). Wenn möglich, soll mehrmals täglich die Raumluft durch Öffnen der Fenster gründlich ausgetauscht werden.

In gewissem Umfang können auch Büropflanzen zur Verbesserung des Raumklimas beitragen. So eignet sich beispielsweise der Schwertfarn zur Bindung von Formaldehyd; Xylol und Toluol werden von der Arecapalme wirkungsvoll aus der Luft gefiltert. Durch die Verdunstung von Wasser sorgen Grün- und Wasserpflanzen wie Papyrus, Efeu, Einblatt, Grünlilie und Feigenbaum für ein angenehmes Raumklima. Ob raumklimatische Belastungen als störend empfunden werden, hängt auch vom Arbeitsklima im Büro ab. Bei permanenter Überforderung, Ärger mit Kollegen und Vorgesetzten reagieren viele Büroarbeiter sensibel auf raumklimatische Einflüsse. Die Auswirkungen psychischer Belastungen auf das Befinden sind daher nicht zu unterschätzen.

6.3.3 Akustik

Innerhalb der Umfeldfaktoren im Büro spielt die Akustik eine bedeutsame Rolle. Akustischer Lärm tritt als unerwünschtes Schallereignis auf, dessen Empfinden jedoch individuell und situationsabhängig ist. Nicht jede Schalleinwirkung wird vom Menschen als Lärm qualifiziert; Schall wird erst dann als Lärm bezeichnet, wenn mit ihm eine Störung oder Schädigung verbunden ist.

Die Auswirkungen von Lärm sind vielfältig. So wirkt konzentrierte Arbeit unter Geräuscheinwirkung schnell ermüdend. Lärm kann die Sprachverständigung stören. Bei anhaltender Lärmeinwirkung sind psychische und vegetative Reaktionen wie Ärger, Stress und Schlaflosigkeit nicht auszuschließen. Andererseits können bei Büroarbeit mit sehr niedrigem Schallpegel die Gespräche der Kollegen störender sein als diffuse Hintergrundgeräusche.

Beurteilung von Schall

Eine Schallbeurteilung wird anhand des Beurteilungspegels vorgenommen. Er wird ermittelt aus
- der Höhe des Schalldruckpegels in Dezibel (dB),
- der Zusammensetzung des Frequenzspektrums (d. h. Anteil tiefer, mittlerer und hoher Tonlagen) und
- der zeitlichen Verteilung des Schallereignisses.

Schall im Büro wird durch eine A-Bewertung gekennzeichnet. Das bedeutet, dass die unterschiedlichen Frequenzanteile der Geräusche entsprechend der menschlichen Wahrnehmung bewertet werden. Der Mensch kann Töne in einem Frequenzbereich von etwa 60 Hertz (Hz) bis 16.000 Hz wahrnehmen, im Bereich von 1.000–5.000 Hz hört er Töne lauter als in anderen Bereichen. Dies wird bei der Messung des Schalldruckpegels berücksichtigt. Treten in diesem Bereich Geräusche auf, gehen sie stärker in die Bewertung ein.

Zur Beurteilung der gesundheitlichen Wirkungen von Schall wird der Durchschnittswert eines achtstündigen Arbeitstages gebildet. Der hierbei ermittelte Beurteilungspegel an Büroarbeitsplätzen soll unter Berücksichtigung der von außen einwirkenden Geräusche möglichst niedrig sein. Aufgrund der zahlreichen Einflussgrößen ist eine verbindliche Beurteilung der zulässigen Geräuschimmission im

Büro nur bedingt möglich. Aus Erfahrung wird bei überwiegend sprachlicher Kommunikation ein Beurteilungspegel von 55 Dezibel (A) als zumutbar erachtet. Bei konzentrierter geistiger Tätigkeit beträgt der angemessene Beurteilungspegel nur 40 Dezibel (A), wo hingegen bei Routinetätigkeiten ein Schalldruckpegel von 70 Dezibel (A) als akzeptabel erachtet wird. Lärmeinflüsse im Büro, die diesen Pegel überschreiten, sollen wirksam beseitigt werden (VDI 2058).

Lärmminderungsmaßnahmen
Primäres Ziel der Lärmminderung ist es, den Lärm erst gar nicht entstehen zu lassen bzw. dessen Ausbreitung zu verhindern. So können laute Büromaschinen beispielsweise gegen lärmarme Geräte getauscht werden. Büromaschinen verfügen über eine normgerechte Geräuschemissionsangabe, die den Schallleistungspegel bei Leerlauf und im Betriebszustand umfasst. Diese Angabe erleichtert die Entscheidung, das Gerät mit der niedrigsten Geräuschemission auszuwählen. Da der Schalldruckpegel am Arbeitsplatz insbesondere durch einen Druckereinsatz beeinflusst wird, sollen bevorzugt Laser-, Thermo- oder Tintenstrahldrucker mit einem maximalen Schallleistungspegel von 55 Dezibel (A) eingesetzt werden (VDI 2569).
Bei lauten Druckern sind geeignete Lärmminderungsmaßnahmen wie Schallschutzhauben vorzusehen. Drucker mit starken Vibrationen sollen zudem auf einem gesonderten Tisch aufgestellt werden, um die Lesbarkeit der Bildschirmanzeige und die Feinmotorik der Hand beim Schreiben nicht durch Schwingungsimpulse zu stören (DIN EN ISO 9241-6).
In einem weiteren Schritt wird eine Reduzierung der Schalleinwirkung durch organisatorische und bauliche Maßnahmen angestrebt. Finden Besprechungen etwa in separaten Räumen statt, lassen sich störende Geräuscheinflüsse weitgehend vermeiden. Weisen Fenster, Türen und Wände eines Bürogebäudes eine hohe Schalldämmung auf, so können von außen eindringende Geräusche niedrig gehalten werden. Decken- und Bodenmaterialien sollen den Schall absorbieren. In größeren Büros kann es geboten sein, schallabsorbierende Abschirmungen bzw. Stellwände an den Arbeitsplätzen einzusetzen (vgl. Fuchs/Renz 2007).
Neben erhöhten Lärmbelastungen kann eine ununterbrochene Präsenz das menschliche Befinden im Großraumbüro beeinträchtigen. Ständiger Publikumsverkehr steigert die körperliche Anspannung, worunter die Gedächtnisleistung leidet. Durch Maßnahmen zur individuellen Klima- und Lichtregulierung, zum Sichtschutz sowie zur

Lärmminderung lassen sich die Arbeitsbedingungen verbessern. Großraumbüros mit mehreren Hundert Beschäftigten werden diesbezüglich als nachteilig bewertet. Hingegen verbinden Konzepte wie das Kombi-Büro die gegensätzlichen Anforderungen von Kommunikation und Konzentration auf angemessene Weise (vgl. Kapitel 3.2.2).

7 Einsatz von Arbeitsmitteln

Arbeitsmittel sind die technischen Komponenten eines Arbeitsplatzes (d.h. Hard- und Software), die im Besonderen der Interaktion von Mensch und Informationssystem dienen. Um die Gesundheit der Büroarbeiter zu schützen, haben die eingesetzten Arbeitsmittel den einschlägigen sicherheitstechnischen Mindestanforderungen zu entsprechen. Darüber hinaus ist es vorteilhaft, wenn sich Arbeitsmittel durch eine ergonomische Gestaltung an die individuellen Bedürfnisse ihrer Nutzer anpassen lassen.

Die DIN EN ISO 9241 befasst sich mit verschiedenen Aspekten der Interaktion von Mensch und Informationssystem. Neben spezifischen Anforderungen an einzelne Arbeitsmittel enthält sie grundlegende Anforderungen an die gebrauchstaugliche Gestaltung der Arbeit mit Informationssystemen. Bei der Bildschirmarbeit im Büro sind sieben Grundsätze bzw. Bewertungskriterien für »gute« Arbeitsmittel wegweisend (DIN EN ISO 9241-110):

- *Aufgabenangemessenheit*: Ein Arbeitsmittel ist geeignet, eine gestellte Aufgabe erfolgreich zu bearbeiten bzw. zu lösen.
- *Selbsterklärbarkeit*: Die Schritte zur Nutzung eines Arbeitsmittels sind transparent und erklären sich selbst.
- *Erwartungskonformität*: Ein Arbeitsmittel lässt sich auf Grund der Benutzerintuition oder bekannter Strukturen nutzen.
- *Steuerbarkeit*: Der Benutzer ist in der Lage, einzelne Schritte und die Geschwindigkeit einer Arbeitsmittelnutzung zu bestimmen.
- *Lernförderlichkeit*: Ein Arbeitsmittel erleichtert das Erlernen des Umgangs.
- *Fehlertoleranz*: Ein Arbeitsmittel kompensiert mögliche Fehler des Benutzers oder gleicht diese aus.
- *Individualisierbarkeit*: Ein Arbeitsmittel ermöglicht die Anpassung an die individuellen Benutzer oder bestimmte Gruppen von Benutzern.

Durch eine ergonomische Gestaltung von Hard- und Software werden Arbeitsmittel an die körperlichen und geistigen Fähigkeiten und Grenzen ihrer Benutzer angepasst.

7.1 Hardware

Die räumliche Anordnung der Hardware beeinflusst die Körperhaltung und die Bewegungsabläufe der Arbeitsperson am Bildschirmarbeitsplatz. Durch eine Anordnung der Arbeitsmittel entsprechend der Häufigkeit ihrer Nutzung lassen sich einseitige Körperdrehungen und andere Zwangshaltungen vermeiden. Geeigneterweise sind die am häufigsten genutzten Arbeitsmittel wie Bildschirm, Tastatur und Vorlagenhalter zentral vor der arbeitenden Person positioniert. Weitere Gestaltungs- und Nutzungsregeln werden im Folgenden erörtert.

7.1.1 Bildschirmgeräte

Am Bildschirmarbeitsplatz kommt der zweckmäßigen Auswahl und Nutzung von Bildschirmgeräten eine hohe Bedeutung zu. Bei Bildschirmanzeigen betrifft dies insbesondere eine angemessene Zeichengröße (in Abhängigkeit von der Leseentfernung) sowie ein ausreichendes Kontrastverhältnis zwischen Zeichen und Hintergrund. Darüber hinaus ist eine möglichst hohe optische Auflösung anzustreben. Neben einer deutlichen und scharfen Zeichendarstellung ist es wichtig, dass keine störenden Reflexionen auftreten; dies wird u.a. durch entspiegelte Bildschirmoberflächen erreicht. Ein Reflexionsschutz durch eine aufgeraute Bildschirmoberfläche wird zumeist durch eine verminderter Leuchtdichte und Zeichenschärfe erkauft.
Bei Farbbildschirmen setzen sich die einzelnen Bildelemente in der Regel aus einem roten, grünen und blauen Leuchtpunkt zusammen, die als Mischfarbe wahrgenommen werden. Die Zusammensetzung des Bildes aus Leuchtpunkten und die Auflösung des Bildschirmes begrenzt die Schärfe der Zeichendarstellung. Intensivfarbige Zeichen können beim Aufblicken vom Bildschirm zu störenden Nachbildern führen. Bei roten oder blauen Zeichen wird eine Scharfeinstellung der Augen erschwert. Daher ist ein einfarbiger Bildschirm mit scharfen Zeichen einem Farbbildschirm mit unscharfen Zeichen vorzuziehen. Das primäre Anwendungsfeld mehrfarbiger Bildschirme ist die Grafik, bei der eine Farbkodierung die visuelle Informationsverarbeitung unterstützt. Auch hier soll der Einsatz von farbigen Bildelementen auf ein erforderliches Minimum reduziert werden.
Für helle Büroräume eignet sich eine Darstellung von dunkeln Zeichen auf hellem Untergrund (d.h. Positivdarstellung), da Reflexe auf der Bildschirmoberfläche weniger störend wahrgenommen werden. Hierbei sind eine flimmerfreie Darstellung und eine ausreichende Strichdicke der dunklen Buchstaben zu beachten (Martin et al. 2008). Bei Verwendung von Kathodenstrahlröhren werden Flimmererscheinungen der Anzeige durch eine ausreichend hohe Bildwiederholfrequenz vermieden. Eine zufriedenstellende Darstellung ergibt sich im Allgemeinen ab einer Bildwiederholfrequenz von 70 Hertz.

Flüssigkristall-(LCD-)Flachbildschirme sind hingegen flimmerfrei. Sie strahlen nur wenig Wärme und keine elektromagnetischen Emissionen ab. Viele LCD-Bildschirme weisen hochwertige, entspiegelte Anzeigen auf. Problematisch bei LCD-Anzeigen sind jedoch der begrenzte Ablesewinkel und der häufig unzureichende Darstellungskontrast. LCD-Flachbildschirme erfordern wesentlich kleinere Stellflächen als Bildschirme auf Röhrenbasis, was zu einer erheblichen Platzersparnis führt.

Prototypische LCD-Bildschirme, die über eine kurzwellige LED-Hintergrundbeleuchtung (d. h. 464 nm Wellenlänge) verfügen, beeinflussen nachweislich den Melatoninspiegel ihrer Nutzer (Stefani et al. 2010). Durch eine Melatoninsuppression kann unerwünschten Ermüdungserscheinungen der Bildschirmarbeiter vornehmlich in den Abendstunden entgegengewirkt werden. Einem allgemeinen Einsatz dieser Bildschirmsysteme steht allerdings die bislang ungeklärte Phasenverschiebung der circadianen Rhythmik entgegen.

Ein körpergerechtes Arbeiten erfordert eine getrennte Aufstellung von Bildschirmgerät und Tastatur auf der Arbeitsfläche. Da dies bei Laptops nicht möglich ist, eignen sich diese nicht für eine ständige Arbeit im Büro. Zur Anpassung an die individuellen Bedürfnisse des Nutzers muss der Bildschirm grundsätzlich frei dreh- und neigbar sein.

Bei der Beschaffung von Rechnern und Bildschirmgeräten geben einschlägige Kennzeichnungen eine Orientierung. So soll jedes EDV-Gerät über eine GS-Plakette verfügen, welche die geprüfte Sicherheit nach dem Gerätesicherheitsgesetz durch autorisierte Prüfstellen ausweist. Mit der CE-Kennzeichnung erklärt der der Hersteller die Konformität mit den einschlägigen europäischen Normen (vgl. Kapitel 10.2.4).

7.1.2 Bildschirmbrille

Die Augen eines Bildschirmarbeiters sind extremen Belastungen ausgesetzt. Bis zu 30.000 Mal täglich wechselt der Blick zwischen Bildschirm, Tastatur und Vorlage. Das Auge muss sich ständig auf unterschiedliche Sehweiten und Helligkeitsniveaus einstellen. Die hohe Belastung der Augen am Bildschirm führt dazu, dass fast jeder zweite Bildschirmarbeiter über Sehbeschwerden klagt. Kurze Erholungspausen, in denen der Blick in die Ferne schweift, wirken wohltuend auf die Augenmuskeln. Lässt dennoch die Sehleistung nach oder stellen sich häufig Kopfschmerzen ein, liegt es nahe, im Rahmen einer Augenuntersuchung die Ursache hierfür zu ermitteln.

Nach Expertenmeinung sind unmittelbare Augenschädigungen durch Bildschirmarbeit nicht zu erwarten. Auch für Brillen- und Kontaktlinsenträger besteht grundsätzlich kein erhöhtes Risiko bei der Arbeit an Bildschirmgeräten. Dennoch erscheint es zweckmäßig, das Sehvermögen von Bildschirmarbeitern regelmäßig zu überprüfen. Anlass hierzu ist der Umstand, dass ein Anteil von etwa 30–40 Prozent der Bevölkerung ein unzureichendes oder nicht ausreichend korrigiertes Sehvermögen besitzt. Zum Teil ist dies auf die mit dem Alter nachlassende Akkomodationsfähigkeit der Augenlinse zurückzuführen. Dadurch nimmt der Abstand, in dem in der Nähe noch scharf gesehen werden kann, zu. Einschränkungen des Sehvermögens und eine mangelhafte Gestaltung bzw. Beleuchtung des Arbeitsplatzes führen zu erhöhten visuellen Beanspruchungen sowie zu Beschwerden des Bewegungs- und Halteapparates. Die Folgen können asthenopische Beschwerden, wie Kopfschmerzen, brennende und tränende Augen sowie Flimmern vor den Augen sein (Windel 2008). Diese Erkenntnisse veranlassen, das Sehvermögen und den Bewegungsapparat im Hinblick auf die Bildschirmtätigkeit vorbeugend von einem ermächtigten Arzt zu untersuchen (G 37).

Oft verordnet der Augenarzt in Fall einer Fehlsichtigkeit eine spezielle Bildschirmbrille. Eine Bildschirmbrille ermöglicht ein scharfes Sehen auf eine Distanz von mindestens 50 cm, sie ist auf die jeweiligen Arbeitsaufgaben abgestimmt. Ihr Einsatz empfiehlt sich, wenn eine normale Brille den Sehanforderungen am Bildschirm altersbedingt immer weniger genügt. Die Bildschirmarbeitsverordnung sieht vor, dass der Arbeitgeber die Kosten für eine (einfache) Bildschirmbrille trägt, sofern ihre medizinische Notwendigkeit nachgewiesen wird.

Eine Bildschirmbrille ist auf den Sehabstand zum Bildschirm abgestimmt und berücksichtigt die auszuführenden Arbeitsaufgaben. Folgende Sehhilfen werden bei Bildschirmarbeit eingesetzt:

- *Monofokalbrille:* Wenn die tägliche Arbeit keine Leseaufgaben oder Publikumsverkehr umfasst, reichen Einstärkengläser aus.
- *Bifokalbrille:* Sind für die Tätigkeit sowohl Leseaufgaben als auch Dateneingaben erforderlich, eignen sich Brillen mit Zweistärken- oder Bifokalgläsern. Der Nahteil dient dann dem Lesen und der Fernteil ist auf die Entfernung zum Bildschirm abgestimmt. Auch bei Bildschirmtätigkeiten mit zeitweisem Publikumsverkehr sind Bifokalbrillen empfehlenswert. Hier empfiehlt sich, eine möglichst hoch liegende Trennlinie zwischen Mitteldistanz zum Gerät und Fernbereich zu wählen.

- *Trifokalbrille:* Wenn die Arbeitstätigkeit sowohl Lese- als auch Bildschirmarbeit umfasst und zusätzlich Publikumsverkehr besteht, können Trifokalbrillen zweckmäßig sein. Diese korrigieren im unteren Bereich den Leseabstand, im mittleren die Entfernung zum Gerät und im oberen die Ferne. Der untere und mittlere Bereich soll möglichst breit ausfallen, um das Sichtfeld zu erweitern (Rundnagel/Sehfried 2004).

Eine unzureichende Sehhilfe begünstigt nicht nur Augenbeschwerden und Kopfschmerzen, sondern trägt zudem zu Fehlhaltungen der Wirbelsäule bei. Schmerzhafte Fehlhaltungen entstehen, wenn man entweder zu nah oder zu weit vor dem Bildschirm sitzt. Gleitsichtgläser, bei denen sich der Nahsichtbereich im unteren Brillenrand befindet, tragen ebenfalls häufig zu zwanghaften Nacken- und Rückenschmerzen bei – wenn der Kopf in den Nacken geneigt wird, um besser zu sehen.

7.1.3 Tastatur

Mittels der Tastatur werden Daten und Befehle in das Rechnersystem eingegeben. Die Tastatur muss eine ermüdungsfreie Betätigung ermöglichen. Tastenbetätigungen werden üblicherweise durch einen Druckpunkt, d. h. eine sprungartige Änderung des Kraft-Weg-Verlaufs signalisiert. Dabei ist zu beachten, dass sich der Auslösedruck zwischen den Anschlägen nicht verändert. Die Anordnung der Buchstaben- und Zahlentasten sowie der Funktionstasten erfolgt entsprechend der Schreibmaschinennorm, wobei sich Funktionstasten und -blöcke durch Farbe, Form, Abstand und Lage von den übrigen Tasten abheben können. Die Eingabe umfangreicher Daten wird durch ein getrennt aufgestelltes numerisches Tastenfeld unterstützt.

Das Tastaturgehäuse hat idealerweise eine niedrige Bauhöhe von 3 cm und ist leicht ansteigend geneigt. Zum Höhenausgleich und zur Abstützung der Handballen während des Schreibvorgangs wird die Verwendung einer gepolsterten Handablage mit einer Tiefe von etwa 5 cm empfohlen (DIN EN ISO 9241-4). Büroarbeiter, die häufig mit einer Tastatur arbeiten, sollen ergonomische Modelle mit geteilten Tastenblöcken verwenden, die durch eine Abwinkelung an die natürliche Handhaltung angepasst werden können. Auch ergonomische Rechnermäuse tragen bei, Hand- und Armbeschwerden zu minimieren.

7.1.4 Tragbare Rechner

Tragbare Rechner (d. h. Laptops oder Note-/Netbooks) wurden in den letzten Jahren leistungsfähiger und gebrauchstauglicher. Die größeren Bildschirme mit ihren guten visuellen Eigenschaften verleiten dazu, tragbare Rechner nicht nur für sporadische Dateneingaben, sondern als ausschließliches Arbeitsmittel im Büro zu verwenden. In Deutschland nutzt bereits fast jeder zweite Büroarbeiter zusätzlich bzw. ausschließlich ein mobiles Rechnergerät. Für 14 Prozent von ihnen ist der mobilde Rechner das wichtigste Arbeitsmittel, und von diesen nutzen ihn wiederum 80 Prozent als Standard-Arbeitsmittel (Windel 2008).

Gemäß Bildschirmarbeitsverordnung darf ein tragbarer Rechner ohne Zusatzausstattung am fest eingerichteten Büroarbeitsplatz nicht betrieben werden. Dies gilt auch für die Telearbeit. Nur bei mobilem Einsatz, etwa bei Kundenbesuchen, gelten die Anforderungen der Bildschirmarbeitsverordnung nicht. Diese Einschränkung beruht auf arbeitswissenschaftlichen Erkenntnissen zu den Kriterien Sehabstand, Einstellbarkeit des Bildschirms, Zeichenkontrast und -helligkeit sowie die Eingabemöglichkeiten:

- *Sehabstand und Blickrichtung:* Die bei mobilen Rechnern übliche starre Verbindung von Tastatur und Bildschirm lässt entweder nur eine individuelle Positionierung im angemessenen Sehabstand oder im kleinen Greifbereich zu. Die sich daraus ergebende ergonomische Fehlgestaltung kann zu gesundheitlichen Beeinträchtigungen durch Zwangshaltungen führen. Der Sehabstand richtet sich insbesondere nach der Größe des Bildschirms und kann individuell eingestellt werden, wenn der tragbare Rechner mit einer externen Tatstatur und einem externen Gerät zur Cursorsteuerung (z. B. Maus) versehen wird.
- Die in der Bildschirmarbeitsverordnung geforderte Drehbarkeit und Neigbarkeit des Bildschirms ist bei tragbaren Rechnern im Regelfall gegeben.
- Tragbare Rechner verfügen im Regelfall über die in der Bildschirmarbeitsverordnung geforderte leichte Einstellbarkeit von Zeichenkontrast und -helligkeit; zumeist werden dafür ausgewählte Funktionstasten genutzt.
- Tragbare Rechner erfüllen die einschlägigen Anforderungen an Tastaturen nicht in allen Punkten. Deshalb wurde die DIN 2137-12 für die »Tastenanordnung und Belegung für tragbare Rechner« entwickelt, die Mindestanforderungen an die Gebrauchstauglichkeit entsprechender Tastaturen beschreibt. Demgemäß beträgt

der Tastenmittenabstand im alphanumerischen Bereich 19 mm ± 1 mm. Im Editierbereich dürfen Tastenmittenabstände auf 15 mm verringert werden. Auf eine räumliche Trennung des alphanumerischen Bereichs kann verzichtet werden, sofern Unterscheidungsmerkmale wie Formgebung oder Farbcodierung gegeben sind. Im Funktionsbereich dürfen die Tastenmittenabstände ebenfalls kleiner gewählt werden als im alphanumerischen Bereich, allerdings nicht kleiner als 15 mm. Aus konstruktiven Gründen ist ein reduziertes Tiefenmaß der Tasten von minimal 9 mm für die obere Tastenreihe zulässig.

Insbesondere die möglichen Abweichungen bezüglich der Tastaturgestaltung zeigen, dass die ergonomische Qualität der Tastaturen tragbarer Geräte nicht mit jenen für den stationären Gebrauch zu vergleichen ist. Die ergonomische Qualität einer Standardtastatur wird u. a. durch die Tastaturneigung und eine möglichst übergangslose Handauflagefläche gesichert; dies ist bei Tastaturen für tragbare Rechner üblicherweise nicht gegeben. Bei stationärem Betrieb wird daher der Anschluss einer externen Tastatur empfohlen. Eine sog. »Docking Station«, bei der der Rechner lediglich in die entsprechende Einheit eingeschoben wird, erleichtert ihren Anschluss. Für den Einsatz einer Docking Station spricht auch, dass je nach Arbeitsaufgabe für den stationären Gebrauch größere Bildschirme (d. h. über 17 Zoll) angeschlossen werden können.

7.1.5 Eingabegerät Maus

Die Maus ist ein Eingabegerät zur Cursorsteuerung am Rechnersystem. Die Arbeit mit der Maus geht mit stereotypen, schnellen Klick-Bewegungen eines Fingers einher. Diese Klickbewegungen belasten die Sehnen und Muskeln im Hand-Arm-Bereich. Dies kann Beschwerden und Erkrankungen des Hand-Arm-Systems begünstigen, die unter dem Sammelbegriff »Repetetive Strain Injuries (RSI)« zusammengefasst werden.

Zu groß oder klein dimensionierte Mäuse können zu Fehlbeanspruchungen und Ermüdungserscheinungen führen. Daher soll die Größe der Maus der Handgröße entsprechen, wofür unterschiedlich dimensionierte Geräte angeboten werden. Der Gehäuseteil der Maus, der dem Handballen zugewandt liegt, soll rundgeformt sein. Die Mausoberseite ist in der Mitte gewölbt und fällt in der vorderen Hälfte etwas ab. Vorne wird die Maus breiter, so dass sich die Finger spreizen können. Die Hand- und Fingerhaltung soll entspannt sein. Die

Tasten sollen leicht zu erreichen und ohne hohen Kraftaufwand zu bedienen sein (Martin et al. 2008).

Durch eine körpernahe Anordnung der Maus neben der Tastatur werden Muskelanspannungen des Arm-Schulter-Systems weitgehend vermieden, sofern Unterarm und Handgelenk locker auf dem Arbeitstisch liegen.

Um die Bewegungen mit der Maus nicht einzuschränken, muss ihr Kabel zum Rechner ausreichend lang sein. Eventuell sind eine Kabelverlängerung oder ein Zusatzkabel erforderlich. Ebenso stellen kabellose Mäuse eine Alternative zu kabelgebundenen Modellen dar.

Eine ungehinderte Arbeitsweise setzt einen zuverlässigen Kontakt zwischen Maus und Unterlage voraus. Die Mausunterlage muss rutschfest sein, damit die Kontrolle über den Cursor nicht verloren geht.

Über die Treiber-Software kann das Verhältnis von Mausbewegung zu Cursorbewegung auf dem Bildschirm bestimmt werden. Die Einstellung soll so vorgenommen werden, dass keine ausladenden Bewegungen erforderlich sind, um den Cursor von einer Bildschirmseite zur anderen zu bewegen.

7.1.6 Vorlagenhalter

Häufig dienen handschriftliche Texte oder Zahlenmaterial als Vorlage für die Übertragung auf den Rechner. Wird der Kopf ständig gedreht, um Unterlagen zu lesen oder in den Bildschirm zu schauen, so werden die Nackenmuskulatur und die Halswirbelsäule einseitig belastet. Dies kann zu schmerzhaften Muskelverspannungen führen.

Zur Vermeidung ungesunder und stark ermüdender Körperhaltungen sollen bei Bildschirmarbeitsplätzen, bei denen nach Vorlage geschrieben wird, Vorlagenhalter verwendet werden. Diese sind in Höhe und Neigung so anzubringen, dass ein ständiges Kopfdrehen ebenso wie eine häufige Nah-Fern-Akkommodation des Auges vermieden wird. Demgemäß sollen die Vorlagenhalter etwa einen gleichen Augenabstand wie der Bildschirm aufweisen.

Die Größe der Auflagefläche von Vorlagenhaltern soll den üblicherweise verwendeten Vorlagen entsprechen. Durch eine stabile Bauweise sollen sie den im Einzelfall erforderlichen Handhabungen der Vorlage, z.B. handschriftliche Notizen, gerecht werden und einen sicheren Stand gewährleisten. Für eine gute Übersichtlichkeit soll der Beleghalter über eine Papierklemme und ein Zeilenlineal verfügen.

7.2 Software

Software (d.h. Datenverarbeitungsprogramme) unterstützt die Büroarbeit. Sie ist das zentrale Arbeitsmittel am Bildschirmarbeitsplatz. Von der Software hängt maßgeblich ab, ob ein unterbrechungsfreies Arbeiten möglich ist. Ergonomische, benutzerfreundliche Software unterstützt die Arbeitsaufgabe, entlastet das Kurzzeitgedächtnis und ist fehlerresistent.

7.2.1 Software-Ergonomie

Ziel der Software-Ergonomie ist die Anpassung der Eigenschaften eines Dialogsystems an die geistig-psychischen Eigenschaften der damit arbeitenden Menschen. Hierbei geht es um die Benutzbarkeit und Gebrauchstauglichkeit von Software. Unzureichende Software-Gestaltung führt zu Fehlern, Frustration und Zeitverlust. Daher gehört die Software-Ergonomie zu den Mindestanforderungen, die die Bildschirmarbeitsverordnung an die Gestaltung von Bildschirmarbeit stellt (Herczeg 2004).

Die Software-Ergonomie orientiert sich gleichermaßen am Benutzer wie an der Aufgabe. Sie berücksichtigt

- die Art und Weise der menschlichen Informationsverarbeitung wie Farbwahrnehmung und Gedächnis,
- die Art der Aufgaben, die mit Softwareunterstützung verrichtet werden sollen und
- das Umfeld der Organisation, in dem die Aufgabe stattfindet.

Ziel der Gestaltung ist es, ein handhabbares Programm zu entwickeln, das leichte Erlernbarkeit, Bedienbarkeit und Verständlichkeit ermöglicht. Es entspricht den Voraussetzungen für Persönlichkeitsförderlichkeit, wenn es den Fähigkeiten und Kenntnissen des Nutzers angepasst werden kann.

Software-Ergonomie greift zu kurz, wenn sie ihre Aufgabe lediglich in der Anpassung des Systems an individuelle Fähigkeiten versteht. Sie soll auch die Zusammenarbeit zweckmäßig unterstützen. Workflow und Groupware sind bedeutsame Beispiele, deren unternehmensweiter Einsatz ohne eine ergonomische Programmgestaltung nicht möglich wäre (Rundnagel 2010).

7.2.2 Benutzungsoberfläche und Dialoggestaltung

Zentrale Gestaltungsfelder von Software sind zum einen der *Dialog*, d.h. die Interaktion des Nutzers mit dem Programm zur Erledigung der Aufgabe mittels Menüs und Befehlen, und zum anderen die *Benut-*

zungsoberfläche des Programms mit der Anordung der Informationen, Farben und Zeichengröße. Dabei orientiert sich die Gestaltung an den Kriterien der Gebrauchstauglichkeit und der Barrierefreiheit. Die Gebrauchstauglichkeit (engl.: Usability) beschreibt die Nutzungsqualität einer Software. Gebrauchstauglich ist ein Programm, wenn es für bestimmte Aufgaben und bestimmte Benutzer effektiv (d. h. wirkungsvoll), effizient (d. h. wirtschaftlich) und zufriedenstellend bewertet wird. Gebrauchstauglichkeit ist bestimmend für die Arbeitsbedingungen.

Software und Internet sind barrierefrei, wenn alle Menschen, auch solche mit körperlichen Beeinträchtigungen, die Angebote uneingeschränkt nutzen können. So fordern Blinde gut strukturierte Texte, die sie mit technischen Hilfen vorlesen lassen oder in Braille-Schrift ausgeben können. Sehbehinderte Personen brauchen Möglichkeiten zur Einstellung der Schriftgröße. Spastiker benötigen Tastaturbefehle, wenn sie den Mauszeiger nicht nutzen können. Letztlich verstehen Gehörlose Bilder besser als komplizierte Texte. Es ist nicht immer möglich, eine Software barrierefrei zu gestalten. Der Grad der Barrierefreiheit, der nach DIN EN ISO 9214-171 bestimmt wird, wird als *Accessibility* bezeichnet.

7.2.3 Gestaltungsleitlinien

Die wichtigsten Leitlinien zur ergonomischen Gestaltung der Software, und zwar von Benutzungsoberfläche, Zeichenanordnung, Farben, Menüs, Masken und Dialogen, sind in der Normreihe DIN EN ISO 9241-110 festgelegt. Grundsätze der Dialoggestaltung sind dort wie folgt:

- *Aufgabenangemessenheit*, d. h. geeignete Funktionalität, Minimierung unnötiger Interaktionen,
- *Selbstbeschreibungsfähigkeit*, d. h. Verständlichkeit durch Hilfen und Rückmeldungen,
- *Steuerbarkeit*, d. h. Steuerung des Dialogs durch den Nutzer,
- *Erwartungskonformität*, d. h. Konsistenz, Anpassung an das Nutzermodell,
- *Fehlertoleranz*, d. h. erkannte Fehler verhindern nicht das Nutzerziel, unerkannte Fehler lassen sich einfach korrigieren,
- *Individualisierbarkeit*, d. h. Anpassbarkeit an Nutzer und Arbeitskontext,
- *Lernförderlichkeit*, d. h. Anleitung des Nutzers zur Minimierung der Erlernzeit.

Die Multimedianorm DIN EN ISO 14915 ergänzt die genannten Anforderungen um weitere Leitlinien:
- Eignung für kommunikatives Ziel, d.h. die vom Anbieter vermittelnden Informationen entsprechen den Erwartungen des Benutzers,
- Eignung für Wahrnehmung und Verständnis, d.h. die Informationen werden leicht verständlich und korrekt vermittelt,
- Eignung für Informationsfindung, d.h. Informationen können trotz Unkenntnis über Themengebiete leicht gefunden werden,
- Eignung für Benutzerbeteiligung, d.h. das Programm motiviert zur Nutzung und weckt die Aufmerksamkeit des Nutzers.

Die allgemeinen Forderungen an die ergonomische Qualität von Software bedürfen einer Konkretisierung.

7.2.4 Nutzenwirkungen

Ergonomische und gebrauchstaugliche Software reduziert den Kostenaufwand für Fehlerbeseitigung, Datenverlust und Schulung. Es ist davon auszugehen, dass etwa 10 Prozent der Arbeitszeit eingesetzt wird, um Fehler im Umgang mit Rechnersystemen zu beheben. Selbst ein Datenverlust, der durch eine missverstandene Systemmeldung entsteht, kann erhebliche Kosten verursachen.

Verdeckte Schulungskosten werden offensichtlich, wenn man die Zeit berücksichtigt, die Benutzer mit der Selbstschulung oder auch erfahrene Kollegen mit der Unterrichtung von unerfahrenen Kollegen verbringen.

Darüber hinaus ist es für das elektronische Geschäftsleben (»e-commerce«) im Internet relevant, Interessenten und potenzielle Kunden nicht durch eine unzureichende Gebrauchstauglichkeit der Software abzustoßen. Häufig ist ein alternatives Angebot »only one click away«.

8 Weitere gesundheitliche Maßnahmen

In Kapitel 8 werden weitere gesundheitliche Maßnahmen vorgestellt, die einem ausgeglichenen Lebenswandel förderlich sind, sich aber nicht ausschließlich auf den betrieblichen Interventionsbereich beschränken.

8.1 Bewegungsförderung

Bewegungsmangel ist ein zentraler Risikofaktor für Erkrankung. In den entwickelten Ländern erreichen nur etwa 10–20 Prozent der erwachsenen Bevölkerung die aus gesundheitlicher Perspektive empfohlene Minimalbeanspruchung von 4.000 kJ pro Woche zusätzlich zur normalen Alltagsaktivität. Unzureichende körperliche Aktivität erhöht die Anfälligkeit für Herz-Kreislauf- und Muskel-Skelett-Erkrankungen.

Andererseits beeinflussen körperliche Aktivitäten maßgeblich die Gesunderhaltung und die Regeneration. Bewegung, die zielgerichtet, regelmäßig, mit moderater Intensität und einem wöchentlichen Mindestumfang von zwei Stunden durchgeführt wird, schützt die Gesundheit wirksam (Knoll 1997).

Betriebliche Maßnahmen zur Bewegungsförderung betreffen beispielsweise Bewegungsangebote, Pausengymnastik, Rückenschulen oder Ausgleichssport. Darüber hinaus erfreuen sich Entspannungsübungen einer steigenden Nachfrage.

8.2 Ernährung

Die Ernährung beeinflusst sowohl die Entstehung bestimmter Erkrankungen als auch die Gesunderhaltung. Ernährungsbedingte Erkrankungen sind vornehmlich auf unausgeglichene Ernährungsgewohnheiten und eine unreflektierte Auswahl von Lebensmitteln zurückzuführen. Diese führen zu einer Mangel- und Fehlernährung in Bezug auf
- Höhe und Qualität der Fettzufuhr,
- Höhe und Qualität der Kohlenhydratzufuhr (zu hoher Zuckerverzehr, zu geringe Aufnahme an Ballaststoffen),
- Versorgung mit Calcium, Jod, Fluorid, Vitamin E, Vitamin D, Betakarotin, Folsäure und Eisen,
- eine ausreichende Flüssigkeitszufuhr (BKK 2002).

Eine gesunde Ernährungsweise wird im Unternehmenskontext selten thematisiert. Dennoch ist eine ausgeglichene Ernährung unabdingbar, um auch im Betrieb gute Leistungsvoraussetzungen zu erhalten. Ob die Verpflegungssituation in einem Betrieb gesundend wirkt, hängt von ernährungsphysiologischen Merkmalen der Mahlzeiten, d. h. der Zusammensetzung der Nahrung und dem Nährstoffgehalt ab. Neben der Qualität des betrieblichen Verpflegungsangebots (z. B. Vollwertmenüs, Salate, vitamin- und mineralstoffreiche Nahrung) betreffen Ernährungsthemen auch die Flüssigkeitsaufnahme und die zeitliche Abfolge der Nahrungsaufnahme.

Um eine angemessene Flüssigkeitsaufnahme während der Arbeit zu gewährleisten, soll den Büroarbeitern der Genuss geeigneter Getränke jederzeit möglich sein. Zu bevorzugen sind Mineralwasser, Tees oder Säfte; abgeraten wird von starkem Kaffeegenuss.

Das Ernährungsverhalten wird u. a. durch die Arbeitszeiten sowie die Verfügbarkeit von geeigneten Räumlichkeiten geprägt. Häufigkeit und Dauer der Pausenzeiten sind derart zu gestalten, dass eine angemessene Nahrungsaufnahme möglich ist. Eine Kantine soll auf kurzen Wegen erreichbar sein und durch eine attraktive Ausstattung zum Besuch einladen (Trapp et al. 2004).

Zur Unterstützung von Ernährungsmaßnahmen kann ernährungswissenschaftlich ausgebildetes Personal zielgruppenorientierte Informationen und praktische Tipps vermitteln, z. B. anhand von Vorträgen oder Ernährungsberatungen.

8.3 Meidung von Genussgiften

Gesellschaftlich relevante Genussgifte sind vor allem Alkohol und Nikotin. Beide Genussgifte sind Betäubungsmittel, die zu Suchtverhalten und in der Folge zu Gesundheitsschäden führen können.

8.3.1 Alkohol

Der Körper verträgt nur geringe Mengen von Alkohol, ohne dass bleibende Schäden nachzuweisen sind. Hingegen führt fortwährender, hoher Alkoholkonsum zu erheblichen Dauerschäden. Indem Alkohol auf das Zentralnervensystem einwirkt, vermindert er das Reaktionsvermögen und die Konzentrationsfähigkeit. Leberschäden, Verdauungsschäden, Magenschleimhautentzündungen und Herzschäden sind weitere Folgen. Andauernder Alkoholgenuss verändert das Bewusstsein und das Verhalten (vgl. Mader/Brosch 2001).

Der volkswirtschaftliche Schaden durch Alkoholmissbrauch liegt Schätzungen zufolge in Deutschland zwischen 25 und 40 Milliarden Euro pro Jahr. Alkoholabhängigkeit verursacht betriebliche Fehlzeiten, die etwa 16 Mal so hoch sind wie bei Nichtabhängigen. Die Unfallhäufigkeit von alkoholabhängigen Beschäftigten liegt etwa dreimal so hoch wie bei Nichtabhängigen (Kern et al. 2005).
Eine erfolgreiche Behandlung eines Alkoholsüchtigen ist äußerst schwierig. Alkoholismus wird ausschließlich durch eine strikte Abstinenz geheilt.
Die Prävention von Alkoholabhängigkeit im Berufsleben erweist sich als problematisch, da Alkoholkonsum gesellschaftlich akzeptiert ist und das Suchtpotenzial häufig unterschätzt wird. Alkoholabstinente Kollegen entwickeln sich z. b. bei Betriebsfeiern schnell zu Außenseitern. Die Folgeerscheinungen von übermäßigem Alkoholgenuss werden im Kollegenkreis zumeist toleriert. Erst wenn sich die Auswirkungen auf die Arbeitsleistung in gravierender Weise offenbaren – etwa durch gesundheitliche Probleme, Nachlässigkeiten in der Arbeit oder im Erscheinungsbild – setzt ein Umdenken ein.
Ziel der präventiven Bemühungen ist es, den Alkoholkonsum ursächlich einzuschränken, z. B. durch ein betriebliches Alkoholverbot. Wird ein erhöhter Alkoholkonsum am Arbeitsplatz erkannt, ist Hilfe geboten. Rasches Handeln trägt dazu bei, dass aus einer Gefährdung kein schwerer Alkoholismus wird. Führungskräfte, Kollegen oder Vertrauensleute sollen im Rahmen ihrer Fürsorgepflicht bereits bei den ersten Signalen eines sich anbahnenden Alkoholproblems die Arbeitsperson offen darauf ansprechen und gemeinsam mit ihr nach Wegen suchen, um zu einem abstinenten Leben zurückzukehren. Das kann die Motivation zum Besuch einer Beratungsstelle bzw. Selbsthilfegruppe oder zur Aufnahme einer Suchttherapie sein.

8.3.2 Nikotin

Nikotin ist ein starkes Gift, dessen tödliche Dosis etwa 50 mg beträgt. Dies entspricht dem Tabakgehalt von etwa 50 Zigaretten. Da sich der Rauchvorgang über einen längeren Zeitraum erstreckt, kann der Körper einen Teil des Giftes abbauen und ausscheiden. Daher führt selbst ein hoher Zigarettenkonsum nicht sofort zu einer tödlichen Vergiftung. Körperliche Veränderungen zeigen sich oft erst nach Jahren. Nikotin bewirkt eine Verengung der Blutgefäße. Dadurch kann es zu Durchblutungsstörungen, Schlaganfällen und Herzinfarkten kommen. Zudem wurden Lungenkrebs sowie Magen- und Darmgeschwüre als Folge des Nikotingenusses beobachtet (Heilmann 1995). Jähr-

lich sterben in Deutschland etwa 140.000 Menschen an den Folgen des Rauchens.
In Deutschland gibt es 17 Millionen Raucher im Alter zwischen 18 und 59 Jahren. Vier Millionen Raucher erfüllen die Kriterien einer Tabakabhängigkeit (Wiebel et al. 2006). Maßnahmen des Nichtraucherschutzes und der Tabakprävention tragen bei, potenzielle Gesundheitsschäden von Rauchern und evtl. einbezogenen Nichtrauchern am Arbeitsplatz zu minimieren. Derartige Maßnahmen umfassen betriebliche Rauchverbote sowie Maßnahmen der Raucherentwöhnung. Rechtliche Grundlage des Nichtraucherschutzes im Betrieb ist die Arbeitsstättenverordnung. Sie schreibt vor, dass der Arbeitgeber die erforderlichen Maßnahmen zu treffen hat, damit nichtrauchende Arbeitnehmer in Arbeitsstätten wirksam vor den Gesundheitsgefahren durch Tabakrauch geschützt sind. Hierzu muss in Arbeitsräumen während der Arbeitszeit ausreichend gesundheitlich zuträgliche Atemluft vorhanden sein.
Maßnahmen der Raucherentwöhnung umfassen sowohl Verhaltenstherapien – mit den Phasen der Selbstbeobachtung, Entwöhnung und Stabilisierung – als auch medikamentöse Methoden zur Nikotinersatztherapie. Die Erfolgsaussichten einer Raucherentwöhnung werden durch eine medikamentöse Unterstützung erhöht.

8.4 Förderung der geistigen Fitness

Angesichts der Zunahme von Wissensarbeit mit ihren spezifischen Anforderungs- und Belastungsprofilen gewinnt die geistige Fitness an Bedeutung. Diejenigen Unternehmen, die es verstehen, die geistige Fitness (d. h. »Mindness«) ihrer Büroarbeiter wirksam zu fördern, erschließen sich erhebliche Wettbewerbsvorteile (vgl. Spitzer 2007). Geistige Fitness betrifft Kompetenzen wie Konzentrations- und Problemlösungsfähigkeit, Aufmerksamkeit, Selbstdisziplin und Gedächtnisleistung (vgl. Kapitel 2.3.4). Bei der geistigen Fitness geht es darum, durch eine ausgeglichene Lebensweise und lebenslanges Lernen ein vertieftes Bewusstsein für die eigene Lebensführung, den eigenen Organismus und das persönliche Befinden zu entwickeln. Dies ist wiederum Grundlage für soziale Kompetenz und Teamfähigkeit.
Die Gedächtnisleistung kann durch eine regelmäßige Entspannung des Organismus gefördert werden. Entspannung ist der regenerative Gegenpol zur psychischen Aktivierung. In Verbindung mit Aktivierung wirkt sich regelmäßige Entspannung förderlich auf die Aufmerksamkeit und Konzentrationsfähigkeit aus. Entspannung bei der

Arbeit setzt ein Zeitbewusstsein voraus, das die natürlichen Rhythmen und Eigenzeiten des Menschen einbezieht (Spath et al. 2003a). Ferner wirken sich regelmäßige Bewegung und ausreichender Schlaf förderlich auf die geistige Fitness aus (vgl. Kapitel 4.3.5).

Die geistige Fitness wird durch Merkstrategien (z.B. Verknüpfung von Sprache und bildhaften Inhalten) und einen sozialen Kontakt gestärkt. Persönliche Lebenskompetenz und gelöste Grundstimmung steigern das allgemeinene Wohlbefinden. Der Einzelne geht gelassener mit auftauchenden Problemen um und wird selbstbewusster, so dass er sich mit Herausforderungen befasst, denen er ansonsten aus dem Weg gegangen wäre.

9 Betriebliche Verankerung mit System

Den Qualitätsstrategien folgend wird seit geraumer Zeit angestrebt, die Gesundheitsthematik mittels formalisierter Managementsysteme in den Unternehmen zu verankern. Derartige Ansätze zielen auf eine kontinuierliche Verbesserung der gesundheitlichen Situation der Mitarbeiter; entsprechende Maßnahmen sollen sich nachvollziehbar positiv auf die Unternehmensergebnisse auswirken. Wie eine systematische Verankerung von Gesundheit im Unternehmen unter den spezifischen Bedingungen der Wissensarbeit erfolgen kann, wird anschließend erörtert.

9.1 Bedeutung der Gesundheit für die Wissensarbeit

Die Umsetzung gesundheitlicher Maßnahmen wird meist von der Frage nach deren wirtschaftlichen Nutzeneffekten begleitet. Dieser Nutzen kann sich u.a. in Form verbesserter Leistungsvoraussetzungen oder verringerter Produktionskosten darstellen.

Im Verständnis der materiellen Güterproduktion orientiert sich der Leistungsbegriff an einer Produkteigenschaft (d.h. objektives Qualitätsmerkmal), die im Verhältnis zum Aufwand steht, der für die Erstellung des Produktes eingesetzt wurde. Produktionsprozess und -ergebnis lassen sich anhand quantitativer Parameter (z.B. Längen, Masse, Energie, Zeit) vergleichsweise einfach bewerten.

Die Eigenart von Wissensarbeit verwehrt ein derart ergebnisorientiertes Bewertungsverfahren. Zum einen ist Wissensarbeit per Definition ergebnisoffen. Zum anderen manifestieren sich die Wirkungen und Ergebnisse von Wissensarbeit erst in der Zukunft (vgl. Kapitel 2.3.2). Dies führt eine Bewertung ad absurdum, die sich an einem vergangenen Prozess orientiert.

Zur Bewertung von Wissensarbeit eignen sich grundsätzlich zwei Parameter:

- Den *potenziellen Nutzen*, den die Wissensarbeit verschafft (z.B. Produktivitätssteigerung durch Arbeitsstrukturierung). Eine solche Frage lässt sich nur fallweise beantworten, nachdem das anwandte Wissen eine Wirkung entfaltet hat. Evtl. gelingt es, die Nutzenpotenziale der Wissensarbeit vorausschauend anhand von Referenzen abzuschätzen.
- Die *Verfügbarkeit* der spezifischen Leistungsvoraussetzungen des Wissensarbeiters, die ihn erst zur Wissensarbeit befähigen. Der prägnanteste Indikator für eine derart potenzialorientierte Beur-

teilung der Verfügbarkeit von Humanressourcen ist die Gesundheit. Sie kann anhand der Prinzipien der Entwicklungsfähigkeit, der Ausgeglichenheit und der Selbstregulation beurteilt werden (vgl. Kapitel 2.3.4).

Es wird postuliert, dass die menschliche Gesundheit einen zentralen, potenzialorientierten Erfolgsindikator für Wissensarbeit darstellt. Die Gesundheit gibt an, inwiefern individuelle, organisatorische und sachliche Leistungsvoraussetzungen (d. h. Ressourcen und Arbeitsbedingungen) in ausgeglichener Weise aufeinander abgestimmt sind, um ein optimales Ergebnis der Wissensarbeit erwarten zu können. Mithin wird der ergebnisbezogene Qualitätsbegriff der materiellen Güterproduktion (d. h. körperliche Arbeit) für die Bedingungen der Wissensarbeit (d. h. geistige Arbeit) durch den potenzialorientierten Erfolgsindikator »Gesundheit« ergänzt (vgl. Tabelle 9.1).

Arbeitsform	Körperliche Arbeit	Geistige Arbeit
Arbeitsergebnis	Materielle Produkte	Immaterielle Leistungen
Erfolgsmerkmal	Effizienz, Reproduzierbarkeit	Kreativität, potenzialstiftend
Erfolgsmaßstäbe	Qualität des objektiven Arbeitsergebnisses, Kundenzufriedenheit	Gesundheit als Indikator frei verfügbarer Humanressourcen, Kundenzufriedenheit
Bewertungsverfahren	Objektiv, sachlich	Subjektiv, individuell

Tabelle 9.1 Erfolgsindikatoren für körperliche und geistige Arbeit

9.2 Gesundheit als Organisationskonzept

Gesundheit als heterostatischer Prozess unterliegt einer ständigen Veränderung; sie ist definitionsgemäß nicht abschließend beurteilbar. Dies erschwert ihre Darstellung anhand von statischen Kennzahlensystemen und engen Soll-Vorgaben (vgl. Schmidtke 2002). Für ein erforderliches Umdenken weist die Gesundheitsdiskussion eine geeignete Richtung.

Während technisch-quantitativ orientierte Managementkonzepte vergangene Ereignisse zur Grundlage von zukunftsorientierten Leistungsvorgaben und -kontrollen machen, schafft eine gesunde, fähigkeitsorientierte Führung angemessene Freiräume für Innovation, Eigeninitiative und Selbstprüfung. Dabei folgt sie der Erkenntnis, dass

sich Gesundheit und Kreativität nicht verordnen, wohl aber ermöglichen lassen. Die Selbstprüfung des gesundheitlichen Befindens erfolgt unmittelbar im Tagesrückblick und orientiert sich an den Prinzipien der Entwicklungsfähigkeit, des Ausgleichsstrebens und der Eigenständigkeit. Mögliche Fragen sind:
- »Was habe ich durch meine heutige Arbeitstätigkeit gelernt? Inwiefern habe ich mich neuen Herausforderungen gestellt? Inwiefern habe ich mich persönlich weiterentwickelt, etwa im Umgang mit Kollegen oder Kunden?«
- »War ich heute mit einseitigen Arbeitsbedingungen konfrontiert? Welche Einflüsse standen einer ausgeglichenen Tätigkeit entgegen? Wie bin ich mit diesen Einflüssen umgegangen?«
- »Wie wichtig ist mir ein produktives, erfolgreiches und gesundes Arbeiten? Inwiefern habe ich mich heute engagiert, um diese Ziele zu erreichen? Welche Fähigkeiten und Unterstützungsangebote stehen mir hierzu zur Verfügung?«
- »Wie kann ich die Gesundheitsprinzipien zukünftig besser verwirklichen, falls dieses aktuell nicht angemessen gelungen sein sollte?«

Die Beantwortung dieser Fragen bewirkt einen allmählichen Perspektivwechsel von der Fremdverantwortung hin zur verantwortungsvollen Selbstführung. Sie setzt ein hohes Maß an Selbstkompetenz und Selbstreflektion voraus. Zudem bedarf sie einer vertrauensvollen Kommunikation mit Führungskräften und Kollegen, um durch deren Rückmeldung die Selbsteinschätzung abzurunden.
Während formale Funktionszuweisungen allmählich an Bedeutung verlieren, hinterfragen die Arbeitspersonen den Sinn und Zweck ihrer Tätigkeit. Sobald sie den Zweck des gesamten Unternehmens und den Sinn ihres persönlichen Arbeitsbeitrags erkennen, beginnt sich die Organisation zu wandeln. Gerade die besten Arbeitspersonen wollen die gelebten Werte selbstkritisch hinterfragen und wissen, warum und wofür sie etwas tun. Dann sind sie auch bereit, aus erkannten Mängeln geeignete Konsequenzen zu ziehen und sich für zukünftige Herausforderungen zu öffnen (Stadler 2009).
Dieser ungewohnte Weg einer systematischen Verankerung von Gesundheit im Unternehmen ist nicht einfach. Die Praxis erfolgreicher Unternehmen zeigt jedoch, dass er unter den Bedingungen der Wissensarbeit sehr wirksam ist (vgl. Heuser 2008). Solange eine verantwortungsvolle Selbstführung die geschaffenen Freiräume nicht auszufüllen vermag, kann die Führung entwicklungsfähige Korridore

definieren, die eine Richtung zu ausgeglichenen und eigenständigen Arbeitsformen weisen. Diesbezügliche Ansätze lassen sich der betrieblichen Gesundheitsförderung zuordnen.

9.3 Betriebliche Gesundheitsförderung

Der Begriff der Gesundheitsförderung umfasst eine Vielzahl von Strategien und Methoden auf unterschiedlichen gesellschaftlichen Ebenen, um Gesundheitsressourcen zu stärken und Erkrankungen vorzubeugen. Zur Gesundheitsförderung gehören Maßnahmen, die auf die Veränderung und Förderung des individuellen Gesundheitsverhaltens abzielen, aber auch solche, die auf die Schaffung gesundheitsförderlicher Lebensbedingungen ausgerichtet sind. Gesundheitsförderung orientiert sich an Bedingungen, unter denen Menschen gesund bleiben und ihre Persönlichkeit, ihre sozialen Fähigkeiten und ihre lebenspraktischen Fertigkeiten entwickeln können. Im *Setting*-Ansatz werden die spezifischen Rahmenbedingungen für Gesundheit in unterschiedlichen Lebensbereichen gewürdigt.

Die Ottawa-Charta (1987) zur Gesundheitsförderung betont die Bedeutung der Arbeit für die Gesundheit: »Gesundheitsförderung zielt auf einen Prozess, allen Menschen ein höheres Maß an Selbstbestimmung über ihre Gesundheit zu ermöglichen und sie damit zur Stärkung ihrer Gesundheit zu befähigen. Die sich verändernden Lebens-, Arbeits- und Freizeitbedingungen haben entscheidenden Einfluss auf die Gesundheit. Die Art und Weise, wie eine Gesellschaft die Arbeit, die Arbeitsbedingungen und die Freizeit organisiert, sollte eine Quelle der Gesundheit und nicht der Krankheit sein. Gesundheitsförderung schafft sichere, anregende, befriedigende und angenehme Arbeits- und Lebensbedingungen.«

Spezifische Arbeitsbedingungen beeinflussen die Gesundheit auf unterschiedliche Weise. Arbeit birgt nicht nur gesundheitliche Risiken, sondern auch Chancen. Sind Arbeitspersonen etwa unter gesundheitsgefährdenden Bedingungen tätig, sind sie nicht hinreichend qualifiziert oder wird ihre Tätigkeitsausführung durch Störeinflüsse erschwert, kann Arbeit krank machen. Sinnerfüllte bzw. abwechslungsreiche Tätigkeiten, die von den Arbeitspersonen weitgehend selbständig gestaltbar sind, fördern hingegen die gesundheitlichen Ressourcen. Ein gutes Betriebsklima, ein partizipativer Führungsstil, eine offene Informationskultur und die Anerkennung von Leistungen wirken sich positiv auf die Gesundheit und die menschlichen Leistungsvoraussetzungen aus. Insofern ist betriebliche Gesundheitsförderung (BGF) eng mit Aspekten der Arbeitsgestaltung, der Personalentwicklung und der Unternehmenskultur verzahnt (vgl. Kapitel 5.6).

Das Konzept der betrieblichen Gesundheitsförderung ergänzt den gesetzlich geregelten Arbeitsschutz. Während der Arbeitsschutz vornehmlich auf die Verhinderung von Arbeitsunfällen und Berufskrankheiten ausgerichtet ist (vgl. Kapitel 10), fokussiert die betriebliche Gesundheitsförderung auf den Bereich jenseits der gesetzlichen Regelungen. Betriebliche Gesundheitsförderung ist eine freiwillige Aktivität der Unternehmen, die auf ihre jeweiligen Bedürfnisse abgestimmt ist.

9.4 Gesundheitsmanagement

Gesundheitsmanagement ist die Unternehmensstrategie, die darauf ausgerichtet ist, gesundheitlichen Beeinträchtigungen bei der Arbeit – einschließlich arbeitsbedingter Erkrankungen, Arbeitsunfälle, Berufskrankheiten und psychischer Fehlbeanspruchungen – vorzubeugen, Gesundheitspotenziale zu stärken und das Befinden der Arbeitspersonen zu verbessern. Gesundheitsmanagement verknüpft das Konzept des gesetzlich geregelten Arbeitsschutzes mit dem Konzept der freiwillig betriebenen Gesundheitsförderung. Gesundheitsmanagement integriert die Gesundheitsthematik in die Unternehmenspolitik und in die Wertschöpfungsprozesse. Damit wird die Gesundheit zu einer strategischen Unternehmensaufgabe, die in der Verantwortung der Führungskräfte liegt und die von den Mitarbeitern getragen wird.

9.4.1 Grundsätze

Leitsätze der betrieblichen Gesundheitsförderung in der Europäischen Union dokumentiert die Luxemburger Deklaration (ENWHP 1997). Sie benennt alle Maßnahmen von Arbeitgebern, Arbeitnehmern und Gesellschaft, die zur Verbesserung von Gesundheit am Arbeitsplatz beitragen. Dies wird durch eine Verknüpfung folgender Ansätze erreicht:
- Verbesserung der Arbeitsbedingungen und der Arbeitsorganisation,
- Förderung einer aktiven Mitarbeiterbeteiligung und
- Stärkung persönlicher Kompetenzen.

Die Unternehmenspolitik beeinflusst wesentlich die gesundheitlichen Bedingungen bei der Arbeit. Daher erfordert ein erfolgreiches Gesundheitsmanagement die Thematisierung von Gesundheit

in den Entscheidungsprozessen der Unternehmensleitung. Dazu gehören:
- Unternehmensgrundsätze, die in den arbeitenden Menschen einen zentralen Erfolgsfaktor sehen.
- Eine Unternehmenskultur und entsprechende Führungsleitlinien, in denen eine Partizipation der Mitarbeiter verankert ist, um sie zu einem eigenverantwortlichen Handeln zu ermutigen.
- Eine Arbeitsorganisation, die den Mitarbeitern ein ausgewogenes Verhältnis zwischen Tätigkeitsanforderungen, individuellen Fähigkeiten, Einflussmöglichkeiten auf die Arbeit und sozialer Unterstützung bietet.
- Eine Personalentwicklung, die Gesundheitsziele aktiv verfolgt.

Der Erfolg der betrieblichen Gesundheitsförderung beruht auf einem transparenten Konzept, das regelmäßig hinterfragt und fortgeschrieben wird. Erfahrungsgemäß gelingen gesundheitsfördernde Veränderungen umso besser, je intensiver die über Fach- und Entscheidungskompetenz verfügenden Akteure zusammenwirken. Mitarbeiter kennen ihre Arbeitsbedingungen oft am besten. Für eine Tätigkeitsanalyse und die Erarbeitung von spezifischen Verbesserungsmaßnahmen ist ihr Erfahrungswissen unverzichtbar. Ihre Partizipation durch Mitarbeiterbefragungen und Gesundheitszirkel trägt zum Erfolg der gesundheitlichen Maßnahmen bei. Kooperative Strukturen erleichtern Koordinationsprozesse zwischen den Beteiligten und erhöhen die Akzeptanz von Entscheidungen.

Betriebliche Erfahrungen zeigen ferner, dass die Gesundheitsförderung auf Dauer nur erfolgreich ist, wenn sie in das Führungssystem des Betriebes integriert wird. Nur so wird sie bei wichtigen Entscheidungen berücksichtigt und kann eine Kontinuität entwickeln.

Gesundheitsprojekte greifen teilweise tief in bestehende Betriebsabläufe ein. Deshalb ist sicherzustellen, dass Vorhaben von der Unternehmensleitung, den Mitarbeitern und der Belegschaftsvertretung tatsächlich mitgetragen werden. Betriebliche Gesundheitsförderung lebt von der Mitgestaltung der Mitarbeiter und sichert dadurch deren Akzeptanz. Dazu muss der Prozess für alle Beteiligten nachvollziehbar sein.

Bewährte Maßnahmen zur Gesundheitsförderung sind auf folgende Prozesse ausgerichtet:
- Stabilisierung der körperlichen und psychischen Gesundheit zur Stärkung der individuellen Leistungsvoraussetzungen der Arbeitspersonen.

- Mitwirkungsmöglichkeiten, um Wissen und Erfahrungen der Arbeitspersonen bei der Gestaltung des betrieblichen Umfeldes einzubeziehen.
- Förderung der zwischenmenschlichen Beziehungen und der gegenseitigen Unterstützung der Arbeitspersonen.

Hierbei sind Maßnahmen zu bevorzugen, mit denen Arbeitspersonen auf gesundheitliche Faktoren selbst Einfluss nehmen können. Gesundheitsförderliche Maßnahmen sollen die Arbeitspersonen motivieren und befähigen, erworbenes Wissen bzw. erworbene Fertigkeiten gleichermaßen in Beruf und Freizeit anzuwenden. Aus naheliegenden Gründen erscheint es jedoch wenig zweckmäßig, die individuelle Gesundheit in einen beruflichen und einen privaten Anteil aufgliedern zu wollen.

Vorgehensweisen und Instrumente der Gesundheitsförderung werden nachfolgend vorgestellt.

9.4.2 Gesundheitstage

Zut Thematisierung von Gesundheit hat sich die Durchführung von betrieblichen Aktionstagen bewährt. Mitarbeiter und Führungskräfte lassen sich so auf das Thema Gesundheit ansprechen; zudem werden erste Hinweise auf gebotene Maßnahmen gewonnen. Gesundheitstage sind als Auftakt für weitere Aktivitäten anzulegen.

9.4.3 Betriebliches Steuerungsgremium

Für die betriebliche Integration der Gesundheitsthematik ist erfolgsentscheidend, dass die diversen Interessengruppen an einem Strang ziehen. Dies ist Aufgabe eines betrieblichen Steuerungsgremiums. Damit das Steuerungsgremium über angemessene Fach- und Entscheidungskompetenzen verfügt, sollen dort neben Gesundheitsexperten die Unternehmensleitung, die Belegschaftsvertretung und – je nach Bedarf – die betroffenen Organisationseinheiten eingebunden sein. Ggf. können weitere Vertrauenspersonen als Ansprechpartner für die Mitarbeiter einbezogen werden. Die Aufgabe des Steuerungsgremiums besteht in der Analyse der gesundheitlichen Situation im Betrieb, der Konzeption des Vorgehens, der Begleitung, der Umsetzung der Maßnahmen sowie der Evaluation.

9.4.4 Situationsanalyse

Gesundheitliche Maßnahmen beruhen auf einer sorgfältig durchgeführten und regelmäßig aktualisierten Situationsanalyse, die sich auf gesundheitsrelevante Informationen stützt: Arbeitsbelastungen, subjektiv wahrgenommene Beschwerden, Risikofaktoren, arbeitsbedingte Erkrankungen, krankheitsbedingte Fehlzeiten oder Arbeitsplatzbegehungen. Daneben lassen sich weitere interne und externe Datenquellen, wie Daten der Krankenkassen sowie Erkenntnisse aus arbeits- und sozialmedizinischen Untersuchungen einbeziehen. In der Situationsanalyse werden Problembereiche identifiziert und Grundlagen für die Zieldefinition und Maßnahmendurchführung geschaffen.

9.4.5 Gefährdungsbeurteilung

Voraussetzung jeglicher Systemoptimierung ist die Ermittlung und Beurteilung eines Ausgangszustandes; dies schließt eine Gefährdungsermittlung und deren Risikobeurteilung ein. Eine Gefährdung kann sich ergeben durch

- die Gestaltung und die Einrichtung der Arbeitsstätte und des Arbeitsplatzes,
- klimatische und akustische Einwirkungen der Arbeitsumgebung,
- die Auswahl und den Einsatz von Arbeitsmitteln sowie den Umgang damit,
- die Organisation von Arbeitsabläufen und Arbeitszeit,
- unangemessene Qualifikation und Unterweisung der Arbeitspersonen.

Zur Gefährdungsbeurteilung fordert der Gesetzgeber eine betriebliche Eigenverantwortung ein. Nach dem Arbeitsschutzgesetz hat der Arbeitgeber die erforderlichen Maßnahmen zu treffen, um die Sicherheit und den Gesundheitsschutz der Arbeitnehmer bei der Arbeit zu gewährleisten und zu verbessern. Hierzu muss er die am Arbeitsplatz bestehenden Gesundheitsgefährdungen beurteilen. Die Frage lautet nicht: »Welche Vorschriften gelten für die Büroarbeit?«, sondern »Welche Gefährdungen liegen bei der Büroarbeit vor – und welche Maßnahmen sind erforderlich, um sie zu beseitigen oder zu vermeiden?« Die Gefährdungsbeurteilung ist somit eine Grundvoraussetzung für die zielgerichtete und effiziente Durchführung von Maßnahmen einer menschengerechten Arbeitsgestaltung. Der Arbeitgeber hat die Arbeitnehmer über Gesundheitsgefährdungen und Schutzmaßnahmen zu unterweisen. Die Arbeitnehmer haben ihrerseits die Arbeitsschutzanweisungen des Arbeitgebers zu beachten. Sie sind ferner verpflichtet, festgestellte Mängel, die Auswirkungen auf Sicherheit und Gesundheit haben können, dem Arbeitgeber zu melden.

Auf diese Weise wird ein kontinuierlicher Verbesserungsprozess in Gang gesetzt, der in die betriebliche Organisation und in die Wertschöpfungsprozesse eingebunden ist. Mithin ist die Gefährdungsbeurteilung ein Bestandteil des betrieblichen Verbesserungsprozesses. Zur Durchführung der Gefährdungsbeurteilung, zur Festgelegung und Überprüfung von Maßnahmen und zur Dokumentation ihres Ergebnisses liegen vielfältige Verfahren und Instrumente vor, die in der Fachliteratur beschrieben sind. Kapitel 12 gibt entsprechende Verweise.

9.4.6 Gesundheitsbericht

Die in der Analyse gewonnenen Informationen lassen sich in einem betrieblichen Gesundheitsbericht zusammenfassen. Ein Gesundheitsbericht vermittelt Informationen über die gesundheitliche Verfassung der Arbeitspersonen eines Betriebs. Der Bericht kann Daten zum Krankheitsgeschehen, zu gesundheitlichen Beschwerden, Arbeitsbelastungen sowie Belastungsprofilen von Arbeitsplätzen oder -bereichen enthalten. Darüber hinaus kann weiteres Datenmaterial z. B. aus betriebsärztlichen Untersuchungen, Mitarbeiterbefragungen und Arbeitsplatzanalysen in den betrieblichen Gesundheitsbericht eingehen.

Der Gesundheitsbericht schafft eine Datengrundlage für die betriebliche Gesundheitsdiskussion und trägt zu deren Objektivierung bei. Indem er Auffälligkeiten im betrieblichen Gesundheitsgeschehen aufzeigt, wird eine Problembeschreibung bzw. -spezifikation unterstützt.

Im Allgemeinen stützt sich das betriebliche Berichtswesen verstärkt auf *Kennzahlensysteme*. In der Betriebswirtschaft werden Kennzahlen u. a. eingesetzt, um Geschäftsprozesse messbar (und damit verbesserungsfähig) zu machen. Das Ziel eines Kennzahlensystems ist es, vollständig über einen Sachverhalt (z. B. Krankenstand) zu informieren. In Unternehmen werden Kennzahlensysteme einerseits eingesetzt, um verdichtete Informationen zu erhalten. Andererseits unterstützen sie Aufgaben zur betrieblichen Planung, Kontrolle und Steuerung (Braun 2003a).

Eine Kommunikation mittels Kennzahlen beruht vornehmlich auf abstrakten Begriffen. Sie vernachlässigt oftmals das unmittelbare Erleben, das erst zur Beurteilung einer Situation und zur Entscheidung befähigt. Abstrakte Kennzahlen, die keinen Bezug zum individuellen Erleben haben, sind für eine sachgemäße Urteilsfindung weitgehend wertlos; sie können lediglich als Machtinstrumente dienen. Kennzahlensysteme sollen daher stets mit persönlichen bzw. betrieblichen Erfahrungen verknüpft sein, um die in einer dynamischen Arbeitswelt überlebenswichtige Entwicklungsfähigkeit des Unternehmens zu wahren.

9.4.7 Persönliche Kommunikation

Der persönliche Kontakt, die Zuwendung, allein das »Sehen und Gesehen werden« bietet vielfältige Möglichkeiten zur verbalen und nonverbalen Kommunikation. Die erkennbare Wertschätzung der Mitarbeiter öffnet diese für eine Kommunikation. Führungskräfte bekommen auf diesem Wege einen Eindruck von den vielfältigen Einstellungen und Stimmungen, die sich hinter den betriebswirtschaftlichen Kennzahlen verbergen. Somit werden Chancen und Risiken genauer erkannt. Gesunde, ausgeglichene Anteile bei den Mitarbeitern äußern sich spontan in Offenheit, Kreativität, Leistungsbereitschaft und Kundenorientierung. Dort, wo kranke Anteile bemerkbar werden, treten diese Eigenschaften zurück (Jancik 2002).

Der Verzicht einer Führungskraft auf die kommunikative Möglichkeit der Wahrnehmung signalisiert den Mitarbeitern entweder ein nicht vorhandenes bzw. schwindendes Interesse dieser Führungskraft am Betrieb oder an den Mitarbeitern. Unter diesen Bedingungen kann die Führungskraft die Ausgleichsbestrebungen in der Mitarbeiterschaft nicht erkennen, wodurch das betriebliche Gesundheitsmanagement letztlich zum Scheitern verurteilt ist. Mitarbeiter erkennen rasch und genau die Absichten von Führungskräften und verweigern sich bei Widerwillen einer ausgleichenden Kommunikation (Jancik 2002).

9.4.8 Mitarbeiterbefragung

Eine Mitarbeiterbefragung erfasst die gesundheitliche Situation der Mitarbeiter. Mitarbeiterbefragungen eignen sich besonders gut zur Problemerkundung, da sie eher auf unspezifische Symptome hinweisen, die häufig Vorboten ernsthafter Gesundheitsstörungen sind.

Als ein partizipatives Instrument können freiwillige Mitarbeiterbefragungen den Unternehmenserfolg steigern, indem die Erfahrungen der Arbeitspersonen gezielt in die Ermittlung von betrieblichen Stärken und Schwächen einbezogen werden. Durch eine Partizipation identifizieren sich die Mitarbeiter grundsätzlich besser mit dem Unternehmen.

Mitarbeiterbefragungen erfordern ein wechselseitiges Vertrauensklima von Unternehmensleitung und Mitarbeitern. Hierzu müssen beide Parteien von Beginn an eng zusammenarbeiten. Gemeinsam werden die Ziele der Befragung sowie die konkrete Zielgruppe festgelegt. Dabei ist es sinnvoll, sich auf Schwerpunkte zu konzentrieren. Zudem soll geklärt werden, wo Handlungsmöglichkeiten bestehen. Unveränderliches muss nicht abgefragt werden. Vor der Befragung müssen die Mitarbeiter über Ziele, Teilnehmer, Zeitpunkt, Ablauf der Befragung und Art der Auswertung informiert werden. Zudem ist die Anonymität der Teilnehmer zu sichern. Mitarbeiterbefragungen sind nur dann zielführend, wenn die Angaben der Befragten Ernst genommen und die aufgedeckten Probleme thematisiert werden.

9.4.9 Gesundheitszirkel

Wurde gesundheitlicher Handlungsbedarf im Betrieb identifiziert, empfiehlt sich die Einrichtung eines Gesundheitszirkels. In diesem Gesprächskreis finden sich betroffene Mitarbeiter (ca. 8 Personen) mit einem neutralen Moderator zusammen und analysieren die Verbesserungspotenziale am Arbeitsplatz. Im weiteren Verlauf werden Zielsetzungen sowie technische, organisatorische und personenbezogene Lösungsvorschläge bzw. Maßnahmen erarbeitet.

Gesundheitszirkel stellen ein bedeutsames Instrument zur Verwirklichung eines zentralen Zieles der betrieblichen Gesundheitsförderung dar – nämlich der Förderung der Eigenverantwortlichkeit der Mitarbeiter für ihre Gesundheit. Durch die Arbeit in Zirkeln kann das Erfahrungswissen der Mitarbeiter in die Analyse der Probleme und die Entwicklung von Lösungsvorschlägen einfließen. Schwerpunkte der Zirkelarbeit sind drei Aspekte:
- Thematisierung der eigenen subjektiven Befindlichkeit,
- Analyse objektiver Belastungen,
- Erarbeitung von Verbesserungsvorschlägen.

Gesundheitszirkel können mit oder ohne Führungskräfte durchgeführt werden. Bei Bedarf sind weitere Vertrauenspersonen einzubeziehen.

9.5 Nutzensituation

Die menschengerechte Gestaltung von Büroarbeit kann im Einzelfall mit einem erheblichen Investitionsaufwand verbunden sein. Derartige Investitionen bedürfen einer wirtschaftlichen Argumentationsgrundlage. Obgleich wettbewerbspolitisch zunehmend bedeutsam, entziehen sich Maßnahmen einer menschengerechten Arbeitsgestaltung in der Regel einer unmittelbaren Nutzenanalyse, da sich ihre leistungsbezogenen Auswirkungen in komplexen Arbeitssystemen nur langfristig abschätzen und ihr monetärer Nutzen – etwa in Form von verminderten Ausfallkosten oder Versicherungsboni – nur indirekt ermitteln lassen.

Entscheidungen darüber, ob und in welchem Umfang Maßnahmen einer menschengerechten Arbeitsgestaltung ökonomischen Kriterien entsprechen, lassen sich über deren Leistungsbeiträge zu vorab definierten Unternehmenszielen treffen. Methodisch wird eine derartige Betrachtung durch die Konstruktion von Ursache-Wirkungs-Ketten unterstützt (vgl. Abbildung 9.1). Sie veranschaulichen, dass Maßnahmen einer menschengerechten Arbeitsgestaltung eine Investition in die Werte und Fähigkeiten der Mitarbeiter darstellen. Sie sind zunächst auf die Entwicklung der betrieblichen Wertekultur ausgerichtet, bevor sie durch eine intensivierte Kundenorientierung die betriebliche Wettbewerbsposition stärken und auf diese Weise indirekt ertragswirksam werden. Die gesunden Anteile einer Unternehmensstrategie lassen sich somit von den wirtschaftlichen Effekten her beurteilen (Braun 2009a).

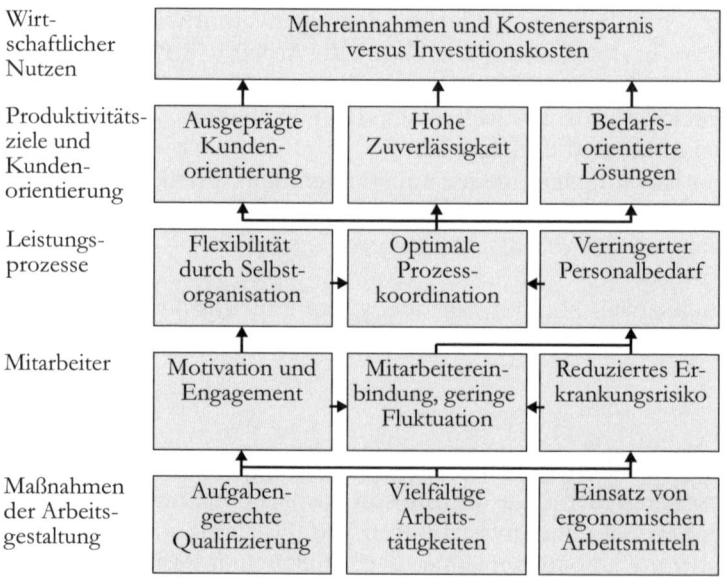

Abbildung 9.1 Ursache-Wirkungs-Ketten für Maßnahmen einer menschengerechten Arbeitsgestaltung im Büro (nach Braun 2010)

Das Schema verdeutlicht, dass Gesundheit keinen Selbstzweck darstellt, sondern zu einem übergeordneten Unternehmenszweck beiträgt. Bleibt ihr Bezug zum Unternehmenszweck unerkannt, werden gesundheitliche Strategien und Maßnahmen oft nicht mit der gebotenen Konsequenz verfolgt.

9.6 Sicherheit und Gesundheit als Rechtsgut

9.6.1 Entwicklung der Rechtsgrundlagen

Ziele für Sicherheit und Gesundheitsschutz der Arbeitnehmer bei der Arbeit sind rechtlich geregelt (vgl. Kapitel 10). Rechtsgrundlage für den Arbeits- und Gesundheitsschutz in allen Betrieben und Verwaltungen ist das Arbeitsschutzgesetz. Es regelt für alle Tätigkeitsbereiche die Arbeitsschutzpflichten des Arbeitgebers, die Pflichten und die Rechte der Arbeitnehmer sowie die Überwachung des Arbeitsschutzes durch die überbetrieblichen Arbeitsschutzinstitutionen, d.h. die staatlichen Arbeitsschutzbehörden bzw. die Unfallversicherungsträger.

Es ist Aufgabe der Unternehmen, die oft allgemein gehaltenen Rechtsvorschriften mit Leben zu erfüllen. Ein wichtiges Grundprinzip hierbei ist die *Prävention*, die durch ein vorbeugendes Handeln bei der Gestaltung der Arbeitsbedingungen erreicht wird. Zur Umsetzung von geeigneten Maßnahmen einer sicheren und menschengerechten Arbeitsgestaltung wird auf die gesetzliche Vorgabe von konkreten Gestaltungsmaßnahmen verzichtet; an ihre Stelle treten sog. *Schutzziele*, die Freiräume für eine betriebsspezifische Ausgestaltung von grundlegenden Vorgaben ermöglichen und damit die Regeln des Wirtschaftens respektieren.

Aufgabe der überbetrieblichen Arbeitsschutzinstitutionen ist es, die Einhaltung der rechtlichen Arbeitsschutzvorgaben in den Unternehmen zu überwachen und, falls erforderlich, mit hoheitlichen Machtbefugnissen durchzusetzen. Hierzu beraten die Arbeitsschutzinstitutionen hinsichtlich rechtmäßiger Lösungen, kontrollieren Arbeitsstätten und Einrichtungen und sanktionieren bei Verstößen gegen das geltende Recht. Die Entscheidung, welche Lösung zweckmäßig umgesetzt wird, trifft stets der Arbeitgeber.

Die betriebliche Umsetzung des Arbeitsschutzes vollzieht sich im Spannungsfeld von Rechtsordnung und Wirtschaftlichkeit. Hierbei offenbart sich einmal mehr die Bedeutung der Gesundheitsprinzipien von Ausgleich, (betrieblicher) Selbstregulation und Entwicklungsfähigkeit.

9.6.2 Rechtsordnung im betrieblichen Handeln

Die rechtlichen Bedingungen der menschlichen Zusammenarbeit im Unternehmen werden häufig nicht hinreichend thematisiert, da sie als geregelt erscheinen. Dabei beeinflusst die gelebte Rechtsauffassung die wirtschaftliche Situation eines Unternehmens ganz erheblich.

Das Recht betont die individuelle Gleichheit vor dem Gesetz, um hierdurch mögliche Manipulations- und Korruptionsfälle abzuwenden. Eine Loyalität der Arbeitnehmer zum Arbeitgeber ist eine wesentliche Voraussetzung für deren Zusammenarbeit. Menschen sind bereit, sich in betriebliche Gemeinschaftsaufgaben einzubringen,
- wenn sie sich als potenziell gleichwertig in der Gemeinschaft respektiert fühlen und
- wenn die rechtlichen Verhältnisse klar geregelt sind und ohne Willkür einzelner Akteure weiterentwickelt werden.

Die rechtlichen Rahmenbedingungen sind in der Unternehmensverfassung und in der Rechtsordnung niedergelegt. Die *Unternehmensverfassung* drückt aus, auf welcher Grundlage Macht legitimiert ist, und wie mit Macht und Verantwortung umgegangen wird (Seghezzi 1996). Sie umfasst die Regelung von Entscheidungsträgern und -strukturen sowie allgemein gültige Verhaltensprinzipien.

Die tägliche Praxis zeigt, dass ein Verstoß gegen die Unternehmensverfassung und gegen das Rechtsempfinden der Mitarbeiter zu erheblichen Motivationseinbußen und einer erhöhten Fluktuation führt (vgl. etwa den jährlichen Gallup-Engagement-Index).

In der *Rechtsordnung* kommt zum Ausdruck, wie gesetzliche Vorgaben u.a. zum Arbeitsschutz im Unternehmen umgesetzt und gelebt werden. Eine Rechtsordnung besteht aus expliziten oder impliziten Regeln, um das individuelle Handeln in der betrieblichen Gemeinschaft ausrichten zu können. Grundsätzlich wird durch eine Rechtsordnung ein begründeter Interessenausgleich zwischen Einzelpersonen bzw. Gruppen innerhalb eines Unternehmens angestrebt, um den Betriebsfrieden zu wahren. Eine wesentliche Frage ist, ob ein derart gemeinschaftsverträgliches Handeln aus betrieblicher Eigenmotivation – etwa durch Einsicht – erfolgt, oder von außen zu erzwingen ist (z.B. durch behördliche Sanktionen).

Im betrieblichen Alltag entfalten sich die zwischenmenschlichen Rechtsverhältnisse in einem Spannungsfeld von *Macht* und *Vertrauen* (vgl. Abbildung 9.2). Dem Machtpol liegt die Rechtsordnung des Unternehmens zugrunde. Das Vertrauensverhältnis wächst durch per-

Betriebliche Verankerung mit System

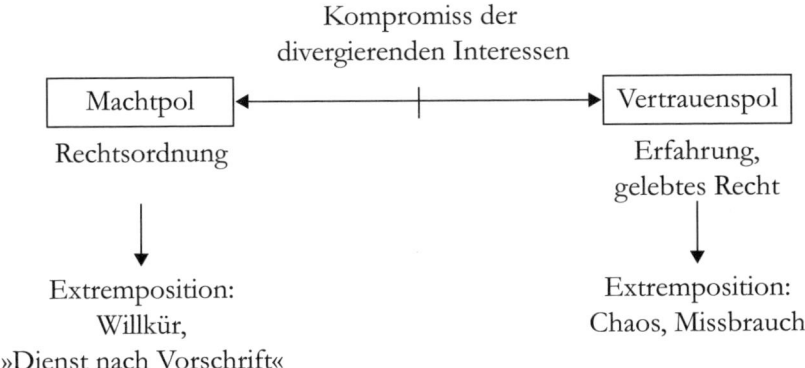

Abbildung 9.2   Ausgleich im Spannungsfeld von Macht- und Vertrauenspol

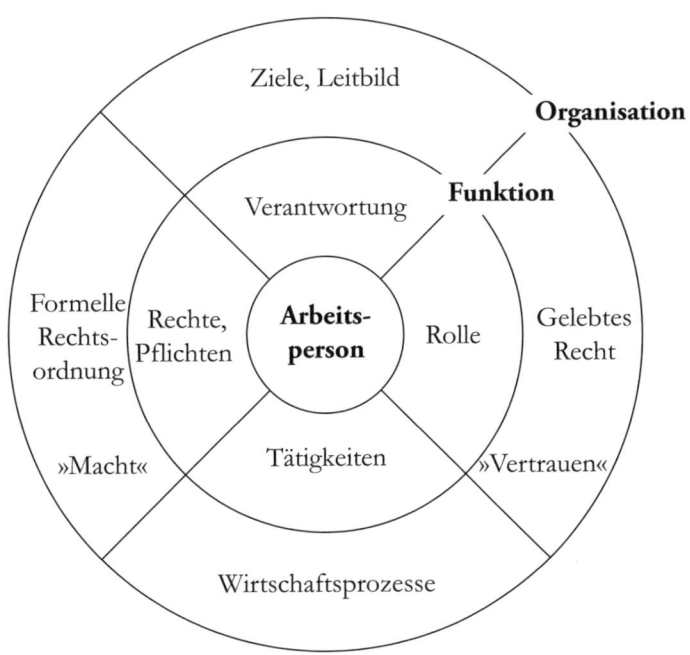

Abbildung 9.3   Funktionsschema einer Organisation (nach Hemming 2003)

sönliche Erfahrungen. Zwischen Macht- und Vertrauenspol liegt ein ausgleichender Kompromiss der unterschiedlichen Interessen, der aus einer sinnvollen Verhandlung hervorgeht (Hemming 2003).
Jeder Mensch hat einen kulturell geprägten Gerechtigkeitssinn. Er führt zum »gelebten Recht«. Gelebtes Recht setzt ein gewisses Maß an Vertrauen voraus. Gesundes Vertrauen erfordert Menschen- sowie Selbstkenntnis, um nicht einer naiven Sympathie oder einem hemmenden Misstrauen zu verfallen.
Das Zusammenspiel von wirtschaftlicher und rechtlicher Orientierung innerhalb einer Organisation wird in Abbildung 9.3 schematisch dargestellt. Im Mittelpunkt der Betrachtung steht die Arbeitsperson, um die sich die Funktion und die Organisation gruppieren.
Das Schema verdeutlicht, dass sich zuverlässige, sichere und ertragsorientierte Wirtschaftsprozesse dauerhaft nur verwirklichen lassen, wenn ihnen klare Ziele zugrunde liegen. Diese Ziele werden durch die Arbeitspersonen verwirklicht, deren Zusammenwirken einer geregelten Ordnung in der betrieblichen Gemeinschaft bedarf. Ein betriebliches Wirtschaften ohne eine Unternehmensverfassung (d.h. Ziele und verlässliche Strukturen) und einer Rechtsordnung ist auf Dauer nicht möglich. Die formellen und informellen Elemente der Rechtsordnung stützen sich entweder auf Macht oder auf Vertrauen (Hemming 2003).

9.6.3 Ausgleichendes Verhältnis von Macht und Vertrauen

Macht kann verhindern oder ermöglichen. Vertrauen und Macht werden durch Verhandlungen der Beteiligten vermittelt, die etwa in betriebliche Vereinbarungen münden. Sie stellen wechselseitige Versprechen im Sinne eines Kompromisses dar. Jede Partei verhandelt aus ihrer jeweiligen Interessenlage, respektiert den Partner, ist aber auch zur Aufgabe von gewissen Positionen bereit. Durch den Ausgleich entsteht eine »Win-Win-Situation«. Ein Unternehmen wäre jedoch überfordert, wenn sich Einzelpersonen in jeder strittigen Angelegenheit auf das formale Recht berufen würden. In stark bürokratisierten Unternehmen wird ersichtlich, wie sinnlos eine Rechtsordnung ist, wenn durch einen umfänglich geregelten »Dienst nach Vorschrift« der Fortschritt erlahmt (vgl. Braun/Bauer 2005).

9.6.4 Ausgleichende Rechtsverhältnisse

Jegliche Form des Wirtschaftens beruht letztlich auf einem Interessenausgleich. Der Wirtschaftsprozess entsteht im Ausgleich von Leistungen (der Mitarbeiter) und Bedürfnissen (der Kunden).

Um vernünftig miteinander wirtschaften zu können, sind ordnende Rechtsverhältnisse in und zwischen Unternehmen erforderlich. Sie erst schaffen die Grundlage für das nötige Vertrauen, ohne das ein wirtschaftlicher Prozess auf Dauer nicht funktioniert. Jede Art von einseitiger Vorteilnahme (zer-)stört die Zusammenarbeit von Wirtschaftspartnern.

Das staatliche Arbeitsschutzrecht repräsentiert Aspekte des gesellschaftlichen Rechtsverständnisses, das auch innerhalb der Unternehmen verbindliche Gültigkeit hat. Die Arbeitsschutzgesetzgebung spannt einen Rahmen zwischen Macht- und Vertrauenspol auf. Hierzu respektiert sie wirtschaftliche Handlungsnotwendigkeiten der Unternehmen und appelliert an das Verantwortungsbewusstsein und die Fürsorgepflicht des Arbeitgebers. Durch das Schutzzielkonzept werden ihm Freiräume für ein angemessenes, präventives Arbeitsschutzhandeln eingeräumt. Indem der Arbeitgeber in eigener Verantwortung geeignete Arbeitsschutzstandards setzt, laufen gelegentlich geäußerte Klagen über einen unangemessen hohen Aufwand und eine vermeintliche Überregulierung ins Leere. Zudem erkennt der

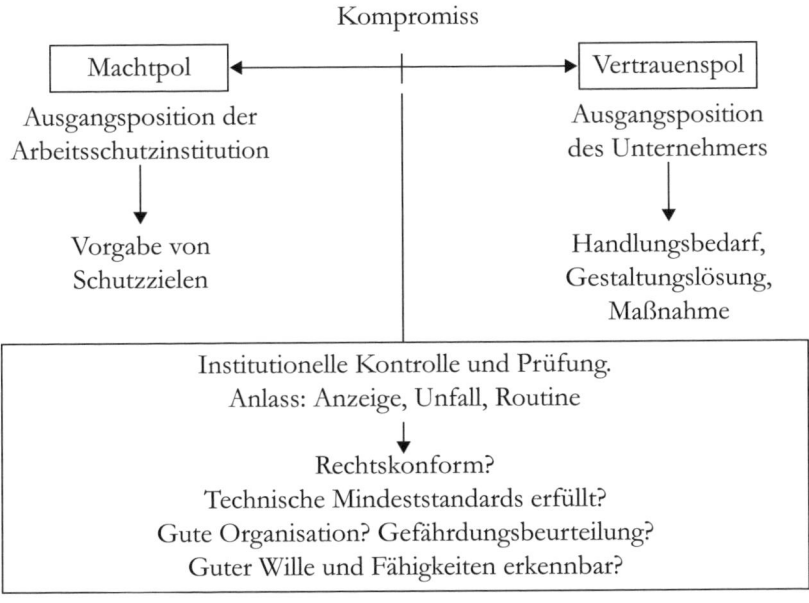

Abbildung 9.4 Institutionelle Kontrolle als kompromissorientierter Prozess zur Erlangung der betrieblichen Rechtskonformität

Arbeitgeber den unmittelbaren Nutzen von umgesetzten Maßnahmen. Welcher technische und bürokratische Aufwand zur Erreichung von Schutzzielen erforderlich ist, vermögen nur die Entscheidungsträger im Unternehmen zu beurteilen.

Ein mehr oder weniger willkürliches Eingreifen der überbetrieblichen Arbeitsschutzinstitutionen würde die betrieblichen Abläufe stören; zudem würde es die Eigenverantwortung des Arbeitgebers unangemessen einschränken. Daher begrenzt sich der gesetzliche Auftrag der staatlichen Arbeitsschutzbehörden gemäß Arbeitsschutzgesetz auf die betriebliche Überwachung und Beratung. Bei der Um- und Durchsetzung der Rechtsordnung kommt es darauf an, die rechtlichen Spielräume erlebbar zu machen, so dass sie sachgemäß und verantwortungsbewusst verwirklicht werden. Zudem gilt es, allen Beteiligten ein Empfinden der Rechtskonformität zu vermitteln (vgl. Abbildung 9.4).

Ein Vertrauensvorschuss der überbetrieblichen Arbeitsschutzinstitutionen soll jedoch nicht zur Nachlässigkeit oder zu wirtschaftlichen Fehlentscheidungen (z.B. kurzfristige Kosteneinsparungen) führen. Ein nachlässiges Unternehmenshandeln, das arbeitsbedingte Erkrankungen und Unfälle begünstigt, zerstört das Vertrauen und legitimiert die überbetrieblichen Arbeitsschutzinstitutionen zur Sanktionierung.

10 Rechtliche Rahmenbedingungen

Wenngleich gesunde Büroarbeit letztlich nur aus Einsicht in ihre Nützlichkeit und aus betrieblichem Eigeninteresse zu verwirklichen ist, gelten in diesem Feld eine Reihe rechtlicher Rahmenbedingungen, die verbindliche Schutzziele für ein sicheres und menschengerechtes Arbeiten vorgeben. Sie werden im folgenden Kapitel übersichtsartig anhand der gültigen Gesetze und Normen diskutiert.
Im Mittelpunkt der Darstellungen stehen das Arbeitsschutzgesetz (ArbSchG), die Arbeitsstättenverordnung (ArbStättV) und die Bildschirmarbeitsverordnung (BildscharbV). Es werden Pflichten des Arbeitgebers und der Arbeitnehmer aufgezeigt. Ein Schwerpunkt der Darstellungen liegt auf der *Bildschirmarbeitsverordnung* als zentralem Regelungsinstrument für den Büroarbeitsplatz mit Bildschirmunterstützung. Ferner werden die für den Bürobereich geltenden Grundlagen des untergesetzlichen Regelwerks vorgestellt. Hier nehmen insbesondere die Schriften der Berufsgenossenschaften die Funktion einer Handlungshilfe für die Gestaltung des Arbeitsplatzes und der Arbeitsorganisation ein.

10.1 Arbeitsschutzrecht

Das deutsche Arbeitsschutzrecht und die daraus für die Büroarbeit resultierenden Verordnungen basieren im Wesentlichen auf der europäischen »Verordnung zur Umsetzung von EG-Einzelrichtlinie zur EG-Rahmenrichtlinie Arbeitsschutz« aus dem Jahr 1996. Abbildung 10.1 stellt die Struktur der europäischen Richtlinien jener des deutschen Rechts gegenüber.

10.1.1 Arbeitsschutzgesetz

Das Arbeitsschutzgesetz (ArbSchG) stellt den Kern des Arbeitsschutzes in Deutschland dar. Es verpflichtet Arbeitgeber und Arbeitnehmer zum Arbeitsschutz. Dabei ist das wesentliche Ziel, die Sicherheit und Gesundheit der Arbeitnehmer bei der Arbeit, d.h. in allen Tätigkeitsbereichen, zu gewährleisten. Hierzu sind geeignete Maßnahmen zu treffen, die die Verhütung von Unfällen bei der Arbeit sichern. Ferner sind arbeitsbedingte Gesundheitsgefahren abzuwenden und Maßnahmen durchzuführen, die einer menschengerechten Gestaltung der Arbeit dienen.
Wichtigstes Mittel eines modernen Arbeitsschutzes ist die *Prävention*. Dies gilt auch für die Büroarbeit. Dabei hat der Arbeitgeber die Ver-

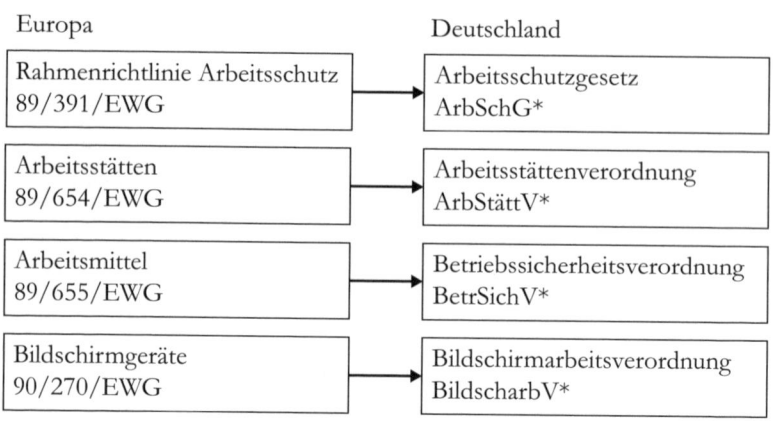

*Konkretisierung durch Vorschriften, Regeln, Richtlinien, Normen

Abbildung 10.1 Rechtsstruktur für Büroarbeit im Vergleich

pflichtung, Maßnahmen des Arbeitsschutzes auf ihre Wirksamkeit zu prüfen und erforderlichenfalls anzupassen. Durch diesen kontinuierlichen Prozess sind Sicherheit und Gesundheitsschutz im Betrieb anzustreben. Dies setzt neben der Bereitstellung der erforderlichen Mittel (d. h. Finanzen, Arbeitsmittel etc.) auch eine geeignete Organisation (d. h. Bestellung von Sicherheitsbeauftragten, Arbeitsschutzausschuss) voraus. Der Arbeitsschutz ist in die Unternehmenskultur und in die betrieblichen Führungsstrukturen zu integrieren. Dies gelingt durch ein schlüssiges Gesamtkonzept, in dem die Arbeitsschutzziele und Zuständigkeitsbereiche der Fach- und Führungskräfte definiert sind. Der Arbeitgeber muss seine Gesamtkonzeption im Arbeitsschutz regelmäßig anpassen und weiter entwickeln, um den sich ändernden Anforderungen gerecht zu werden (Windel 2008).

Das Arbeitsschutzgesetz zählt allgemeine Grundsätze des Arbeitsschutzes als geeignete Maßnahmen auf (§ 4). Detaillierte Maßnahmen finden sich in den entsprechenden Verordnungen. Grundsätzlich gilt jedoch, dass eine Gefährdung für Leben und Gesundheit zu vermeiden ist. Gefährdungen sind möglichst gering zu halten und Gefahren sind ursächlich zu bekämpfen. Für die Gestaltung der Büroarbeit kann davon ausgegangen werden, dass akute Gefahren selten auftreten. Dennoch müssen sich gestalterische Maßnahmen auch hier an dem Stand der Technik, der Arbeitsmedizin und anderer gesicherter arbeitswissenschaftlicher Erkenntnissen orientieren.

Die wichtigsten Instrumente des Arbeitsschutzes werden in §§ 5 und 6 des Arbeitsschutzgesetzes benannt. Zunächst wird die Beurteilung der Arbeitsbedingungen – d.h. die Gefährdungsbeurteilung – angesprochen. Der Arbeitgeber hat die mit der Arbeit der Arbeitnehmer verbundenen Gefährdungen zu ermitteln und zu beurteilen. Dies umfasst auch das Aufzeigen derjenigen Maßnahmen, die erforderlich sind, um den Arbeitsschutz sicherzustellen. Maßnahmen für den Arbeitsschutz kann der Arbeitgeber nur dann veranlassen, wenn er zuvor das Gefährdungspotenzial im Büro bzw. an den Arbeitsplätzen festgestellt hat. Gefährdungen können sich durch verschiedene Einwirkungen – wie etwa dem Arbeitsumfeld, der Auswahl und dem Einsatz von Arbeitsmitteln, und einer unzureichenden Qualifikation und Unterweisung der Arbeitnehmer – ergeben.

Neben der *Gefährdungsbeurteilung* ist die *Dokumentation* von besonderer Bedeutung. Beide Instrumente sind eng miteinander verbunden. So muss der Arbeitgeber das Ergebnis der Gefährdungsbeurteilung, die festgelegten Maßnahmen und deren Überprüfungsergebnis dokumentieren. Gleiches gilt für Unfälle. Dabei bestimmen die Anzahl der Arbeitnehmer, das festgestellte Gefahrenpotenzial und die festgelegten Maßnahmen den Umfang der Dokumentation. Ein Betrieb mit einer großen Arbeitnehmerzahl und einem erhöhten Gefährdungspotenzial wird daher eine umfangreiche Dokumentation vorhalten. Bei gleichartigen Gefährdungssituationen reicht es aus, wenn die Unterlagen zusammengefasste Angaben enthalten. Dies kann beispielsweise bei gleichartigen Büroarbeitsplätzen der Fall sein. Über die Art der Dokumentation entscheidet der Arbeitgeber, jedoch müssen die jeweiligen Unterlagen den staatlichen Organen oder den Unfallversicherungsträgern auf Verlangen in einer angemessenen Zeit vorgelegt werden können. Ein Zeitraum für die Aufbewahrung der dokumentierten Gefährdungsbeurteilung ist nicht vorgegeben.

Kann der Arbeitgeber seinen Verpflichtungen nicht alleine nachkommen, so ist es möglich, diese Pflichten zu delegieren (§ 7). Dabei ist zu berücksichtigen, dass nur zuverlässige und fachlich qualifizierte Arbeitnehmer mit der eigenständigen Wahrnehmung und den erforderlichen Weisungskompetenzen beauftragt werden. Weiterhin obliegt dem Arbeitgeber die nicht delegierbare Pflicht zur Kontrolle, ob die Aufgaben und Anweisungen ordnungsgemäß durchgeführt wurden und werden.

In Abhängigkeit der Arbeitstätigkeit sind diverse arbeitsmedizinische Vorsorgemaßnahmen (§ 11) erforderlich. Grundsätzlich ist der Arbeitgeber dazu verpflichtet, entsprechende Maßnahmen zu ermöglichen, und dem Wunsch der Arbeitnehmer nach arbeitsmedizinischer Untersuchung nachzukommen. Dies gilt auch für Bildschirmtätigkeiten nach der Bildschirmarbeitsverordnung und dem Berufsgenossenschaftlichen Grundsatz 37. Diese Untersuchung umfasst u. a. die Diagnostik des Sehvermögens und die damit verbundene Feststellung der Notwendigkeit einer geeigneten Sehhilfe. Für die Arbeitnehmer besteht andererseits die Pflicht, bei möglichen oder nicht direkt erkennbaren Gefährdungen die Unterstützung des Betriebsarztes anzufordern oder in Anspruch zu nehmen.

Für die Organisation des Arbeitsschutzes, die Erstellung und Weiterentwicklung der Gefährdungsbeurteilungen und die Durchführung der entsprechenden Arbeitsschutzmaßnahmen ist – wie erwähnt – der Arbeitgeber zuständig und verantwortlich. Die §§ 15–17 des Arbeitsschutzgesetzes beschreiben die Pflichten und Rechten der Arbeitnehmer für den Arbeits- und Gesundheitsschutz, denn die Maßnahmen im Arbeitsschutz müssen letztendlich von den Arbeitnehmern entsprechend der betrieblichen Vorgaben (z. B. Betriebsanweisungen, Unterweisungen) durchgeführt werden (Kittner/Pieper 2006).

10.1.2 Arbeitsstättenverordnung

Die Anforderung an den Arbeitgeber, für eine geeignete Organisation des Arbeitsschutzes zu sorgen, zielt auf eine effiziente Planung und Durchführung der Arbeitsschutzmaßnahmen ab. Die Verpflichtungen gemäß Arbeitsschutzgesetz beziehen sich jedoch nicht ausschließlich auf dessen Regelungen. Sie bilden vielmehr den allgemeinen Rahmen und werden durch entsprechende Regelungen ergänzt und konkretisiert. Eine dieser Regelungen ist die Arbeitsstättenverordnung (ArbStättV). Sie verpflichtet den Arbeitgeber zur Gestaltung der Arbeitsstätten – und damit auch von Büros. Neben grundlegenden Maßnahmen finden sich dort vergleichsweise konkrete Angaben zu unterschiedlichen Parametern der Arbeitsumgebung.

So umfassen die Arbeitgeberpflichten das Einrichten (d.h. Bereitstellung und Ausgestaltung) und das Betreiben (d.h. Benutzen und Instandhalten) von Arbeitsstätten. Arbeitsstätten sind entsprechend den Vorschriften dieser Verordnung derart einzurichten und zu betreiben, dass von ihnen keine Gefährdungen für die Sicherheit und die Gesundheit der Arbeitnehmer ausgehen.

Die Arbeitsstättenverordnung definiert in acht Paragrafen Anforderungen an das Einrichten und das Betreiben von Arbeitsstätten, die weitgehend als Schutzziele formuliert sind. Untersetzt werden diese

Anforderungen durch einen umfassenden Anhang, der konkrete Zahlenwerte und Gestaltungsmaßnahmen enthält. Die Anforderungen der Arbeitsstättenverordnung werden in *Technischen Regeln für Arbeitsstätten* konkretisiert. Diese sind rechtlich nicht verbindlich, sondern lösen lediglich eine Vermutungswirkung zugunsten des Arbeitgebers aus.

10.1.3 Bildschirmarbeitsverordnung

Die Bildschirmarbeitsverordnung (BildscharbV) untersetzt ebenfalls das Arbeitsschutzgesetz und setzt die EG-Bildschirmrichtlinie (90/270/EWG). Somit liegt ihr Ziel in der Unterstützung bei der Einführung und Einhaltung von Arbeitsschutzmaßnahmen. Im Gegensatz zur Arbeitsstättenverordnung regelt sie jedoch die konkrete Gestaltung des Bildschirmarbeitsplatzes einschließlich der Arbeitsmittel. Zudem wird in der Bildschirmarbeitsverordnung zwischen dem Bildschirmarbeitsplatz und den Arbeitnehmer am Bildschirmarbeitsplatz differenziert, so dass sowohl technische als auch organisatorische Aspekte der Gestaltung aufgegriffen werden.

Auch im Rahmen der Bildschirmarbeitsverordnung muss der Arbeitgeber zunächst die für Bildschirmarbeit spezifischen Sicherheits- und Gesundheitsbedingungen ermitteln und beurteilen (§ 3), um schließlich geeignete Maßnahmen treffen zu können. Ziel dieser Arbeitsplatzbeurteilung ist es, die Bildschirmarbeitsplätze den Anforderungen des Anhangs zur Bildschirmarbeitsverordnung anzupassen, so dass die eingesetzten Arbeitsmittel und die Arbeitsumgebung ergonomisch gestaltet sind und Anforderungen an die Mensch-Maschine-Schnittstelle erfüllen. Welche ergonomischen Anforderungen dies sein können, ist teilweise in der Bildschirmarbeitsverordnung benannt. Die Bildschirmarbeitsverordnung ist somit die maßgebliche Grundlage für verschiedene Instrumente und Handlungshilfen, die zur Auswahl geeigneter Arbeitsmittel (d.h. Hard- auch Software) entwickelt wurden.

Neben technischen Maßnahmen sind insbesondere bei der Bildschirmarbeit arbeitsorganisatorische Maßnahmen bedeutsam. Aus arbeitswissenschaftlichen Untersuchungen ist die Wirkung von Arbeitsunterbrechungen in Form von Pausen hinreichend bekannt. So findet sich in § 5 der Hinweis, dass der Arbeitgeber die Tätigkeit der Beschäftigten so zu organisieren hat, dass die tägliche Arbeit an Bildschirmgeräten regelmäßig durch Pausen oder auch durch andere Tätigkeiten unterbrochen wird. Die Belastungen durch Bildschirmarbeit lassen sich so deutlich verringern.

Wie bereits im Arbeitsschutzgesetz erwähnt, hat der Arbeitnehmer das Recht auf arbeitsmedizinische Untersuchungen. Dies gilt nicht nur für offensichtlich körperlich und gesundheitlich belastende Tätigkeiten. Explizit für Bildschirmarbeiter muss eine fachkundliche, gegebenenfalls ärztliche Untersuchung der Augen und des Sehvermögens angeboten werden (§ 6). Deren Wahrnehmung ist für den Arbeitnehmer jedoch nicht verpflichtend.

10.1.4 Ergänzungsbedarf der EG-Bildschirmrichtlinie

Der Anteil *tragbarer Rechner* an der Bürohardware nimmt beständig zu (vgl. Kapitel 7.1.3). Im Gesetzestext der EG-Bildschirmrichtlinie werden tragbare Rechner zwar nicht explizit angesprochen, sind aber gleichwohl in die Regelungen einbezogen. Dennoch erreichen untersetzende Informationen und Hilfestellungen die Zielgruppe der mobilen Wissensarbeiter nur bedingt.

Ein zweites wichtiges Themengebiet im Zusammenhang mit mobiler Arbeit sind die *Heimarbeitsplätze*. Ihnen wird von betrieblicher Seite wenig Aufmerksamkeit geschenkt. Dabei fällt auf, dass die Ausstattung des Heimarbeitsplatzes oftmals von den Arbeitnehmern als gut beschrieben wird, während zur Arbeitsorganisation des Heimarbeitsplatzes (z. B. zur Vereinbarkeit von Familie und Beruf) diverse Fragen auftreten, zu denen die Arbeitnehmer keine angemessene Antwort des Arbeitgebers erhalten. Vor diesem Hintergrund verwundert es nicht, dass 64 Prozent der deutschen Betriebe die Verantwortung für die Heimarbeitsplätze eher auf Seiten der Arbeitnehmer als in ihrem eigenen Verantwortungsbereich sehen. Diese Auffassung entspricht jedoch nicht den Anforderungen der Bildschirmrichtlinie und den darin formulierten Arbeitgeberpflichten (Windel 2008).

Weder die europäischen Bildschirmrichtlinie noch die nationale Umsetzung nennt oder regelt diese beiden Gestaltungsfelder. Angesichts einer zu zunehmenden Bedeutung derartiger Arbeitskonzepte sind jedoch geeignete Umsetzungsstrategien erforderlich, um die hiermit verbundenen Chancen und Risiken angemessen aufzugreifen.

10.2 Untergesetzliches und technisches Regelwerk

Die gesetzlichen Regelwerke sind als Rahmenbedingungen zu verstehen, die sicherstellen, dass der Stand von Arbeitswissenschaft und Technik zur Umsetzung kommt. Die untergesetzlichen Regelwerke unterstützten sowohl bei der Auswahl geeigneter Arbeitsmittel als auch bei der Planung von Arbeitsplätzen.

10.2.1 Berufsgenossenschaften

Die gesetzlichen Unfallversicherungsträger, d. h. die Berufsgenossenschaften (BG), erlassen nach Sozialgesetzbuch VII eigene Unfallverhütungsvorschriften (ehemals UVV, heute BGV oder GUV-V), um die Sicherheit und Gesundheit in den Unternehmen durch verbindliche Schutzziele zu gewährleisten und Arbeitsschutzaufgaben zuzuweisen. Die Unfallverhütungsvorschriften werden durch branchenspezifische Regeln für Sicherheit und Gesundheit konkretisiert (BGR). Informationen (BGI) und Grundsätze (BGG) enthalten weitergehende Hinweise und Hilfestellungen zu Fragen der Arbeitssicherheit und des Gesundheitsschutzes. Die Unfallverhütungsvorschrift »Grundsätze der Prävention« (A 1) ist die zentrale Vorschrift der Unfallversicherungsträger, die das Satzungsrecht der Unfallversicherungsträger mit dem staatlichen Arbeitsschutzrecht verbindet und für alle Unternehmen verbindlich ist. Einige Berufsgenossenschaftliche Vorschriften (BGV) setzen die europäischen Richtlinien in nationale Arbeitsschutzvorschriften um.

10.2.2 Berufsgenossenschaftliches Regelwerk

Ein wesentliches Ziel der Berufsgenossenschaften ist die Prävention. Diese wird auf der einen Seite durch Überwachung, Beratung sowie Schulungen erreicht. Es werden gleichzeitig Personen für die Durchführung von Maßnahmen der Sicherheit und des Gesundheitsschutzes ausgebildet. Neben diesen Maßnahmen erlassen die Berufsgenossenschaften umfangreiche Regelwerke. Hierbei können teilweise redundante Regelungen zum staatlichen Recht bestehen. Nachfolgend werden wichtige berufsgenossenschaftliche Regelwerke vorgestellt sowie deren Bedeutung für die Planung von Büroarbeit erläutert. Verstoßen Unternehmer oder Versicherte gegen eine Berufsgenossenschaftliche Vorschrift, so handelt es sich um eine Ordnungswidrigkeit, ungeachtet dessen, ob es zu einem Unfall kommt.

Berufsgenossenschaftliche Vorschriften

Entsprechend § 15 Siebtes Buch Sozialgesetzbuch (SGB VII) erlassen die einzelnen Berufsgenossenschaften für ihren Bereich »Berufsgenossenschaftliche Vorschriften für Sicherheit und Gesundheit bei der Arbeit (BGV)«. Die Bezeichnung der BGV orientiert sich an einer fachlichen Gliederung der Vorschriften:

- A: Allgemeine Vorschriften und Betriebliche Arbeitsschutzorganisation,
- B: Einwirkungen,

- C: Betriebsart/Tätigkeiten,
- D: Arbeitsplatz/Arbeitsverfahren.

Die BGV A1 »Grundsätze der Prävention« bildet die zentrale Grundlage für das berufsgenossenschaftliche Recht und enthält – wie auch das Arbeitsschutzgesetz – Pflichten von Unternehmern und Versicherten (d.h. Arbeitnehmern). Sie regelt insbesondere die Organisation des betrieblichen Arbeitsschutzes, aber auch Maßnahmen bei besonderen Gefahren, »Erste Hilfe« und den Einsatz persönlicher Schutzausrüstung.

Berufsgenossenschaftliche Regeln
Berufsgenossenschaftliche Regeln (BGR) dienen der Konkretisierung oder Erläuterung bestimmter staatlicher Arbeitsschutzvorschriften oder einzelner berufsgenossenschaftlicher Vorschriften. Sie bieten auch Lösungsvorschläge an, die den Unternehmer bei seiner Aufgabe, die Verbesserung von Sicherheit und Gesundheit bei der Arbeit umzusetzen, unterstützen. Diese Zusammenstellungen bzw. Konkretisierungen können neben Arbeitsschutzvorschriften auch technische Spezifikationen bzw. Erfahrungen aus der berufsgenossenschaftlichen Präventionsarbeit umfassen.

Berufgenossenschaftliche Informationen
Berufgenossenschaftliche Informationen (BGI) dienen der praktischen Anwendung. Sie enthalten praxisorientiertes Wissen und sind entsprechend anwendungsorientiert verfasst. Sie greifen alltägliche, gestalterische oder organisatorische Fragestellungen auf und bieten praxisnahe Lösungen an. Für die Gestaltung von Büroarbeit liegen BGI zur Bildschirm- und Büroarbeitsplätzen, zur Büroplanung oder zu Callcentern vor.

Berufsgenossenschaftliche Grundsätze
Berufsgenossenschaftliche Grundsätze (BGG) gelten für arbeitsmedizinische Vorsorgeuntersuchungen. Sie beschreiben Umfang, Inhalte und Zeiträume arbeitsmedizinischer Untersuchungen. Sie unterscheiden sich nach auftretenden Gefahrstoffen und gefährdenden Tätigkeiten, denen der Versicherte ausgesetzt sein kann. In ihnen werden zudem mögliche Krankheitsbilder sowie chemische, physikalische und biologische Eigenschaften und Wirkungsweisen beschrieben. Grundsätzlich gilt, dass zur Vermeidung von Gesundheitsgefahren technische und organisatorische Maßnahmen stets Vorrang haben.

Können auf diese Weise Gefahren jedoch nicht ausgeschlossen werden, sind im Interesse der Gesunderhaltung spezielle arbeitsmedizinische Vorsorgeuntersuchungen durchzuführen. Als wichtigster Grundsatz arbeitsmedizinischer Vorsorgeuntersuchungen bei Tätigkeiten in Büros bzw. an Bildschirmarbeitsplätzen ist der Grundsatz G 37 »Bildschirmarbeitplätze« zu betrachten. Er unterstützt die Gefährdungsbeurteilung.

10.2.3 Technische Spezifikationen und Normen

Das Arbeitsschutzgesetz fordert, den Stand der Technik bei der Durchführung von Maßnahmen zum Arbeitsschutz zu beachten. Den Stand der Technik spiegeln auch die technischen Spezifikationen verschiedener Normen wieder. Diese sind im Rahmen der Harmonisierung meist europaweit gültig (EN); oft handelt es sich um international geltende Normen (ISO). In erster Linie sind sie Maßstab für die Konstruktion und Prüfung von Produkten. Sie können aber auch für die Gestaltung von Büros und die Auswahl geeigneter Arbeitsmittel herangezogen werden (Windel 2008).

An dieser Stelle werden beispielhaft wichtige Normen für die Büro- und Bildschirmarbeit genannt. Zunächst ist die Normenreihen DIN EN ISO 9241 Teil 1 bis 17 (»Ergonomische Anforderungen für Bürotätigkeiten mit Bildschirmgeräten«) und Teil 110 bis 410 (»Ergonomie der Mensch-System-Interaktion«) sowie die DIN EN ISO 13407 (»Benutzerorientierte Gestaltung interaktiver Systeme«) zu nennen. Beide Standards kombinieren Kenntnisse aus den Bereichen Software Engineering, Arbeitswissenschaft und kognitive Ergonomie. Ihre Empfehlungen konzentrieren sich auf Menschen, die an Rechnern und anderen interaktiven Systemen tätig sind, und erfassen somit schwerpunktmäßig die Bildschirmarbeit.

Neben technischen Standards zu den speziellen ergonomischen Anforderungen an Bürotätigkeiten mit Bildschirmgeräten existieren zahlreiche weitere Normen, die für die Gestaltung von Büro- und Bildschirmarbeitsplätzen hinsichtlich der Arbeitsumgebung und weiterer Arbeitsmittel relevant sind. Für die Recherche ihres aktuellen Standes wird auf die Datenbanken der staatlichen und berufsgenossenschaftlichen Institutionen verwiesen.

10.2.4 Gütesiegel

Bei der Auswahl und Beschaffung von Arbeitsmitteln und Produkten kann sich der Verbraucher bzw. Einkäufer an unterschiedlichen Gütezeichen, Gütesiegeln und an Qualitätszeichen orientieren. Auch bei der Gestaltung von Büroarbeit können diese Kennzeichen hilfreich sein. Deren Bedeutung und Aussagekraft ist jedoch unterschiedlich.

Als »gesetzlich geregelt« gelten diejenigen Kennzeichnungen, die entsprechend der EU-Richtlinien ein festgelegtes Konformitätsbewertungsverfahren durchlaufen müssen. In der Regel erfolgt dies durch den Hersteller bzw. anerkannte Zertifizierungs- oder Überwachungsstellen. Eine Sonderstellung nimmt die CE-Kennzeichnung ein, die geschaffen wurde, um den freien Warenverkehr innerhalb der Europäischen Gemeinschaft sicherzustellen. Trägt ein Produkt dieses Zeichen, kann nach dem Vermutungsprinzip davon ausgegangen werden, dass das Produkt die Anforderungen der EU-Richtlinien erfüllt, in deren Geltungsbereich das Produkt fällt.

In der zugehörigen Konformitätserklärung ist dokumentiert, welche Richtlinien herangezogen wurden, um diese Konformität zu erzielen. Diese Erklärungen sind dem Produkt zumeist in der Produktbeschreibung oder in der Bedienungsanleitung beigefügt.

Obwohl bereits mit dem CE-Zeichen eine Konformität mit den Anforderungen einzelner Richtlinien zu erwarten ist, existiert eine Reihe von *privaten*, nicht gesetzlich geregelten Prüfzeichen, die neben der elektrischen Sicherheit und der elektro-magnetischen Verträglichkeit eine definierte Produktqualität mit nachvollziehbaren Kriterien sicherstellen sollen. Auch für Büroprodukte werden diese Prüfzeichen vergeben, insbesondere im Zusammenhang mit dem Arbeitsschutz bei gleichzeitiger Beachtung von Sicherheits- und Umweltaspekten. Sie umfassen unterschiedliche Produktgruppen und werden regelmäßig aktualisiert. Die Bewertung wird nach verschiedenen Prüfprogrammen und Gewichtungen vorgenommen. Relevant sind:

- BG-PRRÜFZERT (Steh-/Sitzarbeitstische, Büroarbeitstische, Arbeitsflächen, Drucker),
- TCO-Gütesiegel der schwedischen Angestelltengewerkschaft (Bildschirme, Tastatur, Drucker, Desktop-/mobile Computer, Mobiltelefone, Bürostuhl, elektrisch höhenverstellbarer Steh-Sitz-Tische, Multimediabildschirm, Headsets),
- TÜV Rheinland »Ergonomie geprüft« (Bildschirme, Bürostühle, höhenverstellbare Bürotische, Software). Das Prüfzeichen erhalten solche Bildschirme, die neben der Bildschirmarbeitsverordnung auch die Kriterien der DIN EN ISO 9241-3, -8 sowie weitere Kriterien (hinsichtlich der Bedienungsanleitung) erfüllen,
- Das Prüfzeichen »Umweltgerecht konstruierte Arbeitsplatzcomputer« wird für solche Systeme vergeben, die einen Bildschirm nach

der MPR II aufweisen, sowie einen umweltgerechten Flammschutz besitzen und wichtige Sicherheitsregeln einhalten,
- MPR II-Zeichen des schwedischen Mess- und Prüfrates als Kriterium für Strahlungsarmut.

Bereits bei der Anschaffung von Arbeitsmitteln empfiehlt es sich, auf einschlägige Prüfsiegel zu achten.

11 Zusammenfassung

Für die Wissensarbeit in der »nächsten Gesellschaft« sagte Peter Drucker (1909–2005) bereits vor über 50 Jahren einen grundlegenden Wandel gegenüber der industriellen Arbeitsweise voraus. Die Wissensökonomie repräsentiert den zeitgemäßen Typus der arbeitsteiligen Wertschöpfung in kooperativen Beziehungsnetzwerken. Wissensarbeit ist umso wirtschaftlicher, je konsequenter sie die Fähigkeiten, Bedürfnisse und Initiativen der am Wertschöpfungsprozess beteiligten Menschen einbezieht. Mit dem Fortschreiten der arbeitsteiligen Wirtschaftskonzepte treten neben geistig-kreativen Fähigkeiten vor allem soziale Aspekte der zwischenmenschlichen Kooperation in den Fokus der Unternehmensstrategien.

Die Wissensarbeit ist unabdingbar an den Menschen gebunden: Seine Kreativität und seine Zielorientierung erweisen sich als maßgebliche Leistungsvoraussetzungen für ein erfolgreiches Wirtschaften in der Wissensökonomie. Die Gesundheit indes zeigt an, inwiefern ein Mensch in der Lage ist, seine individuellen Eigenschaften, Talente und Fähigkeiten u. a. in einer Arbeitstätigkeit zum Ausdruck zu bringen. Im Buch wird dargelegt, wie sich diese Konzepte der Kreativität und Gesundheit durch die Prinzipien der *Entwicklungsfähigkeit*, der *Ausgeglichenheit* und der *Selbstregulation* verknüpfen lassen. Demgemäß stellt die Gesundheit keinen Selbstzweck dar; vielmehr kennzeichnet sie wesentliche Erfolgspotenziale der Wissensarbeiter.

In der Wissensökonomie verändert sich die Einstellung zur Gesundheitsthematik. Gesunde (d. h. entwicklungsfähige und ausgeglichene) Arbeitsbedingungen zu schaffen, liegt hier vornehmlich im betrieblichen Eigeninteresse. Dennoch behalten auch rechtliche Verpflichtungen des Gesundheitsschutzes weiterhin ihre Bedeutung. Durch die Schaffung einheitlicher Rahmenbedingungen für das betriebliche Handeln dienen sie letztlich dazu, ein gesundes und nachhaltig entwicklungsfähiges Marktgeschehen zu fördern.

Die hier vorgestellten arbeitswissenschaftlichen Erkenntnisse für eine gesunde und erfolgreiche Arbeit im Büro vermitteln Denkanstöße, um den anstehenden Übergang in die »nächste Gesellschaft« bestmöglich zu bewältigen. Es wäre zu begrüßen, wenn die Gesundheitsthematik mehr denn je eine positive Resonanz in der Arbeitsgesellschaft findet.

12 Literatur

Allen, T.: Managing the flow of technology: Technology transfer and the dissemination of technological information within the R&D organization. Boston: MIT Press Books, 1984.

Amstutz, S.; Monn, C.; Vanis, M.; Schwehr, P.; Kündig, S.; Bossart, R.; Hanisch, C.; Briner, M.: Schweizerische Befragung in Büros. Studie der Hochschule Luzern im Auftrag des Staatssekretariats für Wirtschaft SECO. Luzern, 2010.

Antonovsky, A.: Salutogenese – zur Entmystifizierung der Gesundheit. Dt. Ausgabe: Franke, Alexa (Hrsg.). Tübingen: Deutsche Gesellschaft für Verhaltenstherapie, 1997.

Arbeitsschutzgesetz, vom 7. August 1996.

Arbeitsschutz-Rahmenrichtlinie 89/391/EWG, vom 12. Juni 1989.

Arbeitsstätten-Richtlinie: ASR 17/1, 2, Verkehrswege.

Arbeitsstättenverordnung, 12. August 2004.

BAuA – Bundesanstalt für Arbeitsschutz und Arbeitsmedizin (Hrsg.): Sicherheit und Gesundheit bei der Arbeit 2008. Unfallverhütungsbericht Arbeit. Dortmund: Bundesanstalt für Arbeitsschutz und Arbeitsmedizin, 2010.

Badura, B.; Greiner, W.; Rixgens, P.; Ueberle, M.; Behr, M.: Sozialkapital – Grundlagen von Gesundheit und Unternehmenserfolg. Berlin: Springer, 2008.

Bauer, W.: Innovative Bürokonzepte. In: Landau, K. (Hrsg.): Lexikon Arbeitsgestaltung. Stuttgart: Gentner, 2007, S. 679–682.

Bauer, W.; Kern, P.: Innovationsoffensive Office 21. Permanente Impulse für erfolgreiche Büroarbeit im Office Innovation Center. In: Spath, D. (Hrsg.): Forschungs- und Technologiemanagement: Potenziale nutzen – Zukunft gestalten. München: Hanser, 2004, S. 85–91.

Bauer, W.; Mollbach, A.: Arbeiten und Führen in der Wissensökonomie. Personal 61 (2009) Nr. 11, S. 30–33.

Bell, D.: The Coming of Post-Industrial Society. A Venture in Social Forecasting. New York: Basic Books; 1973.

Bengel, J.; Strittmatter, R.; Willmann, H.: Was erhält Menschen gesund? Antonovskys Modell der Salutogenese – Diskussionsstand und Stellenwert. Köln: Bundeszentrale für gesundheitliche Aufklärung, 2001.

Berufskrankheitenverordnung, vom 31. Oktober 1997.

Beyer, H.-T.: Betriebliche Arbeitszeitflexibilisierung. München: Vahlen, 1986.

Bildschirmarbeitsverordnung, vom 4. Dezember 1996.

BKK – Bundesverband der Betriebskrankenkassen (Hrsg.): Die Betriebsverpflegung als Handlungsfeld der betrieblichen Gesundheitsförderung. Essen, 2002.

Bleuler, E.: Lehrbuch der Psychiatrie. 15. Auflage. Berlin: Springer, 1983.

Braun, M.: Entwicklung eines Indikatorensystems für gesundheitsgerechte Arbeit auf Grundlage eines biokybernetischen Ansatzes. Dissertation. Heimsheim: Jost-Jetter, 2003a.

Braun, M.: Gesundheitspräventive Arbeitsgestaltung und Unternehmensentwicklung. Das Gesundheitswesen 65 (2003b) Nr. 12, S. 698–703.

Braun, M.: Prävention mit Zukunft. Zeitschrift für Gesundheit und Sicherheit am Arbeitsplatz 53 (2006) Nr. 1, S. 6–10.

Braun, M.: Chronobiologische Arbeitsgestaltung – Pausengestaltung – Mittagsschlaf. In: Weber, A.; Hörmann, G. (Hrsg.): Psychosoziale Gesundheit im Beruf. Stuttgart: Gentner, 2007, S. 497–503.

Braun, M.: Gesundheit aus arbeitswissenschaftlicher Perspektive. In: Biendarra, I.; Weeren, M. (Hrsg.): Gesundheit – Gesundheiten? Eine Orientierungshilfe. Würzburg: Königshausen und Neumann, 2008, S. 125–165.

Braun, M.: Entwicklung einer Balanced Scorecard für das betriebliche Gesundheitsmanagement. Arbeitsmedizin Sozialmedizin Umweltmedizin 44 (2009a) Nr. 5, S. 284–292.

Braun, M.: Bildschirmarbeit – Tipps für ein gesundes und produktives Arbeiten im Büro. 2. Auflage. Ottobrunn: Interessengemeinschaft süddeutscher Unternehmer, 2009b.

Braun, M.: Förderung der betrieblichen Wandlungsfähigkeit durch menschengerechte Arbeitsgestaltung. Sicherheitsingenieur 41 (2010) Nr. 4, S. 8–15.

Braun, M.; Bauer, W.: Arbeit integrativ gestalten – Impulse für eine innovative Arbeitsforschung. Zeitschrift für Arbeitswissenschaft 59 (2005) Nr. 1, S. 33–35.

Bullinger, H.-J.: Ergonomie – Produkt- und Arbeitsplatzgestaltung. Stuttgart: Teubner, 1994.

Bullinger, H.-J.; Braun, M.: Arbeitswissenschaft in der sich wandelnden Arbeitswelt. In: Ropohl, G. (Hrsg.): Erträge der interdisziplinären Technikforschung. Berlin: Schmidt, 2001, S. 109–124.

Bullinger, H.-J.; Kelter, J.: Quo vadis Büro? Die Entwicklung des Büroarbeitsplatzes. In: Staatliche Akademie der Bildenden Künste Stuttgart (Hrsg.): Lebensraum Büro. Ideen für eine neue Bürowelt. München: Oktagon, 1992, S. 54–59.

Bundestag (Hrsg.): Arbeitsbedingungen in der Call-Center-Branche – Mitbestimmung und die Notwendigkeit eines Mindestlohns. Drucksache 16/12187 des Deutschen Bundestages. Berlin: 2009.

Busch, C.: Teamarbeit und Gesundheit. In: Badura, B.; Schröder, H. (Hrsg.): Fehlzeitenreport 2009 – Arbeit und Psyche. Heidelberg: Springer, 2010, S. 137–146.

Cleveland, H.: The Knowledge Executive. Leadership in an Information Society. New York: Plume, 1989.

Cofer, C.; Appley, M.: Motivation – Theory and Research. New York: Wiley, 1964.

Costa, G.; Akerstedt, T.; Nachreiner, F.; Frings-Dresen, M.; Folkard, S.; Gadbois, C.; Grzech-Sukalo, H.; Gärtner, J.; Härmä, M.; Kandolin, I.: As time goes by – Flexible work hours, health and wellbeing. Final report for SALTSA. Stockholm: National Institute for Working Life, 2003.

Covey, S.: Die effektive Führungspersönlichkeit. Prinzipienorientiert managen. 4. Auflage. Frankfurt: Campus, 2008.

Csikszentmihalyi, M.: Flow. Das Geheimnis des Glücks. Stuttgart: Klett-Cotta, 1992.

Literatur

Damasio, A.: Descartes' Irrtum. Fühlen, Denken und das menschliche Gehirn. München: List, 1998.

Damasio, A.: Ich fühle, also bin ich. Die Entschlüsselung des Bewusstseins. München: List, 2000.

Destatis – Statistisches Bundesamt (Hrsg.): Gesundheit auf einen Blick. Ausgabe 2009. Wiesbaden, 2010.

DIN EN 527-1: Büromöbel – Büro-Arbeitstische – Teil 1: Maße.

DIN EN 527-2: Büromöbel – Büro-Arbeitstische – Teil 2: Mechanische Sicherheitsanforderungen (Entwurf).

DIN EN 527-3: Büromöbel - Büro-Arbeitstische - Teil 3: Physikalische und mechanische Eigenschaften der Konstruktion, Prüfverfahren (Entwurf).

DIN EN 1335-1: Büromöbel – Büro-Arbeitsstuhl – Teil 1: Maße, Bestimmung der Maße.

DIN EN 1335-2: Büromöbel – Büro-Arbeitsstuhl – Teil 2: Sicherheitsanforderungen.

DIN 2137-12: Büro- und Datentechnik, Tastaturen – Teil 12: Deutsche Tastatur für die Daten- und Textverarbeitung.

DIN 4543-1: Büroarbeitsplätze – Teil 1: Flächen für Aufstellung und Benutzung von Büromöbeln, Sicherheitstechnische Anforderungen, Prüfung.

DIN 5034: Tageslicht in Innenräumen.

DIN EN ISO 9241-4: Ergonomie der Mensch-System-Interaktion – Teil 4: Tastaturen.

DIN EN ISO 9241-5: Ergonomie der Mensch-System-Interaktion – Teil 5: Anforderungen an Arbeitsplatzgestaltung und Körperhaltung.

DIN EN ISO 9241-6: Ergonomie der Mensch-System-Interaktion – Teil 6: Leitsätze an die Arbeitsumgebung.

DIN EN ISO 9241-110: Ergonomie der Mensch-System-Interaktion – Teil 110: Grundsätze der Dialoggestaltung.

DIN EN ISO 9214-171: Ergonomie der Mensch-System-Interaktion – Teil 171: Leitlinien für die Zugänglichkeit von Software.

DIN EN ISO 13407: Benutzerorientierte Gestaltung interaktiver Systeme.

DIN EN ISO 14915: Software-Ergonomie für Multimedia-Benutzungsschnittstellen.

DIN EN 12464-1: Licht und Beleuchtung – Teil 1: Beleuchtung von Arbeitsstätten. Arbeitsstätten in Innenräumen.

Doppler, K.; Lauterburg, C.: Change Management. Frankfurt: Campus, 2005.

Drucker, P.: Landmarks of Tomorrow: A Report on the New »Post-Modern« World. New York: Harper, 1959.

Drucker, P.: Knowledge-Worker Productivity: The Biggest Challenge. In: Cortada, J.; Woods, J. (Hrsg.): The Knowledge Management Yearbook. Boston: Butterworth-Heinemann, 2000, S. 267–283.

Ducki, A.; Greiner, B.: Gesundheit als Entwicklung von Handlungsfähigkeit – ein arbeitspsychologischer Baustein zu einem allgemeinen Gesundheitsmodell. Zeitschrift für Arbeits- und Organisationspsychologie 36 (1992) Nr. 4, S. 184–188.

Eckhardt, K.; Lorenz, D.; Sust, Ch.: Call Center-Gestaltung. Ein arbeitswissenschaftliches Handbuch. Giessen: Ferber, 2003.

Edding, F.: Wohlbefinden in der Arbeitswelt. Luxemburg: Pro Vita Sana, 1997.

Energieeinsparverordnung, vom 1. Februar 2002.

ENWHP – Europäisches Netzwerk für betriebliche Gesundheitsförderung (Hrsg.): Luxemburger Deklaration zur betrieblichen Gesundheitsförderung in der Europäischen Union. Luxemburg, 1997.

Engel, K.; Diedrichs, E.; Brunswicker, S.: Insights on Innovation Management in Europe. Tangible results from IMP rove. Luxemburg: Office for Official Publications of the European Communities, 2008.

Flothow, A.; Zeh, A.; Nienhaus, A.: Unspezifische Rückenschmerzen – Grundlagen und Interventionsmöglichkeiten aus psychologischer Sicht. Gesundheitswesen 71 (2009) Nr. 12, S. 845–856.

Franke, J.: Optimierung von Arbeit und Erholung. Stuttgart: Enke, 1998.

Fuchs, H.; Renz, J.: Schallschutz im Büro. Die akustische Beruhigung offener Bürolandschaften. Deutsche Bauzeitschrift 55 (2007) Nr. 3, S. 76–78.

Fuchs, T.: Was ist gute Arbeit? Anforderungen aus der Sicht von Erwerbstätigen. Konzeption und Auswertung einer repräsentativen Untersuchung. INQA-Bericht 19. Dortmund: Bundesanstalt für Arbeitsschutz und Arbeitsmedizin, 2006.

Fuchs, W.; Muschiol, R.: Büroarchitektur im globalen Wettbewerb. Detail 46 (2006) Nr. 5, S. 446–450.

Gairing, F.: Organisationsentwicklung als Lernprozess von Menschen und Systemen. Weinheim: Beltz, 2008.

Geißler, K.: Zeit leben. Vom Hasten und Rasten – Arbeiten und Lernen – Leben und Sterben. Weinheim: Beltz, 1992.

Gilbreth, F.; Gilbreth L.: Applied Motion Study. New York: Sturgis und Walton, 1917.

Goldenberg, G.: Neuropsychologie: Grundlagen, Klinik, Rehabilitation. München: Urban und Fischer, 2007.

Gottschalk, O.: Verwaltungsbauten – flexibel, kommunikativ, nutzerorientiert. Wiesbaden und Berlin: Bauverlag, 1994.

Grossarth-Maticek, R.: Autonomietraining – Gesundheit und Problemlösung durch Anregung der Selbstregulation. Berlin: Springer, 2000.

Gutmann, J.: Flexibilisierung der Arbeit. Stuttgart: Schäffer-Poeschel, 1997.

Gröben, F.; Freigang-Bauer, I.; Bös, K.: Leitfaden zur erfolgreichen Durchführung von Gesundheitsförderungsmaßnahmen im Betrieb. Schwerpunkt: Muskel-Skelett-Erkrankungen. Dortmund: Bundesanstalt für Arbeitsschutz und Arbeitsmedizin, 2004.

Hacker, W.: Arbeitspsychologie. Psychische Regulation von Arbeitstätigkeiten. Bern: Huber, 1986.

Hacker, W.: Aspekte einer gesundheitsstabilisierenden und -fördernden Arbeitsgestaltung. Zeitschrift für Arbeits- und Organisationspsychologie 35 (1991) Nr. 2, S. 48–58.

Hackstein, R.: Arbeitswissenschaft im Umriss. Band 1: Gegenstand und Rechtsverhältnisse. Essen: Girardet, 1977.

Häcker, H.; Stapf, K. (Hrsg.): Dorsch Psychologisches Wörterbuch. Bern: Huber, 1998.

Heilmann, J.: Rauchen am Arbeitsplatz. Handlungshilfe für Betriebsräte. Frankfurt: Bund, 1995.

Hemming, A.: Staufener Modell. Eine Arbeitsunterlage für die Entwicklung von kundenorientierten Unternehmen. Dornach: Natura, 2003.

Herczeg, M.: Software-Ergonomie. Grundlagen der Mensch-Computer-Kommunikation. München: Oldenbourg, 2004.

Hettinger, T.; Wobbe, G.: Kompendium der Arbeitswissenschaft. Ludwigshafen: Kiehl, 1993.

Heuser, U.: Humanomics. Frankfurt: Campus, 2008.

Hildebrandt, G.; Moser, M.; Lehofer, M.: Chronobiologie und Chronomedizin. Stuttgart: Hippokrates, 1998.

Hock, D.: Die chaordische Organisation. Stuttgart: Deutsche Verlagsanstalt, 2001.

Hube, G.: Beitrag zur Beschreibung und Analyse von Wissensarbeit. Dissertation. Heimsheim: Jost-Jetter, 2005.

ISCO 88: International Standard Classification of Occupants. Genf: International Labour Office, 1988.

ISO 10075-1: Ergonomische Grundlagen bezüglich psychischer Arbeitsbelastung – Teil 1: Allgemeines und Begriffe.

Jahrmarkt, M.: Das Tao-Management. Erfolgsschritte zur ganzheitlichen Führungspraxis. München: Droemer Knaur, 1991.

Jancik, J.: Betriebliches Gesundheitsmanagement. Wiesbaden: Gabler, 2002.

Kabat-Zinn, J.: Gesund durch Meditation. Bern: Barth, 1991.

Karasek, R.; Theorell, W.: Healthy work: Stress, Productivity, and the Reconstruction of Working Life. New York: Basic Books, 1990.

Kelter, J.: Entwicklung einer Planungssystematik zur Gestaltung der räumlich-organisatorischen Büroumwelt. Dissertation. Heimsheim: Jost-Jetter, 2003.

Kelter, J.; Braun, M.: Einflussfaktoren auf Wohlbefinden und Leistungsbereitschaft bei Büroarbeit. In: Sonntag, K.-H. (Hrsg.): Personalmanagement und Arbeitsgestaltung. Bericht zum 51. Kongress der Gesellschaft für Arbeitswissenschaft, Heidelberg, 22.-24. März 2005. Dortmund: GfA-Press, 2005, S. 595–598.

Kerber, B.: Weil wir nicht leben um zu arbeiten. In: Psychologie heute 29 (2002) Nr. 10, S. 26–29.

Kern, P.; Bauer, W.: Der Büroplaner. Erfolgsfaktoren der Bürogestaltung. Eschborn: Management Circle Edition, 2008.

Kern, P.; Bauer, W.; Haner, U.-E.: Optimierte Infrastruktur für Wissensarbeit. Mensch und Büro 21 (2007) Nr. 2, S. 36–37.

Kern, P.; Braun, M.: Arbeiten bis 67 – Herausforderungen für die betriebliche Gesundheitsförderung. Die BKK 94 (2006) Nr. 5, S. 240–245.

Kern, P.; Schmauder, M.; Braun, M.: Einführung in den Arbeitsschutz für Studium und Betriebspraxis. München: Hanser, 2005.

Kirchberg, S. und Autorenkollektiv: Ermittlung gefährdungsbezogener Arbeitsschutzmaßnahmen im Betrieb. Schriftenreihe der Bundesanstalt für Arbeitsschutz und Arbeitsmedizin S 42. Bremerhaven: Wirtschaftsverlag NW, 1997.

Kittner, M.; Pieper, R.: Arbeitsschutzgesetz Praxiskommentar Arbeitsschutzrecht. 3. Auflage. Frankfurt: Bund, 2006.

Klotz, U.: Unternehmen und Arbeit 2.0. Open Source und Internet als Wegbereiter der nächsten Gesellschaft. Berliner Republik 9 (2009) Nr. 1, S. 48–59.

Knauth, P.; Karl, D.; Elmerich, K.: Lebensarbeitszeitmodelle – Chancen und Risiken für das Unternehmen und die Mitarbeiter. Teilprojektbericht KRONOS im DFG-Schwerpunktprogramm »Altersdifferenzierte Arbeitssysteme« (SPP 1184). Karlsruhe: Universitätsverlag, 2009.

Knoll, C.: Einfluss des visuellen Urteils auf den physisch erlebten Komfort am Beispiel von Sitzen. Ein Beitrag zu dem Verhältnis von Ergonomie und Industriedesign. Dissertation. München: Technische Universität, 2006.

Knoll, M.: Sporttreiben und Gesundheit. Schorndorf: Hofmann, 1997.

Köchling, A.: Bildschirmarbeit – Gesundheitsregeln und Gesundheitsschutz. Köln: Bund, 1985.

Köck, P.; Ohl, B.: Klima und Luft am Arbeitsplatz. Köln: Bachem, 1986.

Kroeber-Riel, W.: Konsumentenverhalten. 5. Auflage. München: Vahlen, 1992.

Landeck, K.-J.: Zum Einfluss apparativ induzierter Entspannung auf Gedächtnisleistung und elementare kognitive Funktionen. In: Schorr, A. (Hrsg.): Experiementelle Psychologie. 38. Tagung experimentell arbeitender Psychologen, Eichstätt, 1.–4. April 1996. Eichstätt: Universitätsverlag, 1996, S. 186.

LASI – Länderausschuss für Arbeitsschutz und Sicherheitstechnik (Hrsg.): Kenngrößen zur Beurteilung raumklimatischer Grundparameter. LASI, 1999.

Loitzl, M.; Puffert, M.: Der Büroplaner. Lebensmittel Büro. Eschborn: Management Circle Edition, 2008.

Lozano-Ehlers, I.; Greisle, A.; Hube, G.; Kelter, J.; Rieck, A.: Die entscheidenden Einflussgrößen auf die Performance im Büro. In: Spath, D. ; Kern, P. ; Bauer, W. ; Lozano-Ehlers, I. ; Greisle, A. ; Hube, G. ; Kelter, J. ; Rieck, A. (Hrsg.): Zukunftsoffensive Office 21 – Mehr Leistung in innovativen Arbeitswelten. Köln: vgs, 2003, S. 54–171.

Luczak, H.: Arbeitswissenschaft. 2. Auflage. Berlin: Springer, 1998.

Luczak, H.; Volpert, W.; Raeithel, A.; Schwier, W.: Arbeitswissenschaft, Kerndefinition – Gegenstandsbereich – Forschungsgebiete. Eschborn: RKW, 1987.

Machlup, F.: The Production and Distribution of Knowledge in the United States. Princeton: University Press, 1962.

Mader, R.; Brosch, R. (Hrsg.): Alkohol am Arbeitsplatz. Wien: Orac, 2001.

Malik, F.: Führen, Leisten, Leben. Wirksames Management für eine neue Zeit. Frankfurt: Campus, 2006.

Martin, P.: Beleuchtung am Bildschirmarbeitsplatz. 15 Computer und Arbeit (2007) Nr. 12, S. 26–30.

Martin, P.; Prümper, J.; von Harten, G.: Ergonomie-Prüfer zur Beurteilung von Büro- und Bildschirmarbeitsplätzen (ABETO). Frankfurt: Bund, 2008.

McWilliams, L.; Goodwin, R.; Cox, B.: Depression and anxiety associated with three pain conditions: results from a nationally representative sample. Pain 111 (2003) Nr. 1, S. 77–83.

Mees, U.: Die Struktur der Emotionen. Göttingen: Hogrefe, 1991.

Mendel, R.; Hamann, J.; Kissling, W.: Vom Tabu zum Kostenfaktor – warum die Psyche plötzlich ein Thema für Unternehmen ist. Wirtschaftspsychologie aktuell 17 (2010) Nr. 2, S. 23–27.

Menzler-Trott, E.: Ergonomieprobleme in Call Centern. Computer Fachwissen für Betriebs- und Personalräte 7 (1998) Nr. 12, S. 10–16.

Merten, K.: Aufmerksamkeit. In: Tsvasman, L. (Hrsg.): Das große Lexikon Medien und Kommunikation. Kompendium interdisziplinärer Konzepte. Würzburg: Ergon, 2006.

Miller, G.; Galanter, E.; Pribram, K.: Strategien des Handelns. Stuttgart: Klett, 1972.

Muschiol, R.: Begegnungsqualität in Bürogebäuden. Aachen: Shaker, 2007.

Nefiodow, L.: Der sechste Kondratieff. Wege zur Produktivität und Vollbeschäftigung im Zeitalter der Information. 3. Auflage. St. Augustin: Rhein-Sieg, 1999.

Neumann, S.: Der Büroplaner. Büroarbeitsplatz – Ergonomische Gestaltung. Eschborn: Management Circle Edition, 2008.

Oesterreich, R.: Gedächtnis. In: Luczak, H.; Volpert, W. (Hrsg.): Handbuch Arbeitswissenschaft. Stuttgart: Schäffer-Poeschel, 1997, S. 443–448.

Oppolzer, A.: Psychische Belastungen in der Arbeitswelt als Herausforderung für den Arbeits- und Gesundheitsschutz. Hannover: Norddeutsche Metall-Berufsgenossenschaft, 1999.

Peters, A.; Schweiger, U.; Pellerin L.; Hubold, C.; Oltmanns, K.; Conrad, M.; Schultes, B.; Born, J.; Fehm, H.: The selfish brain: competition for energy resources. Neuroscience Biobehaviour Review 28 (2004) S. 143–180.

Reheis, F.: Die Kreativität der Langsamkeit. Darmstadt: Wissenschaftliche Buchgesellschaft, 1998.

Richter, P.; Hacker, W.: Belastung und Beanspruchung – Stress, Ermüdung und Burnout im Arbeitsleben. Heidelberg: Asanger, 1998.

Rieck, A.: Beitrag zur Gestaltung von Arbeitsumgebungen für die Wissensarbeit. Dissertation. Heimsheim: Jost-Jetter, 2010.

Rohmert, W.: Formen menschlicher Arbeit. In: Rohmert, W.; Rutenfranz, J. (Hrsg.): Praktische Arbeitsphysiologie. Stuttgart: Thieme, 1983, S. 5–29.

Rohmert, W.: Das Belastungs-Beanspruchungs-Konzept. Zeitschrift für Arbeitswissenschaft 38 (1984) Nr. 4, S. 193–200.

Roth, G.: Das Gehirn des Menschen. In: Roth, G.; Prinz, W. (Hrsg.): Kopf-Arbeit. Gehirnfunktionen und kognitive Leistungen. Heidelberg: Springer, 1996, S. 119–180.

Rundnagel, R.: Software-Ergonomie und Benutzungsfreundlichkeit. Ergo-Online. URL: www.ergo-online.de. Stand 20.4.2010.

Rundnagel, R.; Sehfried, I.: Beschwerdefreies Arbeiten mit der passenden Brille. Arbeitsrecht im Betrieb 31 (2004) Nr. 12, S. 740–744.

Rutenfranz, J.: Arbeitsphysiologie. In: Valentin, H. et al. (Hrsg.): Arbeitsmedizin. Band 1: Arbeitsphysiologie und Arbeitshygiene. Stuttgart: Thieme, 1985, S. 22–99.

Sarno, J. E.: Healing Back Pain: The Mind-Body Connection. New York: Grand Central Publishing, 1991.

Schäfer, U.; Rüther, E.: Heile Seelen. Was macht die Psyche gesund, was macht sie krank. Göttingen: Vandenhoeck und Ruprecht, 2007.

Schlick, C.; Bruder, R.; Luczak, H. (Hrsg): Arbeitswissenschaft. 3. Auflage. Berlin: Springer, 2010.

Schmidt-Atzert, L.: Lehrbuch der Emotionspsychologie. Stuttgart: Kohlhammer, 1996.

Schmidtke, H.: Ergonomie, 3. Auflage. München: Hanser, 1993.

Schmidtke, H.: Vom Sinn und Unsinn der Messung psychischer Belastung und Beanspruchung. Zeitschrift für Arbeitswissenschaft 56 (2002) Nr. 1/2, S. 4–9.

Seghezzi, H. D.: Integriertes Qualitätsmanagement. Das St. Galler Konzept. München: Hanser, 1996.

Singer, W.: Vom Gehirn zum Bewusstsein. Frankfurt: Suhrkamp, 2006.

Sozialgesetzbuch, Siebtes Buch – Gesetzliche Unfallversicherung, vom 7. August 1996.

Spath, D.; Bauer, W.: Office Excellence. Innovative Arbeitsgestaltung für die Wissensarbeit. In: Industrie Management 22 (2007) Nr. 6, S. 11–14

Spath, D.; Bauer, W.; Rief, S. (Hrsg.): Green Office: Ökonomische und ökologische Potenziale nachhaltiger Arbeitsplatz- und Bürogestaltung. Wiesbaden: Gabler, 2010.

Spath, D.; Braun, M.; Grunewald, P.: Gesundheits- und leistungsförderliche Gestaltung geistiger Arbeit. Berlin: Schmidt, 2003a.

Spath, D.; Bues, M.; Braun, M.; Stefani, O.: LightFusion – Neue Ansätze für Licht und Display am Arbeitsplatz. In: Scholz-Reiter, B. (Hrsg.): Technologiegetriebene Veränderungen der Arbeitswelt. Berlin: Gito, 2008, S. 79–95.

Spath, D.; Kern, P.; Bauer, W.; Lozano-Ehlers, I.; Greisle, A.; Hube, G.; Kelter, J.; Rieck, A.: Zukunftsoffensive Office 21 – Mehr Leistung in innovativen Arbeitswelten. Köln: vgs, 2003b.

Spitzer, M.: Lernen – Gehirnforschung und die Schule des Lebens. Heidelberg: Elsevier, 2007.

Sprenger, R.: Aufstand des Individuums. Frankfurt: Campus, 2000.

Sprenger, R.: Mythos Motivation. 17. Auflage. Frankfurt: Campus, 2004.

Stadler, K.: Die Kultur des Veränderns. Führen in Zeiten des Umbruchs. München: Deutscher Taschenbuch Verlag, 2009.

Stadler, P.; Spieß, E.: Führungsverhalten und soziale Unterstützung am Arbeitsplatz. Möglichkeiten und Wege zur Beanspruchungsoptimierung. ErgoMed 26 (2002) Nr. 1, S. 2–8.

Staehle, W.: Management: eine verhaltenswissenschaftliche Perspektive. 8. Auflage. München: Vahlen, 1999.

Steelcase Strafor (Hrsg.): Büroeinrichtungen – Unternehmen, in denen sich in Zukunft bereits zeigt. Strasbourg: Steelcase Strafor, 1996.

Stefani, O.; Bues, M.; Pross, A.; Spath, D.; Frey, S.; Anders, D.; Mager, R.; Cajochen, C.: Evaluation of Human Reactions on Displays with LED Backlight and a Technical Concept of a Circadian Effective Display. Proceedings of the 48th SID International Symposium, Seattle (WA), 23.–28. Mai 2010. Seattle: Society for Information Display, 2010, 4 S.

Szyperski, N.: Informationsbedarf. In: Grochla, E. (Hrsg.): Handwörterbuch der Organisation. Stuttgart: Poeschel, 1980, S. 904–913.

Taylor, F.: The principles of scientific management. London: Harper, 1911.

Trapp, U.; Bechthold, A.; Neuhäuser-Berthold, M.: Ernährungsmanagement. In: Meifert, M, Kesting, M. (Hrsg.): Gesundheitsmanagement in Unternehmen. Berlin: Springer, S. 2004, S. 217–233.

Udris, I.: Soziale Unterstützung, Stress in der Arbeit und Gesundheit. In: Keupp, H.; Röhrle, B. (Hrsg.): Soziale Netzwerke. Frankfurt: Campus, 1987, S. 123–138.

Udris, I.: Organisationale und personale Ressourcen der Salutogenese – Gesund bleiben trotz oder wegen Belastung? Zeitschrift für die gesamte Hygiene 36 (1990) Nr. 8, S. 453–455.

Udris, I.; Kraft, U.; Mussmann, C.; Rimann, M.: Arbeiten, gesund sein und gesund bleiben: Theoretische Überlegungen zu einem Ressourcenkonzept. Psychosozial 21 (1992) Nr. 52, S. 9–22.

Ulich, E.: Arbeitspsychologie. 5. Auflage. Stuttgart: Schäffer-Poeschel, 2001.

van Dick, R.; West, M.: Teamwork, Teamdiagnose, Teamentwicklung. Göttingen: Hofgrefe, 2005.

van Meel, J.: The European Office. Rotterdam: 010 Publishers, 2000.

VDI 2058: VDI-Richtlinie – Beurteilung von Lärm am Arbeitsplatz unter Berücksichtigung unterschiedlicher Tätigkeiten.

VDI 2569: VDI-Richtlinie – Schallschutz und akustische Gestaltung im Büro.

von Cube, F.: Lust an Leistung. 14. Auflage. München, Piper, 2010.

Walzl, M.: Die Auswirkungen eines 20-minütigen Mittagsschlafs auf Müdigkeit, Konzentration und Aufmerksamkeit. Zbl Arbeitsmedizin 57 (2007) S. 135–139.

Watson, J. B.: Behavior B.: Psychology as the behaviorist views it. Psychological Review, 20 (1913) S. 158–177.

Werner, G. W.: Wirtschaft – das Füreinander-Leisten. Schriftenreihe des IEP. Karlsruhe: Universitätsverlag Karlsruhe, 2004.

Wendlandt, W.: Entspannung im Alltag. Weinheim: Beltz, 2002.

Westermayer, G.: Klare Führung ist gesund. Discussion Paper BGF 02-1112. Berlin: Gesellschaft für Betriebliche Gesundheitsförderung, 2002.

Westermayer, G.; Wellendorf, J.: Führungskräftefeedback bei der AOK Berlin. In: Busch, R. (Hrsg.): Mitarbeitergespräch – Führungskräftefeedback. Instrumente in der Praxis. München: Hampp, 2000, S. 159–174.

WHO – Weltgesundheitsorganisation (Hrsg.): Ottawa-Charta der Weltgesundheitsorganisation zur Gesundheitsförderung. Internationale Konferenz zur Gesundheitsförderung. Ottawa: 1986.

WHO – Weltgesundheitsorganisation (Hrsg.): Ziele zur Gesundheit für alle. Die Gesundheitspolitik für Europa. Kopenhagen: 1991.

WHO – Weltgesundheitsorganisation (Hrsg.): International Statistical Classification of Diseases and Related Health Problems (ICD-10). 10. Auflage. Genf: 2007.

WHO – Weltgesundheitsorganisation; ILO – Internationale Arbeitsorganisation (Hrsg.): Mental Health and Work: Impact, Issues and Good Practices. Genf: 2000.

Wiebel, F.; Batra, A.; Hall, D.; Pietschker, A.: Rauchfrei am Arbeitsplatz. Ein Leitfaden für Betriebe. Köln: Bundeszentrale für gesundheitliche Aufklärung (Hrsg.), 2006.

Willke, H.: Organisierte Wissensarbeit. Zeitschrift für Soziologie 2 (1998) Nr. 3, S. 161–

177.

Windel, A.: Der Büroplaner. Büroarbeit in Deutschland – Rechtliche Rahmenbedingungen. Eschborn: Management Circle Edition, 2008.

Windlinger, L.; Zäch, N.: Wahrnehmung von Belastungen und Wohlbefinden bei unterschiedlichen Büroformen. Zeitschrift für Arbeitswissenschaft 61 (2007) Nr. 2, S. 77–85.

Wittig, T.: Der Einfluss von Sitz- und Sitz-Stehkonzepten im Büro auf die muskuloskeletale Belastungs- und Beanspruchungssituation. Dissertation. Heimsheim: Jost-Jetter, 2000.

Zemb, J. M.: Aristoteles in Selbstzeugnissen und Bilddokumenten. Reinbek bei Hamburg: Rowohlt, 1961.

Zulley, J.: Schlafen und Wachen als biologischer Rhythmus. Regensburg: Roderer, 1992.

Zulley, J.; Knab, B.: Unsere innere Uhr. Freiburg: Herder, 2000.

13 Index

A
Aktivierung 33
Akustik 148
Alkohol 164
Arbeitsaufgabe 102
Arbeitsbedingte Erkrankung 38
Arbeitsbegriff 21
Arbeitsfläche 130
Arbeitshöhe 131
Arbeitsleistung 51
Arbeitsmittel 151
Arbeitsorganisation 99
Arbeitspause 108
Arbeitsschutzgesetz 187
Arbeitsschutzrecht 187
Arbeitsstättenverordnung 190
Arbeitsteilung 12
Arbeitstisch 130
Arbeitsumgebung 140
Arbeitsunfähigkeit 38, 67
Arbeitswissenschaft 21
Arbeitszeit 104
Archiv 90
Aufenthaltsraum 91
Aufmerksamkeit 31
Ausgleich 184

B
Beanspruchung 51
Begegnungsqualität 92
Beinraum 131
Belastung 51
Belastungen 61
Beleuchtung 141
Benutzerfläche 139
Benutzungsoberfläche 160
Berufskrankheit 38
Besprechungsraum 88
Beurteilung 32
Bewegungsförderung 163
BG-Regelwerk 193
Bildschirmarbeitsplatz 152
Bildschirmarbeitsverordnung 156, 191
Bildschirmgerät 152
Büroarbeit 23
Büroarbeitsplatz 127
Bürocontainer 135

Bürokonzept 71
Büromöbel 128
Bürostuhl 132
Bürotyp 76

C
Callcenter 74
Chronobiologie 110

D
Dynamisches Sitzen 128

E
Eigeninitiative 121
Einzelarbeit 73
Entspannung 36
Entwicklungsfähigkeit 119
Entwicklungsprozess 45
Erholung 56
Erinnerung 31
Ermüdung 53
Ernährung 163

F
Fantasie 32
Flächenbedarf 139
Flexibilisierung 71
Flexibilität 106
Führung 117
Führungstyp 122
Fußstütze 134

G
Gebrauchstauglichkeit 160
Gedächtnis 31
Gefährdungsbeurteilung 176
Gehirn 37
Geistige Arbeit 28
Geistige Fitness 166
Gesundheit 16, 38
Gesundheitsbericht 177
Gesundheitsförderung 172
Gesundheitsmanagement 173
Gesundheitsprinzip 41
Gesundheitsstörung 46
Gesundheitstage 175

Gesundheitszirkel 179
Gleitzeitarbeit 107
Globalisierung 17
Großraumbüro 84
Gruppenbüro 82
Gütesiegel 195

H
Handlung 33
Hardware 151

I
Individualität 19
Industrialisierung 11
Informationssystem 151
Information Worker's Workplace 136

K
Kennzahlen 177
Klima 146
Klimaanlage 147
Kohärenzgefühl 42
Kombi-Büro 80
Kommunikation 178
Konzentration 30
Kooperation 120
Kreativität 29, 57
Künstliche Beleuchtung 142

L
Lärm 148
Leistungsbereitschaft 52
Leistungsfähigkeit 52
Luftfeuchte 147
Luftgeschwindigkeit 147

M
Managementsystem 169
Maus 157
Mitarbeiterbefragung 178
Möbelfunktionsfläche 139
Monotonie 53
Motivation 15, 104
Muskel-Skelett-Erkrankung 49

N
Nichtraucherschutz 166
Nikotin 165
Non-Territorialität 86

Norm 195
Nutzen 179
Nutzeneffekt 169

O
Ökologische Nachhaltigkeit 18
Organisationskonzept 170
Ottawa-Charta 172

P
Personalentwicklung 125
Poststelle 91
Prävention 181
Privatsphäre 140
Produktivität 67
Psychische Sättigung 53
Psychsiche Erkrankung 48

R
Rauchen 166
Raumfläche 137
Raumtemperatur 146
Rechtsgut 181
Rechtsordnung 182
Regal 135
Resilienz 44
Ressource 54
Ressourcen 60
Rhythmik 105

S
Salutogenese 40
Schall 148
Schrank 135
Selbstorganisation 102, 117
Selbstversorgung 14
Sicherheitstechnik 132
Sichtverbindung 140
Situationsanalyse 175
Software 159
Software-Ergonomie 159
Sozialkompetenz 123
Sozio-demografische Entwicklung 18
Stellfläche 138
Steuerungsgremium 175
Supportfläche 89

T
Tagesablauf 113
Tastatur 155
Taylor 11
Teamarbeit 73
Technisches Regelwerk 192
Tragbarer Rechner 156

U
Unterweisung 133
Ursache-Wirkungs-Kette 180

V
Veränderungsmanagement 124
Verkehrswegefläche 139
Vigilanz 53

Vorlagenhalter 158
Vorstellungen 32

W
Wahrnehmung 30
Wertschöpfungsprozess 12
Wissensarbeit 13, 25
Wissenschaftliche Betriebsführung 11
Wissensökonomie 12
Wissensteilung 15
Wohlbefinden 92

Z
Zeitsensibilität 114
Zellenbüro 78